일반물리실험(2)

PHYSICS EXPERIMENT

남형주 저

머리말

본 저서는 실험 과목인 일반물리실험(2) 강좌의 교재로 정전기 현상, 전기력, 전류와 저항, 전류와 자기장, 전자기유도, 빛의 간섭, 광전효과 등의 전자기학과 광학에 관련된 실험 종목을 실험 학습할 수 있도록 구성하였으며, 다소 많은 설명과 그림들로 구성되어 일부 실험자에게는 그 양적인 면에서 부담스러운 교재일수도 있겠으나 물리학의 기초가 부족한 많은 실험자에게는 쉬운 이해를 도울 수 있는 친절한 도우미로서의 역할이 기대되는 교재이다. 특히, 교재상의 실험 종목의 순서는 일반물리학 이론 강좌의 강의 진도에 맞춰 구성함으로써, 실험과 더불어 이론 강좌를 수강하는 학생들이 실험을 통해 보다 더 쉽게 물리학의 여러 법칙과 개념들을 이해할 수 있도록 하는 데에도 실험 구성의 의미를 두었다.

한편, 본 교재는 여타의 실험 교재와는 달리 결과 분석, 오차 논의 및 검토, 결론으로 구분된 결과보고서 양식을 채택함으로써 결과보고서를 쓰면서 보고서의 올바른 작성법을 자연스럽게 익힐 수 있도록 하였다. 그리고 매 실험 종목마다 '실험 전 학습에 대한 질문'코너를 편성하여 실험 전 예비학습을 돕도록 하였으며, 예비학습의 평가 자료로도 활용할 수 있도록 하였다. 또한, 매 실험 종목마다 '실험 정보'코너를 통해 실험에서의 안전에 관한 유의 사항과 실험에서 특별히 주의를 기울이거나 꼭 알아두어야 할 사항들을 제시함으로써 실험자가 자칫 간과할 수 있는 주요 실험 내용을 유의토록 따로 정리해 두었다.

일반물리실험은 많은 학생들에게 어려움으로 인식되는 강좌입니다. 부디 이 교재의 구성과 편성이 우리 학생들의 실험 학습에서 물리학에 대한 이해를 높일 수 있는 가이드와 도우미가 되길 간절히 바랍니다. 그리고 한없이 부족하기만한 내용이 책이 되어 세상에 나올 수 있게끔 기회를 주신 최인환 교수님, 양해석 교수님, 이춘식 교수님, 한상준 교수님, 그리고 학과장 김시연 교수님을 비롯한 여러 물리학과 교수님들께 진심으로 감사 말씀 드립니다.

저자 씀

차례

• PART Ⅰ 실험에 앞서 •

• PART Ⅱ 실험 •

PART I

실험에 앞서

1. 실험시 유의 사항 및 보고서 작성 요령

1. 실험실 안전수칙과 유의사항

(1) 각종 액체 시료를 음용해서는 절대로 안 되며, 냄새를 맡고자 할 때에는 손으로 부채질하여 소량을 맡는다.
(2) 전기 제품을 다룰 때는 젖은 손으로 다루어서는 안 된다.
(3) 실험 기구를 운반할 때는 조심스럽게 한다.
(4) 운동 장치나 회전 장치는 너무 빠른 속력으로 조작시키지 않는다.
(5) 시약을 사용하기 전에는 반드시 시약병의 표식을 확인하고, 위험 표식에 대해서도 확인하여 주의한다.
(6) 사고가 일어날 경우를 대비하여 안전 장비(소화기, 물 있는 곳)의 위치와 사용법을 알아둔다.
(7) 실험실과 인접하여 여러 연구실과 강의실이 있으니, 실험 중에 필요 이상의 소음이 발생하지 않도록 주의한다.
(8) 실험 전 담당 선생님께서 말씀 주시는 여러 주의 사항들을 기억하여 실험에 반영하도록 한다.
(9) 실험 기구에 고장이 있을 때에는 먼저, 담당 선생님께 이를 알리고 준비된 여분의 기구로 교체하여 실험한다.
(10) 실험 후 각종 전기장치의 전원은 끄고, 플러그는 콘센트로부터 분리시켜 놓는다.
(11) 실험 후 실험 기구를 정리 정돈한다.

2. 올바른 실험 방법

(1) 실험의 목적을 숙지한다.
(2) '실험 개요'를 수차례 읽어 보며 실험의 개략적인 내용과 실험이 의도하는 바를 이해한다.
(3) 실험과 관련하여 '기본 원리'를 학습한다.
(4) '실험 방법'을 충분히 숙지한다.
(5) 실험 장치 및 기구의 사용법을 이해한다.
(6) '실험 정보'를 충분히 읽어 실험에서의 주의사항, 안전 유의사항, 좋은 실험 결과를 얻기 위한 정보 등을 얻는다.
(7) 실험 방법을 숙지한 후에는 이 실험을 통해서 얻을 결과 값을 예상해 본다. 어떤 결과가 나올 것 같은지, 그 결과는 참값과 어느 정도 오차가 날 것 같은지, 그리고 어느 정도

오차까지는 그 실험값을 인정할 것인지 등등을 생각해보고 조원들과 의견을 교환하며 실험을 기획한다.

(8) 실험 중에 조원들과 실험에 관해 충분한 대화와 논의를 함으로써, 발생할 수 있는 오류와 시행착오를 줄인다.

(9) 실험 중 장치의 세팅이 변하거나 실험기구가 변형되면 정확한 실험값을 얻을 수 없으므로, 장치의 세팅이 변하지 않도록, 그리고 기구가 손상되지 않도록 주의를 기울인다.

(10) 최초 실험 데이터가 나오면, 바로 이 데이터를 이용하여 구하고자 하는 결과 값을 계산하여 본다. 그리고 이 결과 값이 참값에 근사하다고 여겨지면 남은 횟수의 실험을 수행하고, 결과 값이 참값과 다소 차이가 난다고 여겨지면 실험에서 발생할만한 오류를 되짚어 보고, 이 오류를 시정한 후에 다시 실험한다.

(11) 결과보고서는 조원들과 충분한 논의를 거친 후에 작성한다.

3. 결과보고서 작성 요령

결과보고서는 '[1] 실험값', '[2] 결과 분석', '[3] 오차 논의 및 검토', '[4] 결론'의 네 부분으로 나누어 기술한다. 다음은 각 부분에 기술해야 하는 사항들을 설명한 것이다.

[1] 실험값

- 실험에서 측정한 값들을 기록한다. 그리고 이 측정값들로부터 구하고자 하는 결과 값을 계산하는 과정이다.
- 측정값과 결과 값 등에는 반드시 정확한 단위를 표기한다.
- 교재의 실험값 기입 양식은 최소한의 권고 사항이므로, 실험 횟수, 추가 실험, 양식지 틀의 변형 등은 실험자가 임의로 취해도 된다.
- 유효숫자를 생각하며 숫자를 기입한다.

[2] 결과 분석

- 객관성에 입각하여 실험값을 분석한다.
- 실험값의 평균값, 평균편차, 표준편차 등을 계산한다.
- 하나의 표 안에 기재된 실험값들이 얼마나 참값에 가까운지, 얼마나 편차를 보이는지를 기술한다.
- 가장 상대오차가 작은 실험값과 큰 실험값을 지적하며 실험 결과의 정확성 또는 부정확성을 기술한다.
- 하나의 표 안에 기재된 실험값들이 어떤 규칙적인 데이터의 흐름을 보인다면, 이를 파악하고 그 의미를 기술한다.

- 다른 표로 작성된 실험값들 간에 어떤 규칙성과 연관성이 보인다면, 이를 파악하고 그 의미를 기술한다.
- 필요하다면 실험값에 대한 그래프를 그려 데이터가 한 눈에 파악되게 하는 것도 좋다.

[3] 오차 논의 및 검토

- 객관성에 입각하여 오차 논의를 한다.
- 무작정 오차를 논하려 하지 말고, 잘된 측정값과 잘못된 측정값을 구분하여 그에 맞게 오차논의를 한다.
- '결과 분석'을 토대로 상대오차가 비교적 큰 실험값들을 지적하여 그 오차의 백분율오차를 언급하고, 오차의 원인을 기술한다.
- 오차의 원인을 열거만하는 형식을 취해서는 안 된다. 모든 데이터가 동일하게 열거한 오차의 원인을 따르는 것은 아닐 테니까 말이다.
- 할 수 있다면 오차의 원인을 정량적으로 분석한다. 예를 들어, 중력가속도의 값을 지구의 평균값을 사용하였기 때문에 오차가 발생했다라고 언급하지만 말고, 중력가속도의 값을 극단적으로 작게는 $9.79\ \mathrm{m/s^2}$으로, 크게는 $9.81\ \mathrm{m/s^2}$으로 대입하여 계산하는 방법을 취해 본다. 그러면, 정말 중력가속도의 평균값을 사용한 것이 오차의 주된 원인인지를 쉽게 파악할 수 있다.
- 오차의 원인도 그 기여하는 바의 경중을 가려서 언급한다.

[4] 결론

- 실험을 한 목적에 맞춰 그에 부합하는 결과를 얻었는지를 언급하거나, '결과 분석'을 간략히 요약 정리하는 방법을 취한다.
- 결과 값에서 오차 논의에서 설명한 오차들만 배제할 수 있었다면 참값에 준하는 실험결과를 얻을 수 있었을 것으로 생각된다는 형식으로 결론을 내리는 것도 결론의 한 방법이 되겠다.

2. 계측기기 사용법

1. Digital Multimeter(모델: Chekman TK-202)

(1) 소개

멀티미터란 하나의 계기로 전환스위치를 사용하여 전압, 전류, 저항, 전기용량 등의 여러 가지 양을 측정할 수 있는 다기능계기(多機能計器)를 일컫는다.

(2) 측정시 주의 사항

- 1 kVA를 초과하는 회로에는 사용하지 않는다.
- AC25 V(rms), DC60 V 이상의 전압을 측정할 때는 특별히 안전에 유의한다.
- 최대 입력 전압 이상 측정하지 않는다.
- 최대 허용 전압을 초과하는 순간 전압이나 유도전동기는 측정하지 않는다.
- 측정리드가 손상된 상태에서는 측정하지 않는다.
- 본체의 후면 케이스를 분리한 상태에서는 측정하지 않는다.
- 측정시에는 검정색 리드를 먼저 접속하고, 측정이 끝난 후에는 빨간색 리드를 먼저 분리한다.
- 측정시 리드를 잡을 때에는 손잡이 가드의 뒷부분을 잡고 측정한다.
- **기능스위치를 변경할 때에는 먼저 측정하고 있는 회로로부터 리드를 확실히 분리시킨다.**
- **측정 전에 기능스위치가 측정하고자 하는 물리량의 위치에 있는지를 반드시 확인한 후 측정한다.**
- 젖은 손이나 습기가 많은 환경에서는 사용하지 않는다.

(3) 일반 사양(General Specifications)

- 자동 범위 설정 디지털 멀티미터
- 단일 디지털 화면
- 과부하 보호
- 주파수 응답: 40~400 Hz
- DC/AC 전압 측정 상한: 600 V
- DC/AC 전류 측정 상한: 10 A
- 저항 측정 상한: 40 MΩ
- 전기용량 측정 상한: 40 μF
- 주파수 측정 상한: 20 MHz
- 온도 측정 상한: 1000 ℃

그림 1 멀티미터

- 다이오드 검사
- 퓨즈: 0.5 A/250 V, 10 A/250 V
- IEC 61010, CAT Ⅱ 600 V
- 작동 적정 온도: 0~40 ℃(습도 80 %이하에서)
- 크기: 144×74×35 mm
- 무게: 350 g(배터리, 리드선 포함)
- 자동 전원 차단: 15분
- Duty Cycle: 0.1~99.9 %

(4) 측정 사양(Measurement Specification) 정확도: ±(판독%+최소 유효 숫자)

기능	범위	최소 측정값	정확도	주의
DC 전압 **==V**	400.0 mV	0.1 mV	±(1 %+4)	입력 임피던스 10 MΩ
	4.000 V	0.001 V		
	40.00 V	0.01 V		
	400.0 V	0.1 V		
	600 V	1 V		
AC 전압 **~V**	400.0 mV	0.1m V	±(1.5 % +8)	입력 임피던스 10 MΩ
	4.000 V	0.001 V		
	40.00 V	0.01 V		
	400.0 V	0.1 V		
	600 V	1 V		
저항 Ω	400.0 Ω	0.1 Ω	±(1.5 %+4)	과부하 보호: 250 V DC/AC
	4.000 kΩ	0.001 kΩ		
	40.00 kΩ	0.01 kΩ		
	400.0 kΩ	0.1 kΩ		
	4.000 MΩ	0.001 MΩ		
	40.00 MΩ	0.01 MΩ	±(5 %+5)	
다이오드 ─▶├	테스트 전류: 0.5 mA 테스트 전압: 1.5 V 근방			
결선 테스트 •)))	가청 도수: 90 Ω 이하 테스트 전압: 0.5 V 근방			
전기용량 **C**	4.000 nF	0.001 nF	±(5 %+25)	과부하 보호: 250 V DC/AC
	40.00 nF	0.01 nF	±(5 %+10)	
	400.0 nF	0.1 nF	±(4 %+8)	
	4.000 μF	0.001 μF		
	40.00 μF	0.01 μF	±(4 %+10)	

기능	범위	최소 측정값	정확도	주의
주파수 **Hz**	100 Hz	0.1 Hz	±(0.5 %+4)	과부하 보호: 250 V DC/AC
	1 kHz	0.001 kHz		
	10 kHz	0.01 kHz		
	100 kHz	0.1 kHz		
	1 MHz	0.001 MHz		
	10 MHz	0.01 MHz		
Duty Cycle **Duty**	1~99 %	0.1 %	±(5 %+5)	
	과부하 보호: 250 V DC/AC			
	50 또는 60 Hz에서 10~90 % Duty cycle			
온도 **Temp**	-40~1000 ℃	1 ℃	400℃ 이하 ±(3 %+5)	K-type 온도 probe 사용
DC 전류 **==μA ==mA ==A**	400.0 μA	0.1 μA	±(1.5 %+4)	퓨즈: 0.5 A/250 V, 10 A/250 V
	4000 μA	1 μA		
	40.00 mA	0.01 mA		
	400.0 mA	0.1 mA		
	4.000 A	0.001 A		
	10.00 A	0.01 A	±(2 %+4)	
AC 전류 **~μA ~mA ~A**	400.0 μA	0.1 μA	±(2 %+8)	퓨즈: 0.5 A/250 V, 10 A/250 V
	4000 μA	1 μA		
	40.00 mA	0.01 mA		
	400.0 mA	0.1 mA		
	4.000 A	0.001 A		
	10.00 A	0.01 A	±(2.5 %+4)	

(5) 주요 버튼의 기능

- Power: 전원을 켜거나 끈다.
- Sel: 선택 버튼으로서 AC(~)에서 DC(⎓)로 전환하거나, 저항, 결선 테스트, 다이오드, 전기용량 (Ω, •))) , ⏵|, C)의 측정영역 선택에 사용한다.
- Rel: 측정값 비교 기능으로서 디지털 화면에 나타낸 판독 값을 이어지는 판독 값의 차이로 저장하며, 화면은 0으로 설정된다. 이어지는 판독 값으로부터 저장된 판독 값을 뺀 나머지가 표시된다.

(6) 측정 방법

○ AC 전압, DC 전압 측정(~V, ⎓V)

▸ 최대 입력 전압(AC600 V, DC600 V) 이상 측정하지 않는다.

▸ **기능스위치를 바꿀 때는 반드시 리드를 회로에서 분리한 상태에서 변경한다.**

▸ 측정할 때에는 테스트 리드 안전손잡이 뒷부분을 잡고 측정한다.

① 교류(AC)를 측정 할 때는 '~V' 모드로, 직류(DC)를 측정할 때는 '⎓V' 모드로 기능스위치를 선택한다.

② 디지털 화면의 왼쪽에 교류에서는 '~', 직류에서는 '⎓'가 표시된다.

③ 검정색 테스트 리드는 'COM' 단자에, 빨간색 테스트 리드는 'V Ω mA' 단자에 연결한다.

④ 테스트 리드를 측정할 회로에 **병렬**로 연결한다.

⑤ 디지털 화면에 측정값이 자동으로 표시된다.

○ 전류 측정 I (μA, mA)

▸ 최대 입력 전류(4000 μA, 4000 mA) 이상 측정하지 않는다.

▸ **기능스위치를 바꿀 때는 반드시 리드를 회로에서 분리한 상태에서 변경한다.**

① 작은 전류를 측정 할 때는 'μA' 모드로, 큰 전류를 측정할 때는 'mA' 모드로 기능스위치를 선택한다.

② 검정색 테스트 리드는 'COM' 단자에, 빨간색 테스트 리드는 'V Ω mA' 단자에 연결한다.

③ 'Sel' 버튼을 눌러 측정하고자 하는 전류가 교류인지 직류인지에 따라 '~' 또는, '⎓'을 선택한다.

④ 테스트 리드를 측정할 회로나 부하에 **직렬**로 연결한다.

⑤ 디지털 화면에 측정값이 자동으로 표시된다.

▸ 직류를 측정할 때에는 통상 회로의 음극(−)에는 검정색 테스트 리드를, 양극(+)에는 빨간색 테스트 리드를 부하와 직렬로 연결한다. 만일, 테스트 리드의 연결 극성

이 바뀐다면, 디지털 화면에는 측정값의 크기는 같으나, 부호가 반대인 전류값이 나타나게 된다. 교류 전류를 측정할 때에는 직류를 측정할 때와 동일하게 테스트 리드를 연결한다. 단, 교류 측정시에는 순간 전류의 부호가 측정되지 않으므로, 테스트 리드의 연결 극성이 바뀌더라도 동일한 전류가 측정된다.

○ 전류 측정 Ⅱ(A)

▸ 최대 입력 전류(10 A) 이상 측정하지 않는다.

▸ **기능스위치를 바꿀 때는 반드시 리드를 회로에서 분리한 상태에서 변경한다.**

① 기능스위치를 'A' 모드로 선택한다.

② 검정색 테스트 리드는 'COM' 단자에, 빨간색 테스트 리드는 '10 A' 단자에 연결한다.

③ 'Sel' 버튼을 눌러 측정하고자 하는 전류가 교류인지 직류인지에 따라 '～' 또는, '⎓'을 선택한다.

④ 테스트 리드를 측정할 회로나 부하에 **직렬**로 연결한다.

⑤ 디지털 화면에 측정값이 자동으로 표시된다.

▸ 직류를 측정할 때에는 통상 회로의 음극(−)에는 검정색 테스트 리드를, 양극(+)에는 빨간색 테스트 리드를 부하와 직렬로 연결한다. 만일, 테스트 리드의 연결 극성이 바뀐다면, 디지털 화면에는 측정값의 크기는 같으나, 부호가 반대인 전류값이 나타나게 된다. 교류 전류를 측정할 때에는 직류를 측정할 때와 동일하게 테스트 리드를 연결한다. 단, 교류 측정시에는 순간 전류의 부호가 측정되지 않으므로, 테스트 리드의 연결 극성이 바뀌더라도 동일한 전류가 측정된다.

○ 저항, 결선 테스트, 다이오드, 전기용량 측정(Ω, •))), ⊣▶⊢, C)

▸ **측정 전에 반드시 측정할 회로의 전원을 차단해야 한다.**

① 기능스위치를 'Ω, •))), ⊣▶⊢, C'로 선택한다.

② 'Sel' 버튼을 눌러 'Ω, •))), ⊣▶⊢, C' 중 하나의 측정영역으로 전환한다.

③ 검정색 테스트 리드는 'COM' 단자에, 빨간색 테스트 리드는 'V Ω mA' 단자에 연결한다.

④ **측정할 회로의 전원을 끈다.**

⑤ 테스트 리드를 측정할 회로나 소자에 연결한다.

⑥ 디지털 화면에 측정값이 자동으로 표시된다.

○ 교류회로의 주파수 측정(Hz)

▸ 최대 허용 입력 전압(AC250 V) 이상의 전압을 입력해서는 안 된다.

① 기능스위치를 'Hz'로 선택한다.

② 검정색 테스트 리드는 'COM' 단자에, 빨간색 테스트 리드는 'V Ω mA' 단자에 연결

한다.
③ 테스트 리드를 측정할 회로에 연결한다.
④ 디지털 화면에 측정값이 자동으로 표시된다.

○ 온도 측정(Temp)
▶ 최대 허용 입력 전압(AC250 V) 이상의 전압을 입력해서는 안 된다.
① 기능스위치를 'Temp'로 선택한다.
② 디지털 화면의 오른쪽에 '°C'가 표시된다.
③ 온도 Probe의 '−' 리드는 'COM' 단자에, '+' 리드는 'V Ω mA' 단자에 연결한다.
④ 온도 Probe를 측정하고자 하는 지점에 놓는다.
⑤ 디지털 화면에 측정값이 자동으로 표시된다.

○ Duty Cycle 측정(Duty)
▶ 최대 허용 입력 전압(AC250 V) 이상의 전압을 입력해서는 안 된다.
① 기능스위치를 'Duty'로 선택한다.
② 검정색 테스트 리드는 'COM' 단자에, 빨간색 테스트 리드는 'V Ω mA' 단자에 연결한다.
③ 디지털 화면의 오른쪽에 '%'가 표시된다.
④ 테스트 리드를 측정할 회로에 연결한다.
⑤ 디지털 화면에 측정값이 자동으로 표시된다.

2. 마이크로미터(Micrometer, 외경 측정용)

마이크로미터는 1 mm 눈금을 100등분한 0.01 mm의 매우 작은 길이까지도 정확히 측정할 수 있는 정밀한 기기로, 물체의 외경, 두께 등을 측정하는 데 사용된다.

(1) 각 부의 명칭

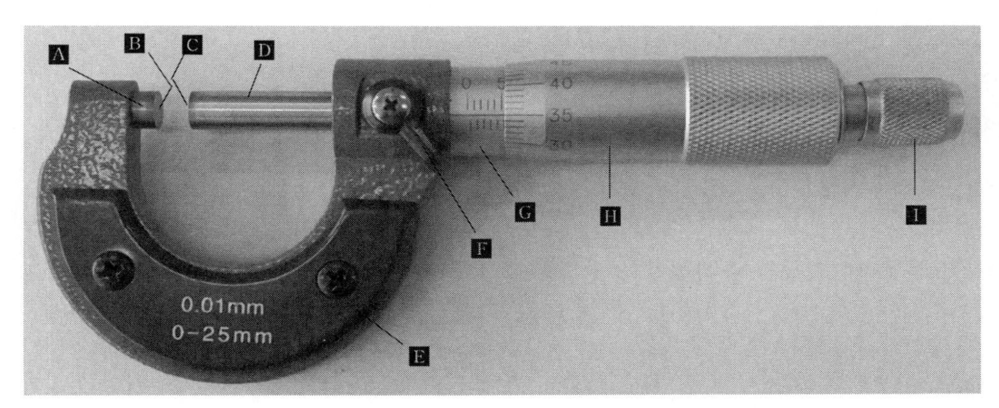

A Anvil B Anvil Face C Spindle Face D Spindle E Frame
F Lock Nut G Sleeve H Thimble I Ratchet screw

그림 2 마이크로미터

(2) 측정값을 읽는 법

① Thimble의 눈금 끝 경계면이 가리키는 Sleeve의 눈금을 읽는다. Sleeve의 눈금은 0.5 mm 단위까지 읽는다.
  예) 그림 3(a)의 경우: 10.5 mm(=1.05 cm)
     그림 3(b)의 경우: 11 mm(=1.1 cm)

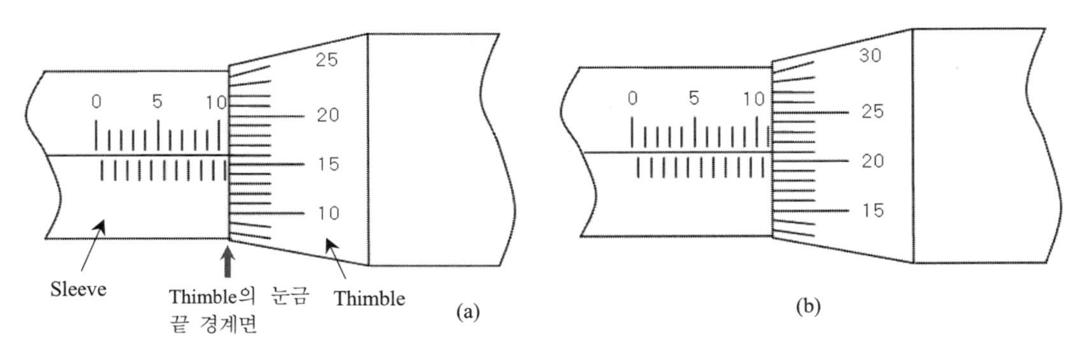

그림 3 마이크로미터의 Sleeve와 Thimble. 0.01 mm 단위의 값을 읽기 위해서는 Sleeve의 자 눈금 중앙의 수평선과 Thimble의 눈금이 일치하는 값을 읽는다.

② Sleeve의 자 눈금 중앙의 수평선과 Thimble의 눈금이 일치하는 값을 읽는다. 이 값의 단위는 0.01 mm이다.

예) 그림 3(a)의 경우: 0.16 mm
그림 3(b)의 경우: 0.21 mm

③ 과정 ①과 ②에서 읽은 눈금의 값을 더해서 측정값으로 한다.

예) 그림 3(a)의 경우: 10.5 mm+0.16 mm=10.66 mm
그림 3(b)의 경우: 11 mm+0.21 mm=11.21 mm

(3) 사용상 주의 사항

- 측정 전에 Spindle을 돌려 Anvil Face와 Spindle Face가 닿게 하였을 때, Thimble의 0점이 Sleeve의 자 눈금 중앙의 수평선과 일치하는지를 확인한다.
- 필요 이상의 측정압이 가해지지 않도록 주의한다.

3. 버니어 캘리퍼스(Vernier Calipers)

버니어 캘리퍼스는 1 mm 눈금을 20등분한 0.05 mm의 매우 작은 길이까지도 정확히 측정할 수 있는 정밀한 기기로, 물체의 내경, 외경, 두께, 깊이 등을 측정하는 데 사용된다.

(1) 각 부의 명칭

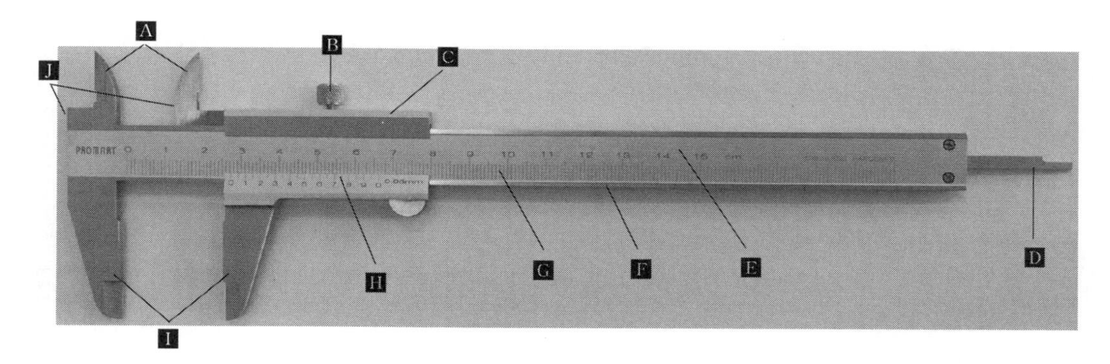

A 내측용 조우(jaw) B 고정용 나사 C 슬라이더 D 깊이 바(Bar) E 어미자(주척)
F 기준단면 G 어미자 눈금 H 아들자(부척) 눈금 I 외측용 조우(jaw) J 단차 측정면

그림 4 버니어 캘리퍼스

(2) 측정값을 읽는 법

① 어미자(주척)의 눈금을 읽는다. 어미자의 눈금은 아들자(부척)의 눈금의 0이 가리키는 지점을 mm 단위까지 읽으면 된다.

예) 그림 5(a)의 경우: 112 mm(=11.2 cm)

그림 5(b)의 경우: 71 mm(=7.1 cm)

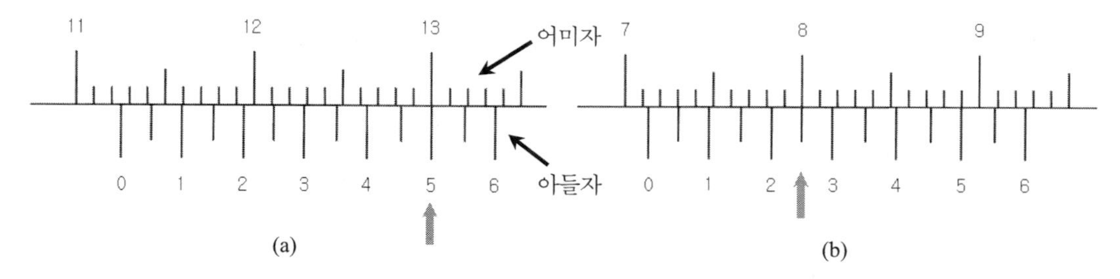

그림 5 버니어 갤리퍼스의 어미자와 아들자의 눈금. 화살표는 어미자와 아들자의 눈금이 일치하는 지점을 나타낸다.

② 어미자의 눈금과 아들자의 눈금이 일직선으로 일치하는 지점을 찾아 이 지점의 아들자의 눈금을 읽는다. 아들자의 눈금 값의 단위는 (아들자의 눈금)$\times 10^{-1}$ mm가 된다.

예) 그림 5(a)의 경우: 0.5 mm($= 5 \times 10^{-1}$ mm)

그림 5(b)의 경우: 0.25 mm($= 2.5 \times 10^{-1}$ mm)

③ 어미자의 눈금과 아들자의 눈금의 값을 더해서 측정값으로 한다.

예) 그림 5(a)의 경우: 112 mm+0.5 mm=<u>112.5 mm</u>

그림 5(b)의 경우: 71 mm+0.25 mm=<u>71.25 mm</u>

(3) 사용상 주의 사항

- 측정 전에 각 조우의 측정면을 닫고, 어미자와 아들자의 0점이 일치하는지를 확인한다.
- 필요 이상의 측정압이 가해지지 않도록 주의한다. 측정압이 너무 세면, 조우가 벌어져 측정오차가 발생한다.
- 어미자와 아들자의 눈금을 읽을 때는 정면에서 읽어 시차가 발생하지 않게 한다.
- 외측 측정시에는 측정물을 가급적 외측용 조우 안의 어미자 가까운 안쪽에 넣고, 외측용 조우의 측정면 전체를 측정물에 밀착 시켜준다.
- 내측 측정시에는 내측용 조우를 가급적 측정하고자 하는 면에 깊이 넣고 내측용 조우 측정면 전체를 측정물에 밀착 시켜준다.
- 깊이 측정시에는 깊이바를 측정할 면에 대하여 직각이 되게 한다.

PART Ⅱ

실험

실험 01

기초 정전기 실험

1. 실험 목적

이전까지는 사고 실험을 통해서 정성적으로만 이해할 수 있었던 전하의 발생(대전), 전하의 분포, 전하의 이동 등의 정전기적 현상에 대해서 직접 실험을 통해서 그 현상들을 정량적으로 경험함으로써, 정전기 현상에 대해 정확한 이해를 얻는다.

2. 실험 개요

전기적으로 중성인 가죽과 비닐 소재의 두 절연체(insulator, 부도체라고도 함)의 대전봉을 서로 문지른 후 Faraday Ice Pail에 넣어 봄으로써 두 물체가 서로 반대 부호로 대전됨을 확인하고, 이때 두 물체에 대전된 전하량의 크기는 같아 발생한 전하의 총량은 보존된다는 것을 확인한다. 이어, 대전된 절연체와 중성의 도체구(금속구)를 접촉시켜 봄으로써 중성의 도체구가 대전된 절연체와 같은 전하부호로 대전되는 것을 확인한다. 그리고 이전의 접촉에 의한 대전과는 달리 중성의 도체구에 대전된 절연체를 접촉시키지 않고 가까이만 가져가는 것으로써, 즉 유도(induction)에 의한 방법으로 중성의 도체구를 대전시키고, 테스트봉과 Faraday Ice Pail을 이용하여 도체구에 대전되는 전하부호와 도체구 표면의 전하분포를 알아본다.

3. 기본 원리

[1] 전하란?

전하란 전기적, 자기적 효과를 만들어 내고 또한 이를 경험하는 물질의 성질이다. 전하는 양(+)전하와 음(−)전하의 두 종류가 있으며, 전하는 독립적인 존재가 아니고 항상 물체에 존재한다. 즉 질량과 함께 존재하며, 물체가 전하를 가지게 되면 그 물체는 대전되었다고 한다. 전하의 근원은 원자이다. 양전하의 자연적인 기본 운반자는 원자 핵 속에 있는 입자인 양성자이다. 그런데 원자핵은 고체 내부의 공간에 단단하게 고정되어 있기 때문에 양성자는 한 물질로부터 다른 물질로 이동할 수가 없다. 그러므로 한 물체가 대전된다는 것은 음전하의 자연적인 기본 운반자인 전자를 잃거나 얻는 현상인 것이다.

전하의 가장 중요한 특징은 '고립계에서 전하의 총량은 항상 보존된다.'는 전하량 보존 법칙을 따른다는 것이다. 최초 중성인 두 물체를 서로 문지르면 두 물체 중 하나는 상당량의 음전하(전자)를 잃게 되어 양의 부호로 대전되는 반면에, 다른 물체는 같은 양의 음전하를 얻게 되어 음의 부호로 대전된다. 이 과정에서 전하는 새로 생성되거나 소멸되지는 않아 전하의 총량은 보존된다. 한편, 마찰에 의해 전기적 성질을 띠는 마찰전기와 같이 전하를 가진 입자(대전입자)가 물체에 정지하여 있는 전기 현상을 정전기라고 한다.

입자 또는 물체가 띠고 있는 전하의 양을 전하량이라고 하는데, 전하량(Q)은 시간(t)에 대해 전하가 흐르는 비율인 전류(I)에 의해 다음과 같이

$$I = \frac{dQ}{dt},$$
$$Q = \int I\,dt \tag{1}$$

로 정의되며, SI 단위로 쿨롱(C)을 쓴다. 이와 같이 전류로써 전하를 정의하는 이유는 물체에 있는 전하는 새어나가려는 경향이 있는 반면, 전선을 통해 흐르는 전류는 정확하게 측정할 수 있기 때문이다. 쿨롱이라는 단위는 매우 큰 양의 단위이다. 물체를 문질러서 얻을 수 있는 전형적인 전하의 양은 10^{-8} C이다. 이 양은 문지르는 물체의 표면 원자의 10^5분의 1만큼의 원자가 전자를 잃거나 얻을 때의 값이며, 심지어 매우 많은 양의 전하가 대전된 경우에도 표면 원자 가운데 약 500개 중 한 개 정도만이 잉여의 전하를 갖는다. 그러므로 전기효과는 물체의 중성상태로부터의 작은 불균형에 기인한다고 할 수 있다. 한편, 번개의 경우는 구름으로부터 지면으로 약 10 ~ 20 C의 매우 큰 전하량을 전달한다.

17~18세기에는 전하는 연속체라고 여겨졌다. 그러나 1909년 밀리칸(1886-1953)은 한 물체가 대전되면 그 대전된 전하량(Q)은 기본 전하량(e)의 배수가 된다는 사실을 발견하였다. 즉, $Q = 0,\ \pm e,\ \pm 2e,\ \pm 3e$과 같이 기본 전하량의 정수배의 전하량을 갖는다는 것이다. 여기서 기본 전하량(e)은 전자(또는 양성자)의 전하량으로

$$e = 1.60219 \times 10^{-19}\ \mathrm{C} \tag{2}$$

이다. 이와 같이 전하는 오직 불연속적인 양으로만 나타나며, 이를 전하의 양자화(quantization)라고 한다.

대전된 물체는 다른 물체에 힘을 작용한다. 이때 다른 물체는 대전이 되어 있을 수도, 대전이 되어 있지 않았을 수도 있다. 같은 종류의 전하로 대전된 물체(+전하와 +전하, 또는 −전하와 −전하) 간에는 서로 밀어내는 척력이 작용하고, 다른 종류의 전하로 대전된 물체(+전하와 −전하) 간에는 서로 끄는 인력이 작용한다. 또한 대전된 물체가 대전되어 있지 않은 물체에 유도에 의한 대전을 통해 작용하는 힘은 항상 인력이다. 이러한 대전된 물체 간에 작용하는

전기력은 쿨롱의 법칙에 의해 정량적으로 나타내어진다.

한편, 물질들은 대전입자(전자)의 이동을 허용하는 능력에 따라서 이동이 용이한 도체, 이동이 쉽게 허용되지 않는 절연체(또는 부도체), 그리고 주어지는 상황(전위차의 크기)에 따라 전하 이동의 용이성이 조절되는 반도체의 세 종류로 나누어진다. 대부분의 금속은 도체이고, 플라스틱, 석영, 유리, 가죽 등은 절연체로 분류된다. 그러나 어떤 물질(고체, 기체, 혹은 유체)이나 그것이 도체건 절연체건 간에 마찰대전의 가능성은 있다.

[2] 전하의 발생(대전)

(1) 접촉에 의한 대전

① 중성의 두 절연체 간의 마찰에 의한 대전

마찰은 물체가 전하를 갖는 가장 주요한 방법으로, 마찰 과정에서 서로 밀착해 있는 두 물체의 표면이 접촉 후 분리될 때마다 한 표면은 전자를 잃어버리고 양으로 대전되고, 다른 면은 그 전자를 얻어서 음으로 대전된다. 예를 들어 고무막대를 털가죽에 문지른다면 고무막대는 음전하로 털가죽은 양전하로 대전되는데, 이는 문지르는 과정에서 고무막대의 전자가 털가죽으로 이동하였기 때문이다. 마찰(문지르는) 과정에서 각기 물체가 띠게 되는 전하부호는 두 물체의 전기적 성질과 표면의 조건에 의존하게 된다. 실제는 두 물체 사이의 단순한 접촉만으로도 대전은 이루어진다. 다만, 문질러주면 접촉 면적이 증가되고 전하의 이동 과정이 강화되어 대전 효과가 증대되는 것뿐이다. 어떤 경우에는 부드럽게 문질러 주는가 아니면 세게 문질러 주는가에 따라서 두 물체 사이에 대전되는 전하의 부호가 변하기도 한다. 이와 같은 전하의 부호 변화는 먼지의 미세한 성질에 의해 발생하는데 이를 제거하기는 매우 어렵다.

다음의 그림 1은 전기적으로 중성의 두 절연체를 서로 문질러 대전시킨 상황을 나타낸 것이다.

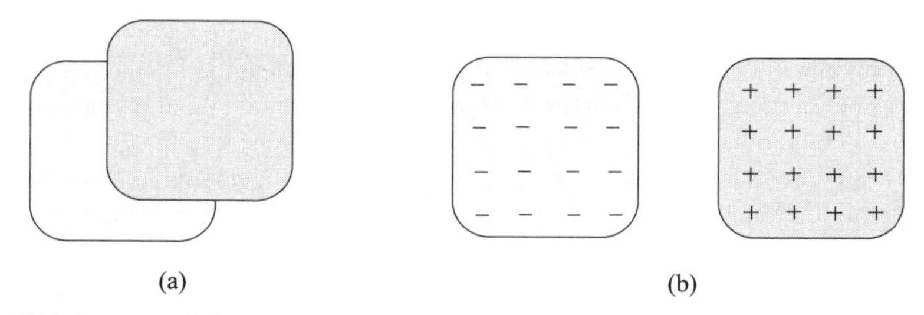

그림 1 전기적으로 중성인 두 절연체의 마찰에 의한 대전. (a) 두 개의 절연체를 서로 문지른다. (b) 서로 문지른 두 절연체를 분리시키면, 두 물체는 전하량은 같으나 서로 반대 부호로 대전된다.

고무막대를 털가죽으로 문지르거나 유리막대를 비단으로 문지르는 것이 이러한 상황에 해당하며, 이렇게 대전된 두 물체는 전하량의 크기는 같으나 서로 반대의 전하부호를 가지며, 그로 인해 전하의 총량은 처음의 중성과 같이 0이다. 두 절연체가 분리된 후에는 그 표면이 다른 물체에 의해 접촉되거나 접지되지 않는 한, 그 표면은 각각의 양전하와 음전하를 그대로 보유하게 된다.

② 대전된 절연체와 중성의 도체 간의 접촉에 의한 대전

그림 2와 같이 음으로 대전된 고무막대를 절연되어 전하가 외부로 빠져나갈 수 없는 전기적으로 중성인 도체구에 접촉시키면, 고무막대의 과잉 전자들의 일부는 도체구로 이동한다. 그 상태에서 고무막대를 떼어 멀리두면 도체구는 음전하로 대전되며, 과잉의 음전하인 전자들은 구의 표면에 균일하게 분포하게 된다. 이와 같이 대전된 절연체와 중성의 도체가 접촉을 하는 과정에서는 과잉 전하의 이동으로 인하여 도체는 대전된 절연체와 같은 전하부호로 대전된다.

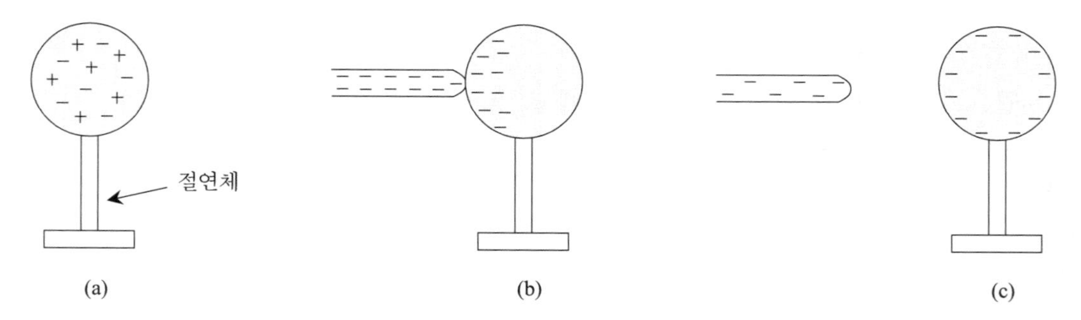

그림 2 대전된 절연체와 중성의 도체 간의 접촉에 의한 대전. (a) 전기적으로 중성인 도체구. (b) 음으로 대전된 고무막대를 도체구에 접촉시키면 고무막대의 일부 전자들이 도체구로 이동한다. (c) 고무막대를 떼어 멀리 두면, 도체구의 과잉 전하(전자)는 도체구 표면에 균일하게 분포한다.

(2) 유도에 의한 대전

그림 3의 (a)에서와 같이 중성의 두 도체구 A와 B를 닿게 한 상태에서 도체구 A의 왼쪽에 음으로 대전된 물체를 가까이하면, 도체구 A에 있던 자유전자들의 일부는 같은 음의 부호 간의 척력에 의해 멀리 도체구 B의 오른쪽으로 이동하게 된다.

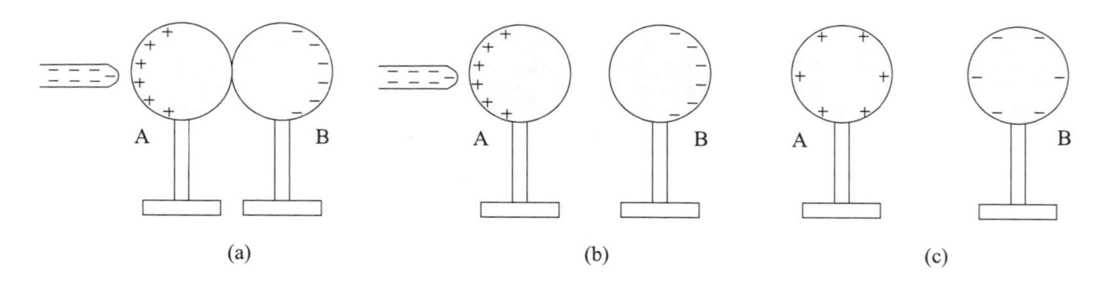

그림 3 유도에 의한 방법으로 대전된 물체와의 접촉 없이도 두 도체구를 전하량의 크기는 같으나 반대의 전하부호로 대전시킨다.

그러면 도체구 A의 왼쪽에는 양의 전하가 남게 된다. 이 상태에서 그림 3의 (b)와 같이 두 구를 분리시키면 두 도체구는 전하량의 크기는 같으나 서로 반대 전하부호로 대전된다. 그리고 그림 3의 (c)와 같이 대전된 물체를 제거하고 두 구를 떨어뜨려 두면, 대전된 전하들은 각각의 도체구 표면에 균일하게 분포하게 된다. 이와 같이, 대전된 물체를 접촉시키지 않고도 물체를 대전시키는 것을 '유도에 의한 대전'이라고 한다.

다음의 그림 4는 단일 도체구를 유도에 의한 방법으로 대전시키는 과정을 보여 주고 있다. 이와 같은 대전은 그 과정이 그림 3의 경우와 유사하나, 그림 4(b)와 같이 접지를 필요로 한다. 그림에서 ⏚는 접지를 나타낸다.

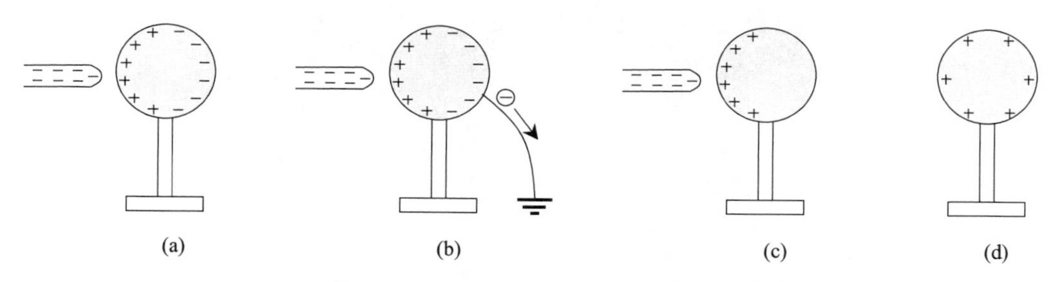

그림 4 유도에 의한 방법으로 대전된 물체와의 접촉 없이도 단일 도체구를 대전체와 반대의 전하부호로 대전시킨다.

4. 실험 기구

- 전위계(Basic Electrometer): 대전된 물체를 Faraday Ice Pail에 넣으면 Ice Pail의 두 철망 간에는 전위차가 발생하는데, 전위계는 이 전위차를 측정하여 대전체의 전하부호와 전하량을 간접 측정하는 기능을 한다.
- 고전압 직류전원장치(High DC Power Supply)
- 대전봉 (2): 하나는 흰색의 비닐과 검정색의 고무의 양면으로 이루어져 있으며, 다른 하나는 베이지색의 가죽과 고무의 양면으로 이루어져 있다. 이 두 봉의 서로 다른 면을 문지르면 두 봉은 서로 반대 부호로 대전되는데, 이 두 봉을 각각 다른 전하부호의 대전체로 사용한다.
- 테스트봉 (1): 은색의 금속 면으로 이루어져 있으며, 이 금속면을 대전된 물체에 접촉시켰다가 Ice Pail에 넣는 방법으로 대전된 물체의 전하부호나 전하밀도를 측정하는데 사용한다.
- Faraday Ice Pail: 직경이 다른 두 개의 원통형 철망이 동축을 이룬 구조로, 안쪽 철망의 내부에 대전된 물체를 넣으면 유도에 의한 대전에 의해 전위계로 연결된 안쪽 철망과 바깥쪽 철망 간에는 전위차가 생긴다.
- 금속 도체구 (2)

○ 아크릴판(大, 小) (2): 아크릴판을 옷이나 머리카락에 문지르면 상당한 크기의 전하가 대전된다. 그래서 대전량이 작은 대전봉을 대체하는 대전체로 사용한다.
○ BNC케이블: 빨간색과 검정색의 악어클립으로 구성.

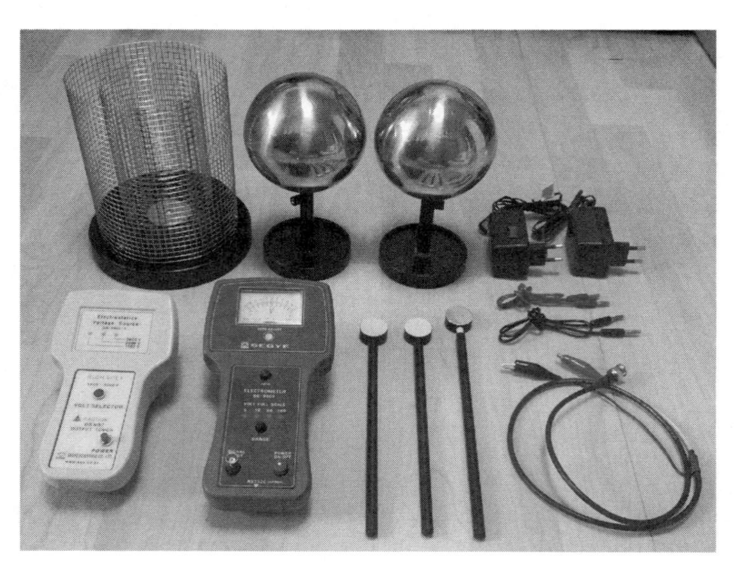

그림 5 실험 기구

5. 실험 정보

(1) 실험에 따라 3000 V의 높은 전압을 사용하기도 한다. 이런 경우에 방전에 의해 전기쇼크를 겪을 수도 있으니 안전에 유의하여 실험한다.

(2) 정전기의 발생은 일기 조건에 의해 크게 좌우된다. 건조할수록 대전량이 커지고 습할수록 대전량은 작아진다. 또한, 바람(실험실 내 에어컨 바람 포함)에 의해 쉽게 방전된다. 그러므로 실험 중에 일기 변화가 있다면 동일한 과정을 수행해도 일관되지 못한 실험 결과를 얻을 수도 있다는 점을 유념한다. 이런 이유로 실험 시작 무렵과 끝날 무렵에 각각 수행한 동일한 실험에 대해 상당히 차이가 있는 실험 결과를 보이기도 한다.

(3) 정전기의 발생은 실험을 수행하는 실험자에 따라서도 조금씩 다른 결과를 나타낼 수도 있다는 점을 이해하자. 손이 건조하다거나 습하다거나, 접지시 사용하는 손가락 지문의 유분의 양 등등.

(4) 실험에서 사용하는 전위계가 굉장히 민감하여 실험 도구에 남아있는 아주 작은 잔류 전하에 대해서도 쉽게 반응한다. 하지만, 잔류 전하를 제거하기 위한 상당한 노력에도 불구하고 잔류 전하의 완전 제거는 쉽지 않다. 이 경우 전위계의 민감한 반응을 일부 무시해

도 좋다. 우리의 실험은 대전체의 전하량(전하밀도)을 정밀하게 측정할 것을 요구하지 않는다. 단지, 전하량(전하밀도)을 비교할 수 있을 정도의 대략적인 크기 측정과 대전체의 전하부호를 알 수 있을 정도면 되기 때문이다.

6. 실험 방법

[1] 전하의 발생(대전)

(1) 중성의 두 절연체 간의 마찰에 의한 대전

: 이 실험은 그림 1의 대전 과정을 확인하는 실험이다.

① 그림 6과 같이 전위계를 Faraday Ice Pail에 연결한다. 이때, 반드시 빨간색의 악어클립은 안쪽 철망에 검정색의 악어클립은 바깥쪽 철망에 연결한다. 그리고 전위계를 켜고 'RANGE' 버튼을 눌러 전위계의 전압 측정범위를 5 V에 둔다.

그림 6 Faraday Ice Pail을 전위계에 연결한다.

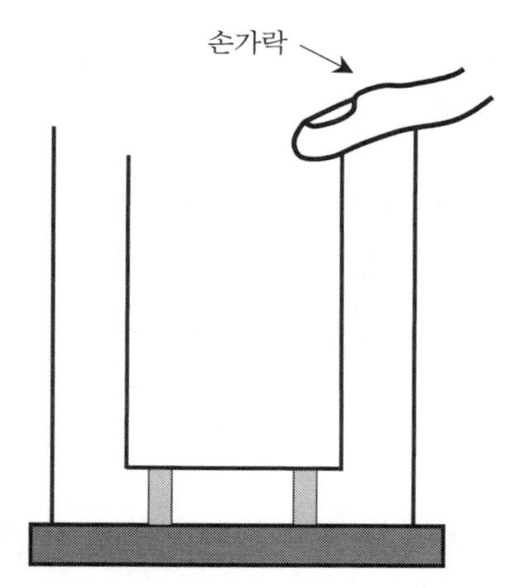

그림 7 Faraday Ice Pail의 두 철망에 손가락을 동시에 접촉시켜서 Ice Pail에 남아 있을지 모르는 잔류 전하를 제거한다. 그리고 손가락을 뗄 때는 반드시 안쪽 철망부터 먼저 떼도록 한다.

② 그림 7과 같이 손가락을 이용하여 안쪽 철망과 바깥쪽 철망을 동시에 접촉함으로써 Ice Pail을 접지시켜 철망에 있을지 모르는 잔류 전하를 방전시킨다. <u>철망에서 손가락을 뗄 때는 반드시 안쪽 철망부터 먼저 떼고 이어 바깥쪽 철망을 떼도록 한다.</u> 그리고 Ice Pail

의 잔류 전하가 완전히 제거되었으면 전위계의 ‘ZERO’ 버튼을 눌러 지시바늘을 0의 눈금에 오게 한다.

★실험 중에 공기 중의 대전된 먼지나 주변의 사람 또는 물체에 의해 Ice Pail이 원치 않게 대전되고, 그로인해 전위계의 지시바늘이 0의 눈금을 가리키지 않게 되곤 한다. 그러면 이 과정을 수시로 수행하여 Ice Pail의 잔류 전하를 제거하고 'ZERO' 버튼을 눌러 지시바늘을 0의 눈금에 오게 한다.

③ 다시 전위계의 ‘RANGE’ 버튼을 눌러 전압 측정범위를 최대인 100 V에 둔다.

★전압 측정범위를 최대인 100 V에 두는 것은 측정되는 전위가 클 때를 대비해서인데, 실험에서 사용하는 전위계가 매우 민감하여 측정 상한을 넘어서면 쉽게 고장이 나거나 이상이 생겨 이후에 정확한 측정을 할 수가 없는 경우가 발생한다. 그래서 이를 방지하기 위해서 전압 측정범위를 최대로 하여 실험하는 것이다. 하지만, <u>이어지는 대전봉을 이용한 실험이나 대전된 금속구의 전위를 확인하는 실험과 같이 대전량이 작은 실험에서는 이를 예상하여 전압 측정범위를 5 V나 10 V와 같이 낮은 측정범위로 두는 것이 좋다.</u>

④ 각각 양과 음의 전하부호를 갖는 대전체를 얻기 위하여 두 대전봉의 서로 다른 면(비닐과 가죽, 비닐과 고무, 가죽과 고무)끼리 문질러 대전시킨다. 이 과정은 Ice Pail로부터 조금 떨어진 곳에서 다음과 같은 세부 과정으로 시행한다.

ⓐ 먼저, 대전봉의 목과 대전면을 손으로 잡아 접지시키는 방법으로 대전봉에 있을지 모르는 잔류 전하를 제거한다. 그리고 대전봉의 목 부분을 가벼운 입김으로 불어주어 입김 속의 수분으로 여분의 잔류 전하도 제거한다.

ⓑ 하나의 대전봉의 비닐 면과 다른 대전봉의 가죽 면을 맞대어 문지른다.

ⓒ 대전된 대전봉은 서로 닿지 않게 양손에 따로따로 쥐고 주위의 다른 물체와도 닿지 않게 한다.

⑤ 대전봉 중 하나는 Ice Pail로부터 떨어진 곳에 두고, 남은 대전봉은 Ice Pail의 안쪽 철망에 반 이하의 깊이로 조심스럽게 넣고 전위계가 측정한 전위값을 읽는다. 여기서, 전위계가 나타내는 측정 전위의 양과 음의 값은 Ice Pail 내에 넣은 대전봉의 전하부호를 나타낸다.

★<u>측정되는 전위가 작으면 전위계의 'RANGE' 버튼을 눌러 전압 측정범위를 50 V, 10 V, 5 V로 낮추어 정밀하게 측정한다.</u>

★만일, 실험 중에 전위계의 지시바늘이 계기판의 상한(좌우 끝)을 넘어서면, 지체 없이 대전체를 Ice Pail로부터 멀리하고 전압 측정범위를 더 큰 값으로 올려 측정한다.

★전기용량의 정의식 $Q=CV$ 에 의하면 대전봉에 대전된 전하량(Q)이 클수록 전위계에 나타나는 전위차(V)는 커진다. 그러므로 전위계로 전위차를 측정하는 것은 대전봉에 대전된 전하량을 간접적으로 측정하는 것이 된다. 여기서, 전기용량 C는 전위계와 BNC케이블 그리고 Ice Pail의 합성 전기용량이다.

⑥ 대전봉을 Ice Pail로부터 빼내어 멀리 두고, 이번에는 멀리 두었던 대전봉을 Ice Pail의 안쪽 철망에 반 이하의 깊이로 조심스럽게 넣고 전위계가 측정한 전위값을 읽는다.

- **물음 1**: 대전봉이 Ice Pail 내부에 들어가면 Ice Pail의 두 철망 간에 전위차가 발생한

다. 그 원리는 무엇일까? [Hint: 유도에 의한 대전]

- **물음 2**: 과정 ⑤와 ⑥에서 전위계가 측정한 두 대전봉의 전하부호는 무엇인가? 이 측정 결과로부터 최초 전기적으로 중성의 두 절연체(비닐과 가죽)를 마찰시켜 대전시키면, 두 절연체는 서로 (같은, 반대) 전하부호로 대전됨을 알 수 있다. ['같은'이나 '반대'에 체크해 보세요!]

- **물음 3**: 과정 ⑤와 ⑥에서 측정한 전위값은 얼마인가? 그리고 이 두 전위의 크기는 같은가?

⑦ 과정 ⑥에서 Ice Pail에 넣어 둔 대전봉은 그대로 둔 채, 멀리 두었던 대전봉을 서로 닿지 않게 하여 Ice Pail에 반 이하의 깊이로 넣고 전위계가 측정한 전위값을 읽는다.

- **물음 4**: 과정 ⑦에서의 전위 측정값은 얼마인가? 물음 3 또는 과정 ⑦의 측정 결과로부터 전하량 보존 법칙을 확인할 수 있겠는가?

(2) 대전된 절연체와 중성의 도체 간의 접촉에 의한 대전

: 이 실험은 그림 2의 대전 과정을 확인하는 실험이다.

① 실험 '(1) 중성의 두 절연체 간의 마찰에 의한 대전'의 과정 ①~③를 수행한다.

② 금속구 하나를 택하여 금속구에 손가락을 살짝 댔다 떼는 방법으로 접지시켜 금속구에 있을지 모르는 잔류 전하를 제거한다. 그리고 이 구는 Ice Pail로부터 떨어진 곳에 둔다.

★ 금속구로부터 잔류 전하를 완전히 제거하지 못하였더라도 별로 문제되지 않는다. 설령 약간의 전하가 금속구에 남아 있더라도 이후의 실험에서 기대하는 현상을 관측하는 데는 그다지 문제가 되지 않기 때문이다.

③ Ice Pail로부터 떨어진 곳에서 아크릴판(小)을 옷에 문질러 대전시킨다.

★ 대전된 절연체로 사용하는 아크릴판은 대전량이 무척 커서 전위계의 반응이 크게 잘 나타나는 이점이 있다. 그래서 대전량이 작은 대전봉을 대체하는 실험 기구로 사용한다.

④ 아크릴판(小)을 Ice Pail에 반 이하의 깊이로 조심스럽게 넣고 전위를 측정하여 아크릴판(小)에 대전된 전하의 부호를 알아낸다.

⑤ Ice Pail에 넣었던 아크릴판(小)을 빼서 옷에 문질러 대전시켰던 면을 금속구의 여러 표면에 살짝 접촉시켰다 뗀다. 그리고 아크릴판(小)은 Ice Pail로부터 멀리 떨어진 곳에 둔다.

⑥ 금속구의 아래 목 부분이나 받침을 잡고 그림 8과 같이 거꾸로 하여 Ice Pail의 안쪽 철망 바로 위에 <u>절대로 닿지 않게</u> 가까이 한다. 그리고 전위계가 측정하는 전위값으로부터 금속구에 대전된 전하의 부호를 알아낸다.

★ 이와 같이 대전된 금속구를 Ice Pail에 직접 가져다가 대전 여부를 확인하는 것은 올바른 방법은 아니다. 왜냐하면 금속구를 Ice Paill의 반 이하의 깊이에 넣을 수 없기 때문이다. 잘못하여 금속구를 Ice Pail의 안쪽 철망이 아니라 바깥쪽 철망에 가까이 하면, Ice Pail의 안쪽과 바깥쪽 철망을 원래와는 반대로 대전시키게 되어 전위계는 금속구의 대전 부호를 실제와는 반대로 측정하게 된다. 하지만, 금속구를 안쪽 철망의 바로 위에 가까이 하면 실제 대전 부호를 맞게 알아낼 수 있으니 조심스럽지만 차선으로 적당한 방법이 되겠다.

한편, 대전된 금속구에 금속면의 테스트봉을 접촉시켰다가 뗀 후, 이를 Ice Pail에 넣는 방법은 올바른 방법이 되겠으나, 이 경우 테스트봉에 대전되는 전하량이 매우 작아 전위계가 그 값을 측정하지 못하기도 하므로 방법은 소개하되 방법의 채택은 실험자의 몫으로 남겨 둔다.

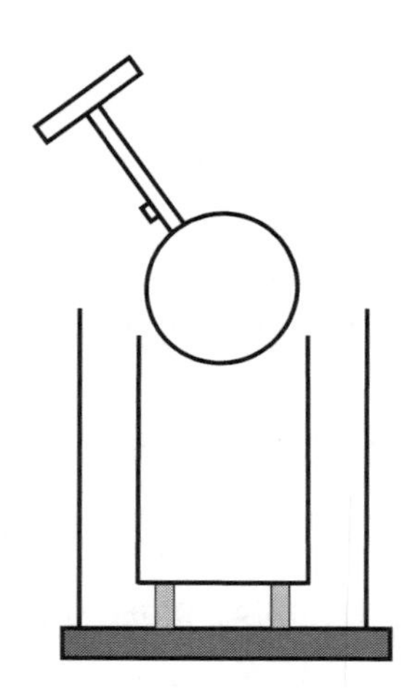

그림 8 대전된 금속구의 전하부호를 알아내기 위해서 금속구를 Ice Pail의 안쪽 철망 바로 위에 닿지 않게 가까이 한다.

- **물음 5**: 과정 ④와 ⑥에서 전위계가 측정한 아크릴판(小)과 대전된 금속구의 부호는 무엇인가? 이 측정 결과로부터 대전된 절연체(아크릴판(小))와 중성의 도체(금속구)를 접촉시키면 두 물체는 서로 (같은, 반대) 전하부호로 대전됨을 알 수 있다. ['같은'이나 '반대'에 체크해 보세요!]

(3) 유도에 의한 대전 1 – 두 개의 금속구 사용

: 이 실험은 그림 3의 대전 과정을 확인하는 실험이다.

① 실험 '(1) 중성의 두 절연체 간의 마찰에 의한 대전'의 과정 ①~③를 수행한다.

② 두 금속구에 각각 손가락을 살짝 댔다 떼는 방법으로 접지시켜 금속구에 있을지 모르는 잔류 전하를 제거한다. 그리고 이 두 금속구는 Ice Pail로부터 떨어진 곳에 둔다.

★ 금속구로부터 잔류 전하를 완전히 제거하지 못하였더라도 별로 문제되지 않는다. 설령 약간의 전하가 금속구에 남아 있더라도 이후의 실험에서 기대하는 현상을 관측하는 데는 그다지 문제

가 되지 않기 때문이다.

③ 두 금속구 간에 전하의 이동이 이루어질 수 있도록 두 금속구를 서로 붙여 놓는다. [그림 3(a) 참조]

④ 테스트봉의 목과 금속면을 손으로 잡아 접지시키는 방법으로 테스트봉에 있을지 모르는 잔류 전하를 제거한다. 그리고 테스트봉의 목 부분을 가벼운 입김으로 불어주어 입김 속의 수분으로 여분의 잔류 전하도 제거한다.

★ 테스트봉의 접지로 도체인 금속면은 쉽게 잔류 전하가 제거되나 금속면을 붙인 고무 부분은 절연체라 방전이 덜 이루어져 잔류 전하가 남아 있을 수도 있으니, 고무 부분을 충분히 접지하여 잔류 전하를 제거하도록 한다.

⑤ 아크릴판(大)을 옷에 문질러 대전시키고, 이 아크릴판(大)의 대전면에 테스트봉을 접촉시켰다가 떼어 Ice Pail에 넣어 보는 방법으로 아크릴판(大)에 대전된 전하의 부호를 알아낸다. 그리고 필요하다면 Ice Pail을 접지시키고, 전위계의 'ZERO' 버튼을 누른다.

★ 전기적으로 중성인 도체의 테스트봉(금속면의 봉)을 대전된 아크릴과 같은 대전된 절연체에 접촉시켰다가 떼면 접촉에 의한 대전에 의해 도체의 테스트봉은 대전된 절연체와 같은 전하부호로 대전된다. 그러므로 이 테스트봉으로 절연체의 전하부호를 확인할 수 있다.

★ 금속면의 테스트봉을 아크릴판(大)에 접촉시키는 과정에서 문지르면 테스트봉이 아크릴판(大)과 반대 전하부호로 대전되는 경우도 있으니 문지르지 말고 살짝 대었다가 떼도록 한다.

★ 아크릴판(大)을 사용하는 것은 충분한 대전량을 얻기 위함이다. 아크릴판(小)로도 측정하기에 충분한 대전량을 얻을 수 있다면, 아크릴판(小)를 사용하여 실험하여도 좋다.

⑥ 대전시킨 아크릴판(大)을 붙어 있는 두 금속구의 한쪽 끝에 가능한 한 가까이 위치하게 한다. 이때, 아크릴판(大)이 금속구에 절대로 닿아서는 안 된다. [그림 3(a) 참조]

★ 아크릴판(大)을 금속구에 가까이 할수록 금속구에 대전되는 전하량이 커져 관측이 용이한 실험을 할 수 있다.

⑦ 과정 ⑥의 상태에서 아크릴판(大)으로부터 먼 곳에 있는 금속구를 분리시킨다. [그림 3(b) 참조] 이어서, 아크릴판(大)을 두 금속구와 Ice Pail로부터 멀리 떨어뜨려 놓는다. [그림 3(c) 참조]

⑧ 두 금속구를 차례로 그림 8과 같이 하여 두 금속구에 대전된 전하의 부호를 알아낸다.

- **물음 6**: 과정 ⑧의 관측 결과로부터, 두 금속구는 서로 (같은, 반대) 전하부호로 대전되었음을 알 수 있다. ['같은'이나 '반대'에 체크해 보세요!]

- **물음 7**: 과정 ⑤와 ⑧의 관측 결과로부터, 대전된 절연체(아크릴판(大)) 가까이에 있는 중성의 도체(금속구)는 유도에 의해 대전되는데, 이때 절연체에 가까운 쪽은 절연체와 (같은, 반대) 전하부호로 대전되고, 먼 쪽은 절연체와 (같은, 반대) 전하부호로 대전됨을 알 수 있다. ['같은'이나 '반대'에 체크해 보세요!]

(4) 유도에 의한 대전 2 – 한 개의 금속구 사용

: 이 실험은 그림 4의 대전 과정을 확인하는 실험이다.

① 그림 4를 참조하여 한 개의 금속구에 대해 실험 '(3) 유도에 의한 대전 1 - 두 개의 금속구 사용'의 과정 ①~②와 ④~⑥를 수행한다.

② 아크릴판(大)을 금속구에 가능한 한 가까이 위치하게 한 상태에서, 아크릴판(大)으로부터 먼 쪽의 구면에 손가락을 살짝 댔다 떼어 접지시킨다. [그림 4(b) 참조]

③ 아크릴판(大)을 금속구로부터 멀리 치우고, 그림 8과 같이 하여 금속구에 대전된 전하의 부호를 알아낸다. [그림 4(d) 참조]

- **물음 8**: 과정 ③의 관측 결과로부터, 대전된 절연체(아크릴판(大)) 가까이에 중성의 도체(금속구)를 두고 유도와 접지로 이 도체를 대전시킬 수 있는데, 이때 도체는 절연체와 (같은, 반대) 전하부호로 대전됨을 알 수 있다. ['같은'이나 '반대'에 체크해 보세요!]

[2] 전하 분포– '(4) 유도에 의한 대전 2 – 한 개의 금속구 사용' 실험의 보충

: 이 실험은 그림 4의 대전 과정에 있어서 도체구 표면의 전하 분포를 확인하는 실험이다.

(1) 실험 '(3) 유도에 의한 대전 1 – 두 개의 금속구 사용'의 과정 ①~②를 수행한다.

그림 9 금속구 하나는 고전압 직류전원에 연결하고 다른 금속구를 이 금속구에 닿지 않는 선에서 최대한 가깝게 위치시킨다.

(2) 금속구 하나를 (흰색 케이스의) 고전압 직류전원장치(High DC Power Supply)에 리드선으로 연결한다. 이때, 직류전원장치의 두 단자 중 어느 것을 사용하여도 무방하다. 다만, 단자의 선택에 따라 금속구에 대전되는 전하의 부호만 달리 결정될 뿐이다. [그림 9 참조]

(3) 그림 9와 같이 다른 금속구를 직류전원장치에 연결된 금속구에 닿지 않는 선에서 최대한 가까이 위치시킨다.

주의를 요합니다.

전원을 켠 상태에서 전원에 연결된 금속구를 만지면 전기쇼크를 겪게 됩니다. 또한, 전원을 끈 후에도 금속구에는 방전이 일어날 때까지 상당한 전하가 남아 있기도 하니, 제공되는 절연장갑을 이용하여 만지거나 방전될 때까지 잠시 기다리도록 합니다.

(4) 직류전원장치의 전원을 켜고, 'VOLT SELECTOR' 버튼을 눌러 출력전압을 3000 V로 둔다. [이 과정까지는 그림 4(a)의 단계에 해당된다.]

★ 이 전원장치의 출력전압의 초기 값은 2000 V이다. 이 출력전압의 크기는 대전체 역할을 하는 금속의 전하량을 결정한다. 이를 고려하여 실험자가 효과적인 측정을 위해서 적당한 출력전압을 선택한다.

★ 전원을 켜면 직류전원장치는 자신의 출력전압과 금속구의 표면의 전위가 같아질 때까지 전하를 금속구로(또는 금속구로부터) 이동시켜 금속구를 대전시킨다. 이와 같이 전원에 연결되어 대전된 금속구는 앞선 실험에서 사용한 아크릴판(大)과 똑같은 대전체의 역할을 수행하게 된다. 그런데, 이 전원을 연결한 금속구를 대전체로 쓰는 방법은 아크릴판(大)을 손으로 들고 있었던 앞선 실험 [1]-(4)-②에 비해 대전체를 해당 위치에 쉽고 확실하게 고정시킬 수가 있으므로, 다른 중성의 금속구에 유도되는 전하의 분포가 일정하게 유지되어 일관되고 정확한 실험값을 얻을 수 있다는 이점이 있다. 다만, 경우에 따라서는 전원을 연결한 금속구가 아크릴판(大)보다 대전량이 상당히 작아 전위 측정이 용이하지 않을 수도 있다. 그러므로 실험자는 상황에 따라서는 아크릴판(大)을 대전체로 사용하여 실험하는 것을 고려해보는 것도 좋겠다.

(5) 테스트봉의 목과 금속면을 손으로 잡아 접지시키는 방법으로 테스트봉에 있을지 모르는 잔류 전하를 제거한다. 그리고 테스트봉의 목 부분을 가벼운 입김으로 불어주어 입김 속의 수분으로 여분의 잔류 전하도 제거한다.

★ 테스트봉의 접지로 도체인 금속면은 쉽게 잔류 전하가 제거되나 금속면을 붙인 고무 부분은 절연체라 방전이 덜 이루어져 잔류 전하가 남아 있을 수도 있으니, 고무 부분을 충분히 접지하여 잔류 전하를 제거하도록 한다.

(6) 그림 10에서 가리키는 ㉮, ㉯, ㉰ 부분을 각각 테스트봉으로 접촉시켜 Ice Pail에 넣어봄으로써 이 세 부분의 전위를 측정하고, 이 전위 측정값으로부터 유도되어 전하가 분리된 금속구 표면의 전하 분포를 알아본다. [이 과정은 그림 4(a)와 동일한 전하 분포를

나타내는지를 확인하는 과정이다.]

★ 이 과정을 수행하는 중에 절대로 테스트봉을 접지해서는 안 된다. 그러면 금속구에 유도된 전하량이 줄어들어 금속구 표면의 전하밀도가 변하기 때문이다.

★ 원래는 ㉮를 ㉰의 대칭적 위치에 두어야 하나 실험에서는 이곳에 테스트봉을 댈 수가 없어 그림의 ㉮의 지점을 선정한 것이니, 실험자는 가능한 한 ㉰의 대칭적 위치를 ㉮의 위치로 하여 실험하면 좋겠다.

★ 금속구로부터 테스트봉에 옮겨진 전하량이 클수록 전위계의 전위 측정값 역시 크게 나타난다. 그리고 이는 해당 지점의 전하의 밀도가 크다는 것을 말해 주는 것이므로, 이 실험 과정으로 전하 분포를 알 수 있다.

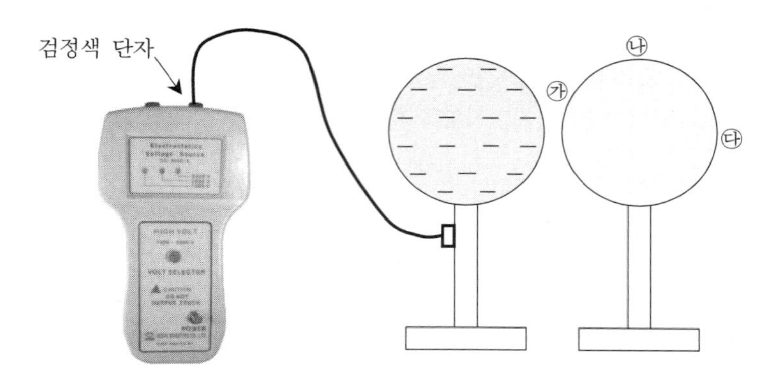

그림 10 그림 4(a)와 동일한 과정으로서, 가까이에 있는 대전체(전원에 연결된 금속구)에 의해 유도되어 전하가 분리된 중성의 금속구의 전하 분포를 알아본다.

- **물음 9**: 과정 (5)의 ㉮, ㉯, ㉰ 부분의 전위 측정값은 얼마인가? 그리고 전하의 극성은 무엇인가?

- **물음 10**: 과정 (5)의 관측 결과로부터, ㉮, ㉯, ㉰ 부분의 표면전하밀도를 큰 값에서부터 작은 값의 순으로 순서대로 나열해 보아라.

(7) 그림 11과 같이 대전체(전원에 연결된 금속구)로부터 먼 쪽의 구면에 손가락을 살짝 댔다 떼어 접지시킨다. [이 과정은 그림 4(b)의 단계를 수행한 것이다.]

(8) 테스트봉의 잔류 전하를 제거한다.

(9) (접지시킨 손가락을 뗀 상태에서) 그림 11에서 가리키는 ㉮, ㉯, ㉰ 부분을 각각 테스트봉으로 접촉시켜 Ice Pail에 넣어 봄으로써 이 세 부분의 전위를 측정하고, 이 전위 측정값으로부터 접지 과정을 거친 금속구 표면의 전하 분포를 알아본다. [이 과정은 그림 4(c)와 동일한 전하 분포를 나타내는지를 확인하는 과정이다.]

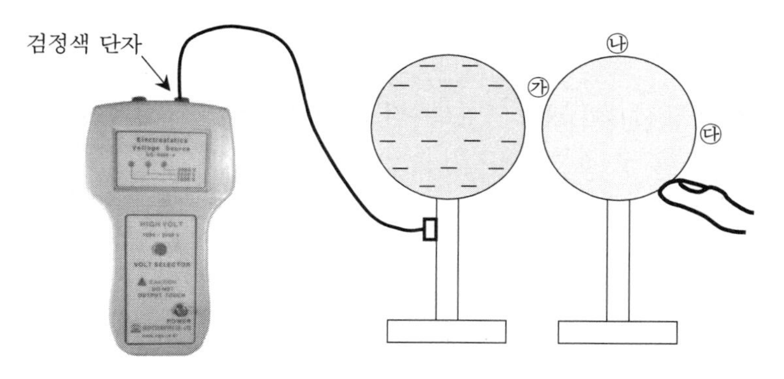

그림 11 그림 4(b)와 동일한 과정으로서, 유도에 의해 전하가 분리된 중성의 금속구에 대하여 대전체로부터 먼 쪽 구면을 손가락으로 접지시키고 금속구의 전하 분포를 알아본다.

- **물음 11**: 과정 (9)의 ㉮, ㉯, ㉰ 부분의 전위 측정값은 얼마인가? 그리고 전하의 극성은 무엇인가?

- **물음 12**: 과정 (9)의 관측 결과로부터, ㉮, ㉯, ㉰ 부분의 표면전하밀도를 큰 값에서부터 작은 값의 순으로 순서대로 나열해 보아라. 그리고 이 결과로부터 그림 4(c)와 같이 ㉰ 부분에는 전하가 거의 분포하지 않음을 확인할 수 있었는가?

(10) 직류전원장치를 끄고, 전원에 연결되었던 구는 멀리 치워 둔다.

(11) 고립된 대전 금속구의 표면 여러 곳을 각각 테스트봉으로 접촉시켜 Ice Pail에 넣어 봄으로써 각 지점의 전위를 측정하고, 이 전위 측정값으로부터 고립된 대전 금속구 표면의 전하 분포를 알아본다. [이 과정은 그림 4(d)와 동일한 전하 분포를 나타내는지를 확인하는 과정이다.] [그림 12 참조]

★ <u>이 과정을 수행하는 중에 절대로 테스트봉을 접지해서는 안 된다.</u> 그러면 금속구에 유도된 전하량이 줄어들어 금속구 표면의 전하밀도가 변하기 때문이다.

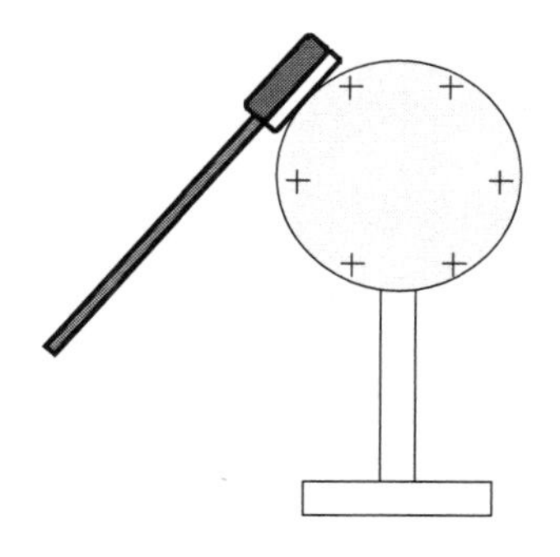

그림 12 테스트봉으로 고립된 대전 금속구 표면을 접촉하여 전위를 측정한다.

- **물음 13**: 과정 (11)에서 측정한 금속구 표면 여러 곳의 전위는 각각 얼마인가?

- **물음 14**: 과정 (11)의 관측 결과로부터, 고립된 대전 도체(금속)구 표면의 전하밀도는 균일하다고 할 수 있겠는가?

7. 실험 전 학습에 대한 질문

실험 제목	기초 정전기 실험			실험일시	
학과 (요일/교시)		조		보고서 작성자 이름	

* 다음의 물음에 대하여 괄호 넣기나 번호를 써서, 또는 간단히 기술하는 방법으로 답하여라.

1. (　　　　)란 전기적, 자기적 효과를 만들어 내고 또한 이를 경험하는 물질의 성질이다. (　　　　)는 양(+)전하와 음(−)전하의 두 종류가 있으며, (　　　　)는 독립적인 존재가 아니고 항상 물체에 존재한다. 즉 질량과 함께 존재하며, 물체가 (　　　　)를 가지게 되면 그 물체는 (　　　　)되었다고 한다.

2. 한 물체가 대전된다는 것은 음전하의 자연적인 기본 운반자인 (　　　　)를 잃거나 얻는 현상이다.

3. 다음의 박스 안의 글은 마찰에 의해 물체가 대전되는 현상에서 마찰의 역할을 설명한 것이다. 그리고 이 내용은 가끔은 정전기 실험 중에 우리의 예상과는 반대의 대전 결과를 얻기도 하는데, 그 경우에 문제를 해결할 수 있는 정보가 될 만한 내용이다. 괄호에 알맞은 말을 써 넣어라.

> 마찰(문지르는) 과정에서 각기 물체가 띠게 되는 전하부호는 두 물체의 (　　　　) 성질과 (　　　　)의 조건에 의존하게 된다. 실제는 두 물체 사이의 단순한 (　　　　)만으로도 대전은 이루어진다. 다만, 문질러주면 접촉 (　　　　)이 증가되고 전하의 이동 과정이 강화되어 대전 효과가 증대되는 것뿐이다. 어떤 경우에는 부드럽게 문질러 주는가 아니면 세게 문질러 주는가에 따라서 두 물체 사이에 대전되는 전하의 (　　　　)가 변하기도 한다. 이와 같은 전하의 부호 변화는 먼지의 미세한 성질에 의해 발생하는데 이를 제거하기는 매우 어렵다.

4. 전하량의 SI 단위는 (　　　　)이다.

5. 물체를 대전시키는 방법으로는 (　　　　)에 의한 대전과 (　　　　)에 의한 대전 방법이 있다.

6. 우리의 실험 기구에는 3개의 봉이 있다. 그 중 흰색의 비닐과 검정색의 고무의 양면으로 이루어진 것과 베이지색의 가죽과 고무의 양면으로 이루어진 것의 2개의 봉을 (　　　　)이라

고 한다. 이 두 (   )의 서로 다른 면을 문지르면 두 봉은 서로 반대 부호로 대전되어, 이 두 봉을 각각 다른 전하부호의 대전체로 사용한다. 한편, 다른 하나의 봉은 은색의 금속면으로 이루어진 (   )으로, 이 봉의 금속면을 대전된 물체에 접촉시켰다가 Ice Pail에 넣는 방법으로 대전된 물체의 (   )나 (   )를 측정하는데 사용한다.

7. 다음 그림의 두 실험 기구는 이 실험 전반에 걸쳐 사용하는 기구로 대전체의 전하부호와 전하량, 전하밀도를 간접적으로 알아낼 수 있게 해준다. 이 두 실험기구의 이름을 써 보아라.

Ans: (왼쪽)______________________,

(오른쪽)______________________

8. 다음의 그림은 최초 중성의 두 도체구가 '유도에 의한 대전' 방법으로 대전이 이루어지는 과정을 그린 것이다. 각 도체구의 적절한 위치에 적합한 전하부호를 그려 넣어라.

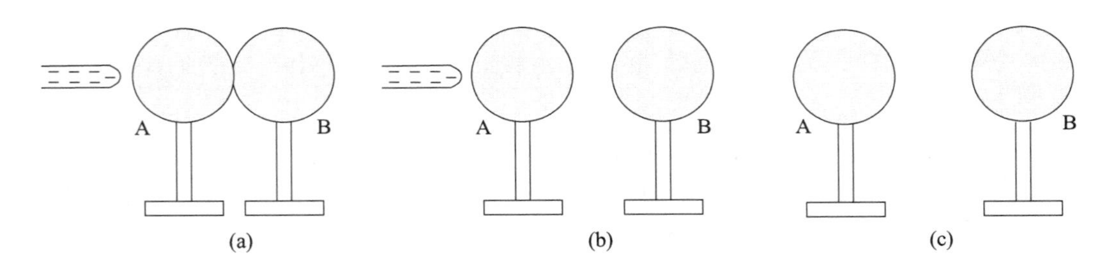

(a) (b) (c)

9. 다음의 그림은 최초 중성의 단일 도체구가 '유도에 의한 대전' 방법으로 대전이 이루어지는 과정을 그린 것이다. 도체구의 적절한 위치에 적합한 전하부호를 그려 넣어라.

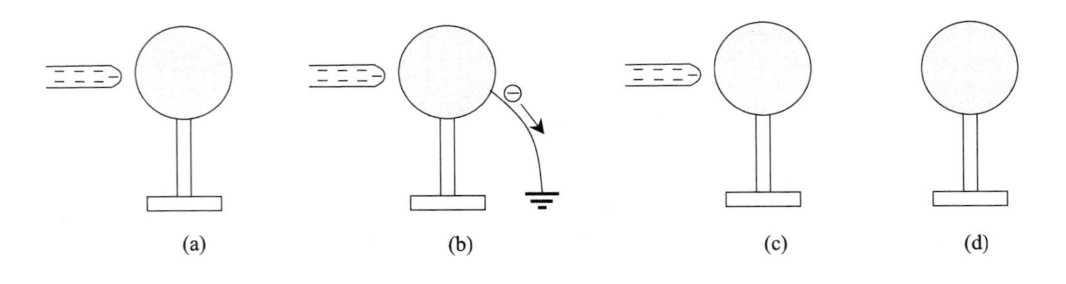

(a) (b) (c) (d)

8. 결과

실험 제목	기초 정전기 실험			실험일시	
학과 (요일/교시)		조		보고서 작성자 이름	

[1] 실험값

○ '6. 실험 방법'의 과정 중에 주어진 물음에 대한 답을 기술하시오. 각 물음에 대하여 '결과 분석'과 '오차 논의 및 검토'를 함께 기술토록 한다.

- 물음 1:

- 물음 2:

- 물음 3:

- 물음 4:

- 물음 5:

- 물음 6:

- 물음 7:

- 물음 8:

- 물음 9:

- 물음 10:

- 물음 11:

- 물음 12:

- 물음 13:

- 물음 14:

[2] 결론

실험 02

쿨롱의 법칙 실험

1. 실험 목적

두 대전체 사이에 작용하는 전기력을 정량적으로 측정한다. 이 과정에서 전기력을 경험하고 전기력을 정량적으로 설명하는 쿨롱의 법칙을 확인한다.

2. 실험 개요

두 도체판(전극)을 평행하게 배치하고 이들 사이에 전위차를 걸어주어 두 도체판을 반대 부호로 대전시킨 후, 두 대전 도체판 사이에 작용하는 인력의 전기력을 정량적으로 측정한다. 이 때, 전위차를 3,000 V에서 10,000 V까지 500 V씩 증가시켜 주는 방법과 두 도체판 간에 일정 전위차를 유지하되 도체판의 크기를 변화시키는 방법으로 각각 도체판에 대전되는 전하량을 변화시켜가며 대전판 사이에 작용하는 전기력의 크기 변화를 확인한다. 한편, 두 도체판 사이의 간격을 변화시키는 방법으로도 실험하며 전기력의 변화를 확인한다. 이상의 실험 결과로부터 두 대전체의 전하량과 대전체 사이의 거리 변화가 전기력에 미치는 영향이 쿨롱의 법칙을 따름을 확인한다.

3. 기본 원리

[1] 쿨롱의 법칙

두 점전하(point charge) 사이에 작용하는 전기력의 크기는 어떻게 나타내어질까? 이러한 질문에 대해 인류 최초로 전기력을 정량적으로 설명한 이가 바로 쿨롱(Charles Coulomb)이다. 쿨롱은 다음의 그림과 같이 비틀림 저울을 이용한 실험을 통해 점전하 사이에 작용하는 전기력을 설명하였다.

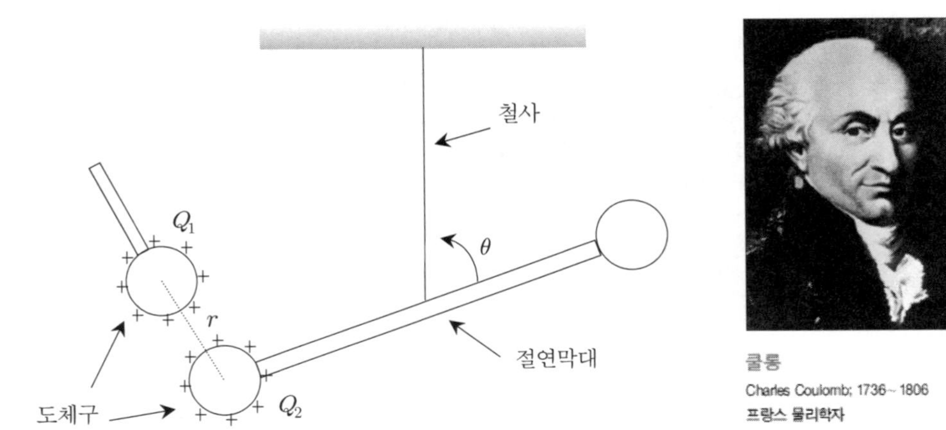

쿨롱
Charles Coulomb; 1736 ~ 1806
프랑스 물리학자

그림 1 쿨롱은 비틀림 저울을 이용하여 두 점전하 사이에 작용하는 전기력을 측정하였다.

쿨롱은 점전하로 취급할 수 있을 정도로 전하 분포의 대칭성이 좋은 두 대전 도체구를 가지고 이 두 도체구의 전하량을 변화시켜가며, 또 두 도체구 사이의 거리를 변화시켜가며 비틀림 저울이 얼마나 회전하는지를 측정하고, 이 측정 각이 두 대전 도체구 사이에 작용하는 힘에 비례한다는 사실을 통해 이 힘 즉, 전기력은 두 도체구에 대전된 전하량 Q_1과 Q_2에 각각 비례하고 두 도체구 사이의 거리 r의 제곱에 반비례하는 사실을 알아내었다. 이와 같은 점전하 사이의 전기력에 관한 해석을 쿨롱의 법칙이라고 한다.

$$\theta \propto Q_1 \cdot Q_2, \quad \propto \frac{1}{r^2} \Longrightarrow \theta \propto \frac{Q_1 \cdot Q_2}{r^2} \xrightarrow[F \propto \theta]{} F \propto \frac{Q_1 \cdot Q_2}{r^2} \Longrightarrow F = k\frac{Q_1 \cdot Q_2}{r^2} \tag{1}$$

여기서 k는 쿨롱 상수(Coulomb constant)로 불리는 상수로, SI 단위에서

$$k = 8.9876 \times 10^9 \ \mathrm{N \cdot m^2/C^2} \tag{2}$$

이다. 또한, 이 쿨롱 상수는 진공에서의 유전율 ε_0를 이용하여

$$k = \frac{1}{4\pi\varepsilon_0} (\varepsilon_0 = 8.8542 \times 10^{-12} \ \mathrm{C^2/N \cdot m^2}) \tag{3}$$

와 같이 쓸 수도 있다. 한편, 전기력은 전하의 부호가 서로 같을 때는 인력으로, 전하의 부호가 다를 때는 척력으로 작용하며 그 방향은 두 전하를 잇는 직선상에서 작용하는 중심력(central force)이므로 다음과 같이 벡터로 기술한다.

$$\vec{F} = k\frac{Q_1 Q_2}{r^2}\hat{r} \quad (\text{단위: N}) \tag{4}$$

여기서 $\hat{r}$은 단위 벡터로, $\hat{r} = \vec{r}/r$로 정의된다.

[2] 전기장의 정의

전기력을 전하들 간의 직접적인 상호작용으로 해석하기 보다는 하나의 전하가 공간에 전기력이 미치는 효과인 전기장을 형성하고 그 전기장 내에 놓인 다른 전하가 전기장과 상호작용하여 전기력을 경험하는 것으로 해석하는 것이 좋다. 즉 전기장 $\vec{E}$는 단위 전하 당 작용하는 힘으로

$$\vec{E} = \frac{\vec{F}}{Q_0} \quad (\text{단위: N/C}) \tag{5}$$

으로 정의된다. 한편, 전기장의 정의로부터 전기력은

$$\vec{F} = Q_o \vec{E} \tag{6}$$

으로 기술된다. 이러한 전기장의 예로, 전하량 Q의 점전하가 거리 r만큼 떨어진 곳에 형성하는 전기장은,

Q Q_0

$\vec{r}$

$$\vec{E} = \frac{\vec{F}}{Q_0} = \left(k\frac{QQ_0}{r^2}\hat{r}\right)/Q_0 = k\frac{Q}{r^2}\hat{r} \tag{7}$$

이다. 여기서 전하량 Q의 점전하가 전하량 Q_0의 시험 전하의 위치에 형성하는 전기장은 전하량 Q_0의 시험 전하의 존재 유무나 이 전하량의 크기와는 상관없이 오직 전하량 Q의 전하에 의해 형성된다.

[3] 평행한 두 대전판 사이에 작용하는 전기력

(1) 쿨롱과는 다른 장치로 실험을 한다!

우리의 실험 장치는 쿨롱이 실험한 장치와는 다르다. 쿨롱과 같은 실험을 하기 위해서는 점전하로 취급할 수 있을 정도로 전하 분포의 대칭성이 매우 좋은 대전체를 만들고 이러한 대전체들이 서로 근접하여도 전하 분포가 교란되지 않아야 하는데, 이러한 대전체를 만드는 일은 매우 어려운 일이며 전하량을 조절하고 또 두 전하 사이의 거리를 조절하고 측정하는 일도 용이하지 않다. 물론, 뒤틀림 저울을 구성하는 일도 쉽지 않다. 그래서 우리의 실험은 대전체로 마주보는 평행한 두 대전 도체판을 사용한다. 이러한 도체판의 배열을 평행판 축전기(capacitor)라고 하는데, 평행판 축전기는 전하량을 조절하기도 쉽고, 대전체(도체판) 사이의 거리를 조절하고 측정하기도 매우 쉬운 이점이 있다.

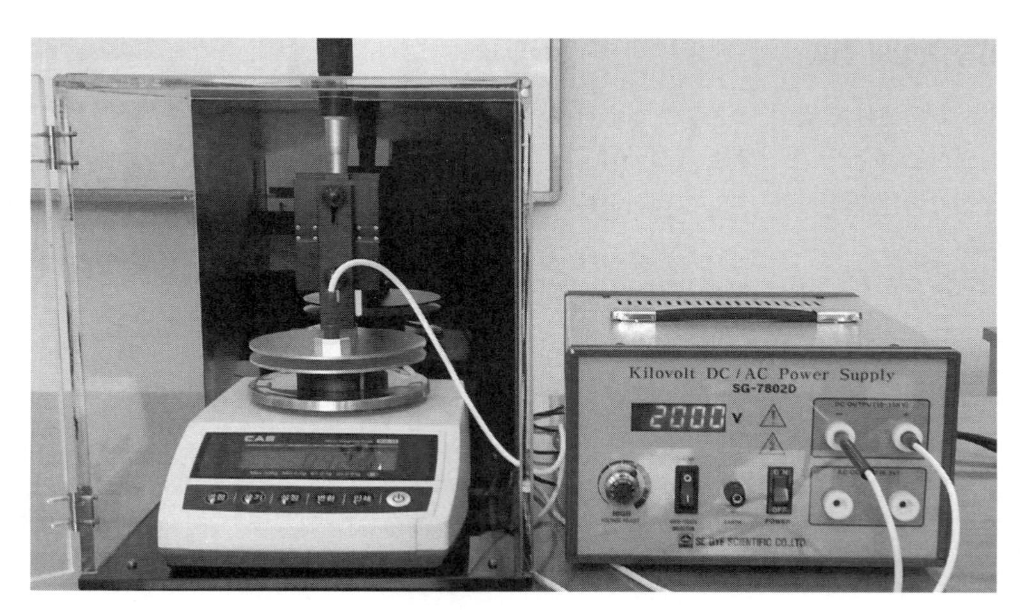

그림 2 우리 실험에서 사용하는 쿨롱의 법칙 실험 장치

(2) 평행한 두 대전판 사이에 작용하는 전기력의 계산

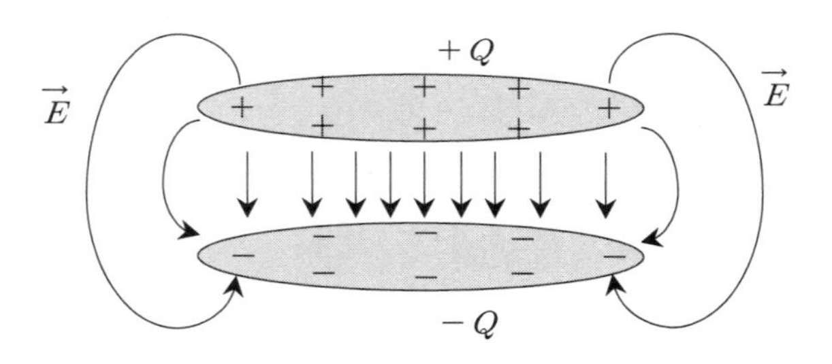

그림 3 유한한 크기의 평행한 두 대전판 사이의 전기장. 전기장은 대전판의 중심 부분에서는 비교적 균일하나 가장자리에서는 균일하지 않다.

전하량이 각각 $+Q$와 $-Q$로 대전된 두 대전판이 평행하게 배열된 경우 이 두 대전판 사이에 작용하는 전기력은 위쪽 대전판이 만드는 전기장 내에 아래쪽 대전판이 놓인 것으로 간주하고 다음과 같이 기술할 수 있다.

$$F = (-Q)E \tag{8}$$

여기서, 음의 부호는 인력을 나타낸다. 그런데, 이렇게 힘을 구하는 데는 곤란한 점이 있다. 첫째, 위쪽 대전판이 아래쪽 대전판의 위치에 형성하는 전기장은 균일하지 않고, 그 값을 계산하기가 매우 어렵다는 것이다.(이러한 계산은 학부 수준을 훨씬 넘는 것으로 생각하면 됨.) 그리고 둘째, 아래쪽 대전판은 그 크기를 가지므로 점전하로 취급할 수 없다는 것이다. 그렇지만 한 가지 가정을 하면 이상의 문제점이 해결된다. 두 대전판을 무한히 큰 대전판으로 가정하는 것이다. 물론, 이러한 가정이 실제와는 다르지만, 그 결과는 실제와 매우 근사한 결과를 나타내므로 **다소간의 의문을 배제하고 두 대전판을 무한히 큰 경우로 간주하여 해석하기로 한다.**

① 무한히 큰 평면 대전판이 만드는 전기장

진공(유전율 ε_0)의 공간에 놓여 있는 면전하밀도가 σ인 무한히 큰 평면 대전판이 대전판으로부터 수직거리 R인 지점에 형성하는 전기장의 세기를 구하여 보자. 이 전기장을 구하는 방법으로는 대전판을 무수히 많은 점전하의 집합으로 간주하고 이 각각의 점전하가 만드는 전기장을 쿨롱의 법칙으로 계산하여 더하는 방법이 있다. 또 다른 방법으로는 이렇게 무한히 큰 평면 대전판과 같이 전하 분포가 고도의 대칭성을 가져 공간에 균일한 전기장을 형성한다면, 쿨롱의 법칙 대신에 가우스의 법칙을 이용하여 대전체가 만드는 전기장을 쉽게 계산해 낼 수도 있다. 여기서는 쿨롱의 법칙보다는 훨씬 적용하기가 쉬운 가우스의 법칙을 이용하여 전기장을 계산한다.

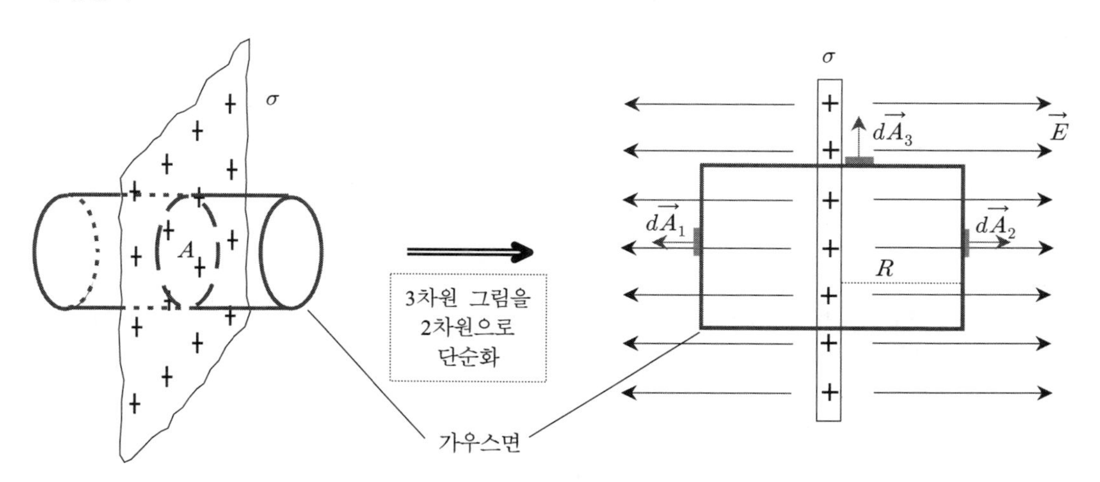

그림 4 무한히 큰 평면 대전판은 그 주위에 거리에 무관한 균일한 전기장을 형성한다.

$$
\begin{aligned}
\oint \vec{E} \cdot d\vec{A} &= \frac{Q_{in}}{\varepsilon_0} \\
&= \int_{A_1} \vec{E} \cdot d\vec{A}_1 + \int_{A_2} \vec{E} \cdot d\vec{A}_2 + \int_{A_3} \vec{E} \cdot d\vec{A}_3 \\
&= \int_{A_1} E dA_1 \cos 0^\circ + \int_{A_2} E dA_2 \cos 0^\circ + \int_{A_3} E dA_3 \cos 90^\circ \\
&= E \int_{A_1} dA_1 + E \int_{A_2} dA_2 + 0
\end{aligned}
$$

$$= EA_1 + EA_2 = 2EA = \frac{Q_{in}}{\varepsilon_0} = \frac{\sigma A}{\varepsilon_0} \quad (\because\ A_1 = A_2 = A)$$

$$\therefore\ E = \frac{\sigma}{2\varepsilon_0} \tag{9}$$

계산 결과 무한히 큰 평면 대전판은 그 주위에 평면판에 수직하고 거리에 무관한 균일한 전기장을 형성한다는 것을 알 수 있다.

한편, 유한한 크기의 평면 대전판은 무한히 큰 평면 대전판의 경우와는 달리 **그림 3**과 같이 판의 중심 부분은 균일한 전기장을 만드나 판의 가장자리는 불균일한 전기장을 형성한다. 하지만 전기장을 구하고자 하는 지점이 판의 크기에 비해 상대적으로 매우 작은 거리(판 바로 근방)라면, 이 지점의 전기장은 무한히 큰 평면 대전판이 만드는 균일한 전기장과 유사하여 무한히 큰 평면 대전판이 만드는 전기장의 값을 근사적으로 사용할 수 있다.

② 평행한 두 대전판 사이에 작용하는 전기력의 계산 I

앞서 논의한 식 (8)의 전기력에 식 (9)의 무한히 큰 평면 대전판이 만드는 전기장의 값을 대입하여 정리하면

$$\begin{aligned} F &= (-Q)E \\ &= (-Q)\frac{\sigma}{2\varepsilon_o} = (-Q)\frac{\sigma A}{2\varepsilon_o A} \\ &= -\frac{Q^2}{2\varepsilon_o A} \end{aligned} \tag{10}$$

이다. 여기서 A는 평면 대전판의 면적이다.

이 식에 의하면, 대전판의 면적(A)과 대전판에 대전된 전하량(Q)만 알면 전기력을 계산해 낼 수 있다. 그러나 실제의 실험에서는 전하량을 직접 조절하고 측정하는 일이 곤란하다. 그렇지만 이 경우 '축전기의 전기용량'의 정의를 이용하면, 평행한 두 도체판을 대전시키기 위해 두 도체판 양단에 걸어준 전위차(전압)로서 도체판에 대전되는 전하량을 쉽게 알아 낼 수 있다. 그래서 다음에서는 축전기의 전기용량에 대해 알아보도록 하자.

③ 평행판 축전기의 전기용량

서로 마주보도록 배열된 두 도체는 전하를 저장할 수 있는 능력을 갖게 되는데, 이러한 능력을 전기용량이라고 하고, 이러한 도체의 배열을 축전기라고 한다.

평행한 두 평면 도체판을 각각 전지의 +, − 단자에 연결하면, 도체판과 전지의 각 단자는 서로 등전위를 이룰 때까지, 즉 평행판 양단의 전위차가 전지의 전위차(ΔV)와 같아질 때까지 하나의 도체판에서 다른 도체판으로 전하(전자)가 이동하여 도체판의 각각에는 $+Q$, $-Q$의 전하가 대전된다.

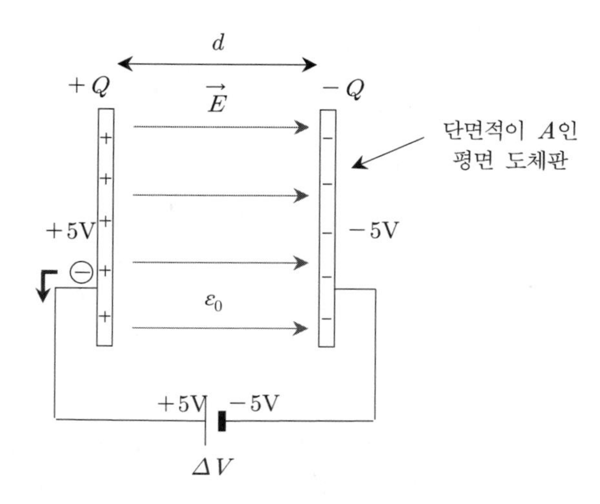

그림 5 평행판 축전기. 마주보는 두 도체에 전지를 연결하면 두 도체는 서로 반대 부호로 대전된다.

이때, 도체판에는 전하량 $2Q$가 아니라 Q가 대전되었다고 한다. 이는 전지가 왼쪽 도체판으로부터 전하량 Q의 전하를 뽑아 오른쪽 도체판에 옮겨주는 역할을 한데 따른 것으로, 이 과정에서 전하량 Q의 전하가 발생한 것이다. 전지의 전위차를 높여 주면 대전되는 전하량은 비례하여 증가할 것이다. 즉,

$$Q \propto \Delta V \tag{11}$$

이다. 이와 같은 비례관계를 비례상수를 이용하여 나타내면,

$$Q = C\Delta V \tag{12}$$

으로 쓸 수 있다. 이 비례상수 C는 전기용량(capacitance)이라고 하며, 평행 도체판의 기하학적 모양과 그 내부에 채워지는 물질의 유전적 성질에 따라 결정되는 상수로

$$C \equiv \frac{Q}{\Delta V} \tag{13}$$

로 정의된다. 전기용량의 SI 단위는 패럿(F)이다. $1\text{F} = \dfrac{1\text{C}}{1\text{V}}$.

위의 평행 도체판의 경우를 생각해 봐라! 전지의 전위차를 일정하게 유지한 상태에서 평행 도체판의 단면적(A)을 크게 하면, 그리고 간격(d)을 좁게 하면 도체판에 대전되는 전하량은 커질 것이다. 즉, 평행 도체판의 기하학적 모양에 따라서 평행 도체판에 대전되는 전하량은 달라진다. 특별히 계산 없이도 평행판 축전기의 전기용량은

$$C = \frac{\varepsilon_0 A}{d} \tag{14}$$

임을 생각해 낼 수 있다. 물론, 계산을 요한다면

$$C = \frac{Q}{\Delta V} = \frac{Q}{Ed} = \frac{\sigma A}{\left(\frac{\sigma}{\varepsilon_0}\right)d} = \frac{\varepsilon_0 A}{d} \tag{15}$$

와 같이 얻을 수 있다. 여기서, 평행판 내부의 전기장은 $E = \sigma/\varepsilon_0$라 하였는데, 이는 앞서 구한 무한히 큰 평면 대전판이 만드는 전기장의 두 배에 해당하는 값이다. 마주보는 평행 대전판의 경우 양의 대전판이 만드는 전기장과 음의 대전판이 만드는 전기장의 크기는 각각 $E = \sigma/2\varepsilon_0$이며, 평행판 내부에서는 두 대전판이 만드는 전기장의 방향이 같으므로 이를 합하여

$$E = E_+ + E_- = \frac{\sigma}{2\varepsilon_0} + \frac{\sigma}{2\varepsilon_0} = \frac{\sigma}{\varepsilon_0} \tag{16}$$

이 된다. 한편, 평행판 축전기의 외부에서는 각각 양과 음으로 대전된 대전판이 만드는 전기장의 크기($E = \sigma/2\varepsilon_0$)는 같으나 방향이 반대이므로 서로 상쇄되어 전기장이 0이 된다.

④ 평행한 두 대전판 사이에 작용하는 전기력의 계산 II

식 (10)의 결과와 식 (14)의 평행판 축전기의 전기용량을 이용하여 평행한 두 대전판 사이에 작용하는 전기력을 계산하면 다음과 같다.

$$\begin{aligned} F &= -\frac{Q^2}{2\varepsilon_0 A} \\ &= -\frac{(C\Delta V)^2}{2\varepsilon_0 A} \qquad (Q = C\Delta V) \\ &= -\frac{\left(\frac{\varepsilon_0 A}{d}\right)^2 (\Delta V)^2}{2\varepsilon_0 A} = -\frac{\varepsilon_0 A (\Delta V)^2}{2d^2} \end{aligned} \tag{17}$$

한편, 이상에서 논의한 방법과는 달리 전기 위치에너지로부터 전기력을 구할 수도 있다. 구체적으로 논의하지는 않겠지만, 앞서 논의한 축전기는 그 내부에 전기 위치에너지를 저장하게 되는데, 그 전기 위치에너지는

$$U = \frac{1}{2} C(\Delta V)^2 \tag{18}$$

이다. 이 위치에너지의 거리 미분에 음의 부호를 붙여주면 보존력인 전기력을 구할 수 있다. 식 (14)의 평행판 축전기의 전기용량을 이용하면 그 결과는 다음과 같다.

$$\begin{aligned} U &= \frac{1}{2} C(\Delta V)^2 \\ &= \frac{1}{2}\left(\frac{\varepsilon_0 A}{d}\right)(\Delta V)^2 = \frac{\varepsilon_0 A (\Delta V)^2}{2d} \end{aligned}$$

$$F=-\frac{\partial U}{\partial d}=-\frac{\partial}{\partial d}\left[\frac{\varepsilon_0 A(\Delta V)^2}{2d}\right]=\frac{\varepsilon_0 A(\Delta V)^2}{2d^2} \tag{19}$$

위의 전기력은 인력이 고려되지 않은 힘의 크기만을 나타낸다. 그러므로 음의 부호를 붙여 인력의 전기력으로 나타내면 된다.

$$F=-\frac{\varepsilon_0 A(\Delta V)^2}{2d^2} \tag{17}$$

4. 실험 기구

- 아크릴로 제작된 박스형 장치: 마이크로미터 부착(최대 25.5 mm 측정)
- Kilovolt DC/AC Power Supply: DC 0~15 kV, AC 6.3 V
- 전자저울: 0.01 g 단위, 0.2~300 g 범위 측정
- 원판 전극(도체판): 지름 125 mm (2), 지름 150 mm (2)
- 고전압용 리드선(흰색): 길이 1 m (2)
- 잔류전하 방전용 리드선 (1)

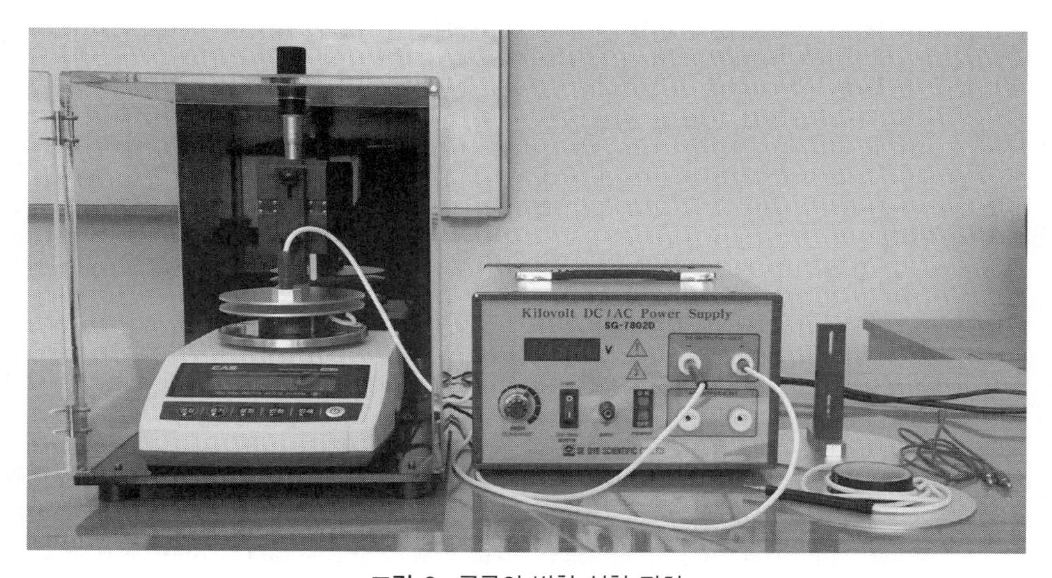

그림 6 쿨롱의 법칙 실험 장치

5. 실험 정보

(1) 평행한 두 전극(도체판) 사이의 공기는 부도체이나 간격에 따라 높은 전압(유전강도: 3 kV/mm, 즉, 1 mm에 3,000 V)을 가하면 공기의 유전파괴가 일어나 두 전극 사이는 도체화되어 방전이 일어난다. 이는 건조한 공기의 경우이고 공기가 습하거나 먼지 등이 있으면 더 낮은 전압에서도 쉽게 방전(전기가 튀는 현상)한다. 그러므로 전기충격 등의 안전에 각별히 신경 쓴다.

(2) 두 전극을 평행하게 배열하는 일이 좋은 실험 결과를 내는 데는 가장 중요하다. 두 전극이 평행하지 않으면 전극의 간격 측정값이 옳지 않게 되고, 전하가 불균일하게 분포하게 되어 균일한 전기장을 형성하지 않게 된다. 그리고 전극의 간격이 좁은 쪽의 전기장이 세서 이 지점에서 쉽게 방전이 일어난다.

(3) 실험에서 저울에 의해 측정되는 질량은 매우 작은데 반해 저울은 매우 민감하여 저울의 작은 눈금 차이는 큰 오차를 낳게 된다. 그러므로 저울의 수평잡기는 무척 중요하다.

(4) 마이크로미터 읽는 법을 모른다면 큰 일! 마이크로미터 읽는 법을 정확히 숙지하기 바랍니다.

(5) 두 전극 사이의 방전은 안전에도 문제가 되지만 저울을 고장 나게도 합니다. 방전으로 저울이 손상되면 실험을 하지 못할 수도 있으니 방전이 일어나지 않도록 주의하기 바랍니다.

(6) 실험 전 Power Supply의 전원은 off 상태에 둔다. 그리고 실험 과정에서 지시하는 순간(과정 14)까지는 켜지 않도록 한다.

6. 실험 방법

(1) 실험을 시작하기 전에 바로 위의 '5. 실험 정보'를 주의 깊게 읽고 이행한다.

(2) 그림 6을 참조하여 아크릴로 제작된 박스형 장치(이하 '아크릴 상자'라고 함) 내에 전자저울을 넣는다.

(3) 그림 6을 참조하여 지름 150 mm의 같은 크기의 두 원판 전극(도체판)을 아크릴 상자와 저울 위에 장치하고 이 원판 전극의 면적을 A로 기록한다. 이때, 마이크로미터에 부착하는 전극을 이하 '상부 전극'이라고 하고, 저울 위에 올려놓는 전극을 이하 '하부 전극'이라고 한다.

(4) 저울에 전원잭을 연결하고 상·하부 전극에 각각 고전압용 리드선(흰색)을 연결한다. 이때, 전원잭과 상부 전극을 연결하는 리드선은 아크릴 상자의 오른쪽 구멍을 통해 연결하고, 하부 전극을 연결하는 리드선은 아크릴 상자 뒤쪽에 나 있는 구멍을 통해 연결한

다. [그림 6, 7 참조]

★ 특별히, 하부 전극을 연결한 리드선만 다른 구멍을 사용하는데, 이후 실험 중에 이 하부 전극을 연결한 리드선이 아주 조금만 움직여도 이 움직임이 저울의 질량 측정값을 변화시켜 큰 오차를 야기한다. 그래서 혹시 실험 중에 다른 리드선과 전원잭의 움직임이 간섭하지 않도록 단독으로 설치한다.

(5) 상·하부 전극에 연결한 고전압용 리드선(흰색)의 다른 쪽 플러그를 Power Supply의 **DC OUTPUT (0~15 kV)** 단자에 삽입한다. 이때, 상부 전극을 연결한 리드선이 + 단자에, 하부 전극을 연결한 리드선이 − 단자에 연결되게 한다. [그림 6 참조]

(6) 마이크로미터의 심블(thimble, 회전손잡이)을 돌려 마이크로미터의 눈금을 대략 10 mm 근방에 맞추고, 이 상태에서 마이크로미터에 부착된 상부 전극의 높이조절장치나 아크릴 상자 뒤쪽의 마이크로미터 높이조절장치로 상부 전극의 높이를 조절하여 상부와 하부 전극 사이의 간격이 대략 10 mm 조금 안 되게 하고 나사를 돌려 고정시킨다. **[마이크로미터의 사용법은 교재 맨 앞 쪽의 '계측기기 사용법' 참조]**

★ 마이크로미터의 눈금 값을 '대략 10 mm 근방'에 맞추고, 상부와 하부 전극 사이의 간격을 '10 mm 조금 안되게' 조절할 것을 제안하였는데, 이 두 값 사이의 관계는 상부와 하부 전극 사이의 간격이 마이크로미터의 눈금 값보다 조금 작되 두 값의 차이가 5 mm를 넘지 않는 것을 조건으로 한다. 그러니 두 값을 '대략 7 mm 근방'과 '7mm 조금 안되게'와 같이 설정하여도 된다. 이와 같은 길이 값의 제안은 경험에 의한 것으로 실험자는 이후의 실험 과정에서 그 이유를 알게 될 것이다.

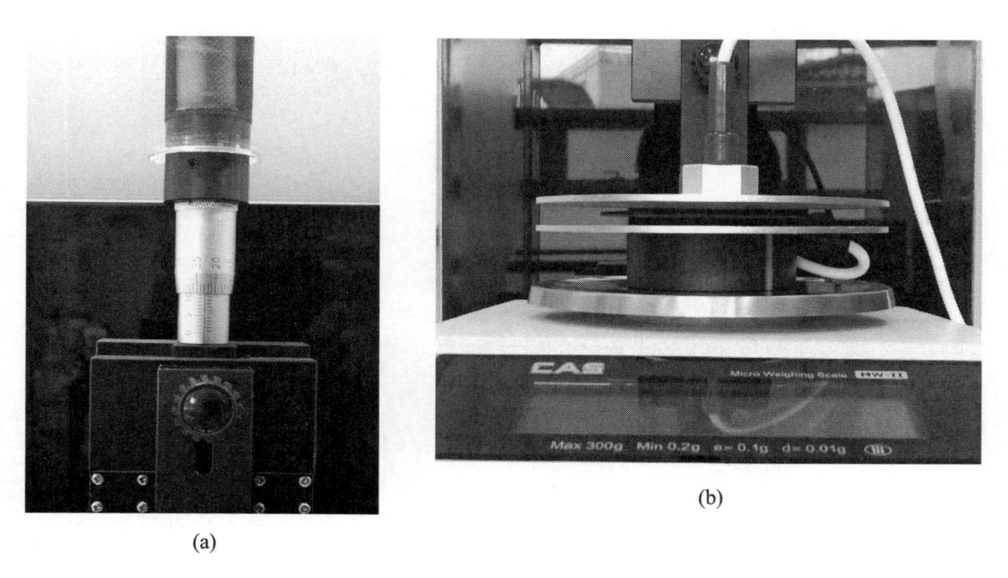

(a) (b)

그림 7 (a) 마이크로미터의 눈금을 10 mm 근방에 맞추고, (b) 상부와 하부 전극 사이의 간격이 10 mm가 조금 안되게 상부 전극의 높이를 조절한다.

(7) 저울의 전원을 켠다. 잠시 후 기본 체크를 마친 저울은 그림 8과 같이 '**0L-.H**'의 문자와

함께 '삑~ 삑~ 삑~'하는 소리를 낼 것이다. 이때, 저울로부터 하부 전극을 **살짝 들어 올렸다가** 놓아주면 저울은 소리를 멈추며 정상 작동을 한다.

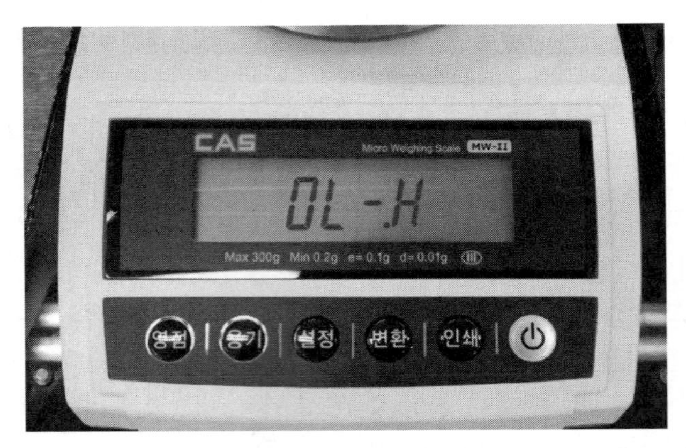

그림 8 저울에 물체가 올려 진 상태에서 전원을 켜면 다음과 같은 문자와 함께 '삑~ 삑~ 삑~' 하는 소리가 난다.

(8) 상·하부 전극 중 하나가 튀어나오지 않도록 일치시키고 하부 전극이 대략 저울의 중심 근방에 놓이게 한다. 그리고 두 전극 사이를 육안으로 관찰하며 **저울 받침의 4개의 수평 조절나사로 상·하부 전극이 평행이 되게 조절한다.**

★상·하부 전극을 평행하게 하는 것이 이 실험에서 가장 중요하다.

(9) 저울 뒤쪽에 장착된 수평계를 보며 기포가 정중앙에 오도록 그림 9에서 가리키는 **아크릴 상자 하단의 수평조절나사를 이용하여** 저울의 수평을 잡는다.

그림 9 아크릴 상자 하단의 수평조절나사를 이용하여 저울의 수평을 잡는다.

★저울이 기울어져 있다면 저울은 온전히 물체의 무게(mg)를 측정하지 못하고, 기울어진 경사각 θ에 해당하는 수직항력인 $mg\cos\theta$를 측정하게 된다.

★저울의 수평은 저울 하단의 수평조절나사를 조절하여서도 잡을 수 있으나, 이렇게 수평을 잡으

려고 하면 하부 전극의 기울음이 생겨 이미 평행을 이룬 상・하부 전극의 평행이 깨질 수가 있다. 그러므로 이 과정과 같이 아크릴 상자 하단의 수평조절나사를 이용하여 저울의 수평을 잡는 방법이 상・하부 전극의 평행을 해치지 않고 저울의 수평을 잡는 적절한 방법이다.

(10) 저울의 '**용기**' 버튼을 눌러 준다. 그러면, 저울은 하부 전극의 무게를 포함하여 **0**의 값을 나타낸다.

(11) 마이크로미터의 손잡이를 돌려 상부 전극과 하부 전극이 맞닿게 하고 이때의 마이크로미터의 눈금 값을 기억해 둔다. (마이크미터를 돌려 상부 전극을 조금씩 하강시키다 보면 상부 전극이 하부 전극에 닿는 순간 저울의 값이 0을 가리키지 않고 올라가기 시작한다. 이와 같이 저울의 값이 막 변하기 시작하는 순간을 상・하부 전극이 맞닿는 것으로 판단하면 된다.) 만일, 상・하부 전극이 평행하지 않아 고르게 닿지 않는다면, 과정 8에서와 같이 저울 받침의 수평조절나사로 하부 전극의 기울음을 조절하여 두 전극이 고르게 닿게 하고, 이때의 마이크로미터의 눈금 값을 읽고 저울의 '용기' 버튼을 다시 눌러 준다.

★ 이 과정에서 하부 전극의 리드선이 움직이면 저울의 눈금이 0을 가리키지 않고 변한다. 이때는 다시 '용기' 버튼을 눌러 저울의 눈금이 0이 되게 한다.

(12) 상부 전극이 올라가도록 마이크로미터의 손잡이를 돌려 상・하부 전극 사이의 간격이 정확히 10 mm가 되게 되게 하고 이 간격 값을 d라고 기록한다.

★ 마이크로미터의 눈금을 10 mm에 오게 하는 것이 아니라, 과정 (11)에서 상・하부 전극이 맞닿을 때의 마이크로미터의 눈금 값으로부터 10 mm 길이를 늘이는 것이다.

(13) Power Supply의 검정색의 전압 영역 전환스위치(SELECTOR)를 위쪽으로 눌러 0~6,000 V 범위에 두고 전압 조절 다이얼(VOLTAGE ADJUST)을 반시계 방향으로 끝까지 돌려 0으로 놓는다.

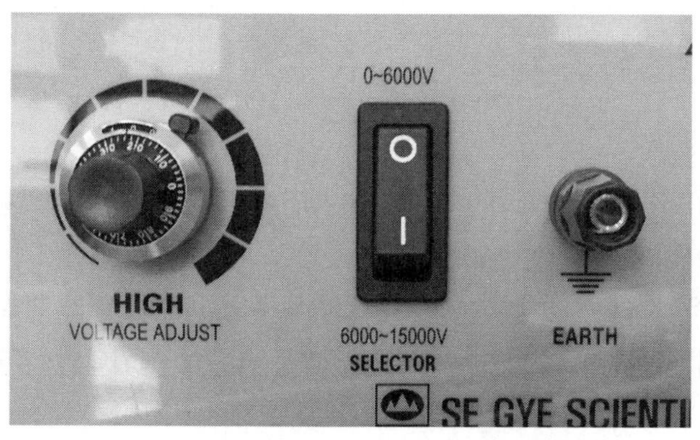

그림 10 Power Supply의 전원을 켜기 전에 전압은 0~6,000 V 범위에 두고 전압 조절 다이얼은 반시계 방향으로 끝까지 돌려 0으로 놓는다.

(14) Power Supply의 **전원을 켜고** 전압을 3,000 V부터 10,000 V까지 500 V씩 증가시켜가

며 그때마다 저울이 측정하는 값을 읽어 $m_{(실험)}$이라고 하고 기록한다. (6,000 V를 넘어 7,000 V의 전압을 가하기 위해서는 먼저, 전압 조절 다이얼을 반시계 방향으로 돌려 2,000 V까지 전압을 낮춘 후, 전압 영역 전환스위치를 아래쪽으로 눌러 6,000~15,000 V 범위에 두고 전압을 증가시켜 가면 된다.)

★상・하부 전극은 반대부호로 대전되어 인력의 전기력이 작용하게 된다. 그래서 하부 전극은 상부 전극에 의해 끌어올려지고 그 결과 저울은 감소하는 질량을 측정하게 되어 음의 측정값을 화면에 나타내게 된다.

★실험에서 사용하는 저울이 측정의 정확성을 보증하는 값은 최소 0.2 g이다. 물론, 그보다 작은 값도 측정하여 화면에 나타내주나 그 값은 신뢰할 수가 없다. 그러므로 3,000 V의 전압을 걸어주었는데도 불구하고 저울이 측정하는 값이 0.2 g 미만이면, 최소 전압을 그보다 크게 하여 5,000 V부터 12,000 V까지와 같이 실험하면 된다.

★'5. 실험 정보'에서 언급한 바와 같이 높은 전압 하에서는 방전이 일어날 수 있으므로, 실험자의 안전과 저울을 보호하는 측면에서 12,000 V를 넘는 전압을 가하지 않도록 한다.

★6,000 V의 전압을 가한 후, 전압을 2,000 V까지 충분히 낮추지 않은 상태에서 전압 전환 스위치를 6,000~15,000 V로 전환하면 순간 15,000 V가 걸리게 되므로, 전압을 2000 V까지 충분히 낮춘 후 전압 전환 스위치를 전환하도록 한다.

(15) 식 (17)을 이용하여 상부와 하부 전극 사이의 전기력의 이론값을 질량으로 환산하여 구한다.

식 (17)의 인력의 전기력을 이론값으로 하여, 이를 무게로 나타내면

$$F = -\frac{\varepsilon_0 A(\Delta V)^2}{2d^2} = mg \tag{18}$$

이고, 이 전기력의 이론값을 질량으로 환산한 것을 $m_{(이론)}$이라고 하면,

$$m_{(이론)} = -\frac{\varepsilon_0 A(\Delta V)^2}{2d^2 g} \quad (단위:\ kg)$$

$$m_{(이론)} = -\frac{\varepsilon_0 A(\Delta V)^2}{2d^2 g} \times 1000 \quad (단위:\ g) \tag{19}$$

이 된다. 여기서 $\varepsilon_0 = 8.8542 \times 10^{-12}\ C^2/N \cdot m^2$이다.

★$\varepsilon_o = 8.8542 \times 10^{-12}\ C^2/N \cdot m^2$이다.

★단위를 MKS(kilogram, meter, second) 단위로 통일하여 계산하는 것을 잊어서는 안 된다.

(16) 과정 (14)의 전기력의 실험값 $m_{(실험)}$과 과정 (15)의 전기력의 이론값 $m_{(이론)}$을 비교하여 본다.

(17) 두 전극 사이의 간격을 15 mm와 20 mm로 바꾸어서 각각 이상의 과정 (12)~(16)을 수행한다. 항상 새로 실험을 수행하기 전에는 '잔류전하 방전용 리드선'을 이용하여 상

부와 하부 전극을 연결(접촉)시켜 전극에 남아 있는 잔류전하를 방전시키도록 한다.

★'잔류전하 방전용 리드선'은 특별한 게 아니다. 그냥 전선의 양쪽을 상·하부 전극에 접촉시킬 수 있는 전선을 의미한다. 절연 손잡이가 있는 드라이버 등으로 상·하부 전극을 접촉시켜도 된다.

(18) 지름 125 mm의 원판 전극으로 바꾸어 이상의 실험을 수행한다.

★단, 두 원판 전극의 크기는 같아야 한다.

(19) 이상의 실험 결과로부터 대전체의 전하량(전극의 단면적 A 또는, 전압 ΔV)의 변화와 대전체 사이의 거리(전극 사이의 간격 변화)가 전기력에 어떠한 영향을 주는지를 확인하고, 이를 통해 쿨롱의 법칙을 이해한다.

7. 실험 전 학습에 대한 질문

실험 제목	쿨롱의 법칙 실험				실험일시	
학과 (요일/교시)		조		보고서 작성자 이름		

* 다음의 물음에 대하여 괄호 넣기나 번호를 써서, 또는 간단히 기술하는 방법으로 답하여라.

1. 전하들 사이에 작용하는 전기력을 인류 최초로 정량적으로 설명한 사람은 누구일까?

Ans: ______________

2. 전하량이 Q_1, Q_2인 두 점전하가 거리 r만큼 떨어져 있다. 다음 중 이 두 점전하 사이에 작용하는 전기력의 크기 F를 옳게 나타낸 것은? 단, 쿨롱 상수는 k라 한다. Ans: ______

① $F = k\dfrac{Q_1 Q_2}{r}$ ② $F = k\dfrac{Q_1 Q_2}{r^2}$ ③ $F = k\dfrac{Q_1^2 Q_2^2}{r}$ ④ $F = k\dfrac{Q_1^2 Q_2^2}{r^2}$

3. 다음 중 전하량 Q의 점전하가 거리 r만큼 떨어진 곳에 형성하는 전기장의 크기(세기) E를 옳게 나타낸 것은? 단, 쿨롱 상수는 k라 한다. Ans: ______

① $E = k\dfrac{Q}{r}$ ② $E = k\dfrac{Q}{r^2}$ ③ $E = k\dfrac{Q^2}{r}$ ④ $E = k\dfrac{Q^2}{r^2}$

4. 진공(유전율 ε_0)의 공간에 놓여 있는 면전하밀도가 σ인 무한히 큰 평면 대전판이 그 주위에 형성하는 전기장의 크기(세기)를 기술하여 보아라.

Ans: $E =$ ______

5. 이 실험에서 사용하는 전기력에 대한 실험식으로, 마주보는 평행한 두 전극에 대하여 전극의 단면적은 각각 A, 전극 사이의 간격은 d, 전극 사이는 진공(유전율 ε_0)이라면, 이 두 전극의 양단에 ΔV의 전위차(전압)를 걸어주었을 때 두 전극 간에 작용하는 전기력은 어떻게 기술될까? 이 전기력을 주어진 문자로 기술하여 보아라.

Ans: $F =$ ______________

6. 이 실험에서 사용하는 전자저울이 측정의 정확성을 보증하는 최소 질량은 얼마인가?

Ans: ______ g

7. 다음 중 이 실험에서 사용하는 실험기구가 아닌 것은? Ans: ______

① 아크릴로 제작된 박스형 장치 ② Kilovolt DC/AC Power Supply
③ 전자저울 ④ 원판 전극(도체판) ⑤ 검류계

8. 이 실험에서 가장 중요한 과정으로 여겨지는 과정은 두 전극(도체판)을 평행하게 배열하는 일이다. 만일, 두 전극이 평행하게 배열되지 않으면 어떤 문제가 발생할까? ['5. 실험 정보' 를 보세요!]

Ans: ① ______,

② ______,

③ ______

9. 다음 중 이 실험에서 두 전극 사이에 작용하는 전기력을 측정하는데 있어 변량으로 사용하는 물리량이 아닌 것은? Ans: ______

① 두 전극 사이의 전위차 ② 두 전극 사이의 간격
③ 두 전극의 면적 ④ 두 전극 사이의 내부 물질

10. 마이크로미터의 눈금이 다음의 그림과 같을 때 측정값은 얼마인가?

Ans: (a) ______ mm, (b) ______ mm

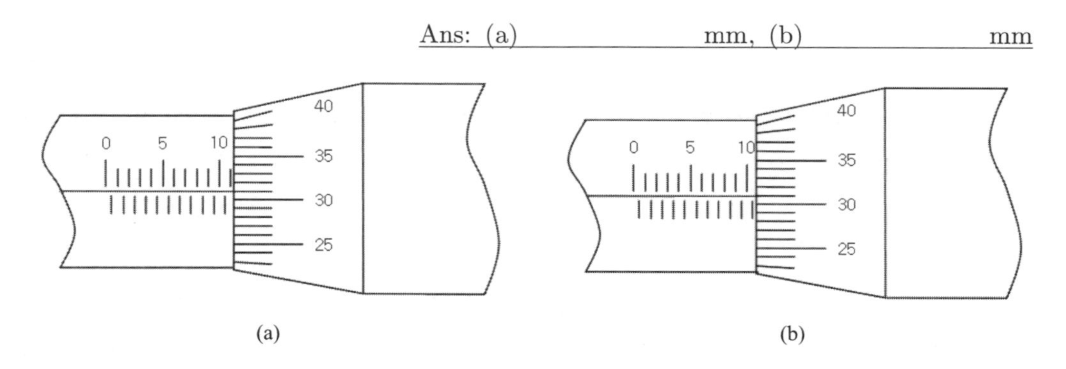

(a) (b)

11. 다음은 이 실험에서 저울의 수평을 잡는 방법이다. 괄호에 적합한 실험 장치 이름은?

저울 뒤쪽에 장착된 수평계를 보며 기포가 정중앙에 오도록 ( ) 하단의 수평조절나사를 이용하여 저울의 수평을 잡는다.

8. 결과

실험 제목	쿨롱의 법칙 실험			실험일시	
학과 (요일/교시)		조		보고서 작성자 이름	

[1] 실험값

(1) 지름 150 mm 원판 전극: $A = 0.01767\ \mathrm{m}^2$

① 두 전극 사이의 간격: $d =$ mm

전압(ΔV)	$m_{(실험)}$	$m_{(이론)}$	$\frac{m_{(실험)} - m_{(이론)}}{m_{(실험)}} \times 100$
V	g	g	

② 두 전극 사이의 간격: $d=$ mm

전압(ΔV)	$m_{(실험)}$	$m_{(이론)}$	$\frac{m_{(실험)}-m_{(이론)}}{m_{(실험)}}\times 100$
V	g	g	

③ 두 전극 사이의 간격: $d=$ mm

전압(ΔV)	$m_{(실험)}$	$m_{(이론)}$	$\frac{m_{(실험)}-m_{(이론)}}{m_{(실험)}}\times 100$
V	g	g	

(2) 지름 125 mm 원판 전극: $A = 0.01227\ \mathrm{m}^2$

① 두 전극 사이의 간격: $d =$ mm

전압(ΔV)	$m_{(\text{실험})}$	$m_{(\text{이론})}$	$\dfrac{m_{(\text{실험})} - m_{(\text{이론})}}{m_{(\text{실험})}} \times 100$
V	g	g	

② 두 전극 사이의 간격: $d =$ mm

전압(ΔV)	$m_{(\text{실험})}$	$m_{(\text{이론})}$	$\dfrac{m_{(\text{실험})} - m_{(\text{이론})}}{m_{(\text{실험})}} \times 100$
V	g	g	

③ 두 전극 사이의 간격: $d=$ mm

전압(ΔV)	$m_{(실험)}$	$m_{(이론)}$	$\frac{m_{(실험)}-m_{(이론)}}{m_{(실험)}}\times 100$
V	g	g	

[2] 결과 분석

★ '[1] 실험값'의 표의 데이터를 그래프로 그려 보는 것도 좋은 결과 분석 방법이 되겠다.

[3] 오차 논의 및 검토

[4] 결론

실험

03 등전위선 측정

1. 실험 목적

대전체가 그 주위 공간에 전위를 형성함을 이해한다.

2. 실험 개요

바닥에 좌표 확인용 모눈종이가 그려진 수조에 물을 채우고 이 수조 내의 지정된 위치에 같은 모양의 원형 전극 2개를 올려놓고, 이 두 전극을 직류전원에 연결하여 각각 +와 − 의 전하부호를 띠는 대전체로 만든다. 그리고 고정검침봉을 수조 내의 임의의 위치에 고정으로 두고 이동검침봉을 수조 내에서 이동시켜가며 고정검침봉과 이동검침봉 간에 전류가 흐르지 않는 지점들을 찾는다. 이 전류가 흐르지 않는 지점들은 전위차가 없는 즉, 등전위를 이루는 지점들로, 이 등전위점을 연결하여 등전위선을 그려본다. 같은 방법으로, 수조 내의 고정검침봉의 위치를 여러 곳으로 바꿔가면서도 실험하며 각각의 고정검침봉의 여러 위치에 대해 등전위선을 그려본다. 이어, 긴 직사각형 전극으로 전극의 모양을 바꾸어서도 실험하여 보고, 이 등전위선 관측 결과를 원형 전극의 경우와 비교하여 봄으로써 전극(대전체)의 모양에 따라 형성되는 등전위선의 모양이 달라지는지를 알아본다. 한편, 두 전극(대전체) 사이에 도체(금속)를 두고 이 도체 표면의 전위를 측정하여 봄으로써, 전기장 내에 놓인 도체의 표면은 등전위를 이룸을 확인한다. 끝으로 이러한 등전위선 측정 결과를 바탕으로 대전체가 그 주위에 전위를 형성함을 이해한다.

3. 기본 원리

[1] 전위(전기 퍼텐셜)

지표면 근방에서 지면으로부터 같은 높이에 있는 지점들의 단위 질량당 중력 퍼텐셜(위치)

에너지($U/m = gh$)는 모두 같다. 여기서 단위 질량당 중력 퍼텐셜에너지를 중력 퍼텐셜이라고 한다. 한편, 전기력이 미치는 공간에서는 중력 퍼텐셜과 유사한 개념으로 단위 전하당 전기 퍼텐셜에너지를 전기 퍼텐셜 또는 전위라고 한다. 이러한 전위(전기 퍼텐셜)는 다음과 같이 정의된다.

퍼텐셜에너지의 변화는 보존력이 한 일에 음의 부호를 붙인 것과 같으므로, 퍼텐셜에너지 변화는

$$dU = -dW_c = -\vec{F_c} \cdot \vec{ds} \tag{1}$$

$$\Delta U = -W = -\int \vec{F_c} \cdot \vec{ds} \tag{2}$$

과 같이 기술된다. 여기서 아래첨자 c는 보존력(conservative force)을 가리킨다. 한편, 전기력은 보존력이므로 이 보존력의 전기력을 이용하여 전기 퍼텐셜에너지의 변화를 정의할 수 있는데, 여기에 전기력 $\vec{F_E}$와 전기장 $\vec{E}$와의 관계

$$\vec{F_E} = q\vec{E} \tag{3}$$

를 이용하여 정의하면

$$\Delta U = -\int \vec{F_E} \cdot \vec{ds} = \int q\vec{E} \cdot \vec{ds} \tag{4}$$

이 된다. 이 퍼텐셜에너지의 변화를 전하량 q로 나누면

$$\Delta U/q = -\int \vec{E} \cdot \vec{ds} \tag{5}$$

가 되고, 이는 단위 전하당 전기 퍼텐셜에너지의 변화, 즉 전위차(전압) ΔV가 된다.

$$\Delta V = \Delta U/q = -\int \vec{E} \cdot \vec{ds} \tag{6}$$

한편, 식 (6)의 전위차의 정의는 미분 표현으로

$$E_s = -\frac{dV}{ds} \tag{7}$$

와 같이 나타낼 수도 있다. 여기서 아래첨자 s는 E의 s방향 성분이다.

특별히, 점전하로 취급될 수 있는 전하량 Q의 양의 대전체가 그 주위 r만큼 떨어진 지점에 형성하는 전위는 점전하에 의한 전기장

$$\vec{E} = k\frac{Q}{r^2}\hat{r} \tag{8}$$

을 식 (6)에 대입하여 경로 적분함으로써

$$V = -\int_{\infty}^{r} \vec{E} \cdot d\vec{s} = -\int_{\infty}^{r} k\frac{Q}{r^2}\hat{r} \cdot d\vec{s} = k\frac{Q}{r} \tag{9}$$

과 같이 얻을 수 있다. 여기서, k는 쿨롱상수이며 경로적분의 구간은 전위가 0이 되는 무한히 먼 곳을 기준점으로 하여 전위를 구하고자하는 지점 r까지 즉, $\infty \rightarrow r$까지 계산한 결과이다.

한편, 식 (6)과 (7)로부터 전기장을 알면 경로 적분을 통해 전위차를 구할 수 있고, 역으로 전위차를 알면 이를 경로로 미분하여 전기장을 구할 수 있음을 알 수 있다. 이와 같은 전기장과 전위는 각각 대전체가 그 주위 공간에 형성하는 전기력이 미치는 효과와 전기 퍼텐셜에너지의 위치 정보로 해석되는 물리량인데, 전기장은 힘의 관점에서 그리고 전위는 에너지의 관점에서 기술하는 전기 효과에 관한 위치 정보인 것이다.

[2] 등전위선

다음의 그림 1은 산과 같은 모형과 그에 대응하는 같은 높이의 지점들을 연결하여 나타낸 등고선을 보여 주고 있다.

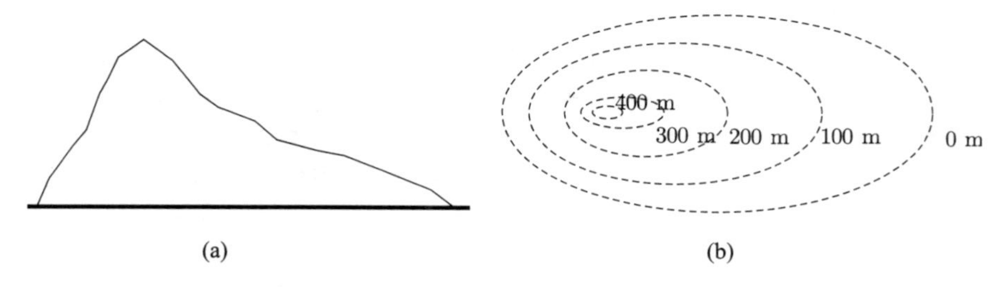

그림 1 (a) 산 모형과 (b) 그에 대응하는 같은 높이의 지점들을 연결한 등고선

같은 높이의 지점들은 중력의 관점에서 표현하면 중력 퍼텐셜($U/m = gh$)이 같은 지점이 된다. 그러므로 등고선은 지표면 상에서 같은 중력 퍼텐셜을 갖는 지점들을 연결한 선인 셈이다. 이와 같은 논리로 대전체가 전기력을 미치는 공간에서는 전위(전기 퍼텐셜)가 같은 지점들을 연결하여 등전위선(또는 면)을 나타낼 수 있다. 등전위선(또는 면)의 예로 다음의 그림 2에서는 점전하로 취급할 수 대전체와 평면 전하 분포를 가진 대전체가 형성하는 등전위선(또는 면)을 점선으로 나타내었다.

그리고 화살표의 실선으로는 대전체가 만드는 전기력선을 나타내었다. 그림에서 보듯이 대전체가 만드는 등전위선(또는 면)과 전기력선은 서로 수직이라는 특별한 관계에 있다. 이는 지표면에서 같은 높이의 등고선이 지표면을 향하는 중력장선과 수직을 이루듯이 대전체 주위에서의 등전위선(또는 면)과 전기력선 역시 수직을 이룬다. 이와 같은 사실은 식 (6)의 전위차의 정의식으로부터 쉽게 알 수 있는데, 이는 다음과 같다. 공간상의 두 점을 잇는 선분의 미소 변위벡터 $d\vec{s}$와 전기장 $\vec{E}$가 수직을 이루면 $\vec{E} \cdot d\vec{s} = 0$이므로 이 두 점의 전위차($\Delta V$)는 0이

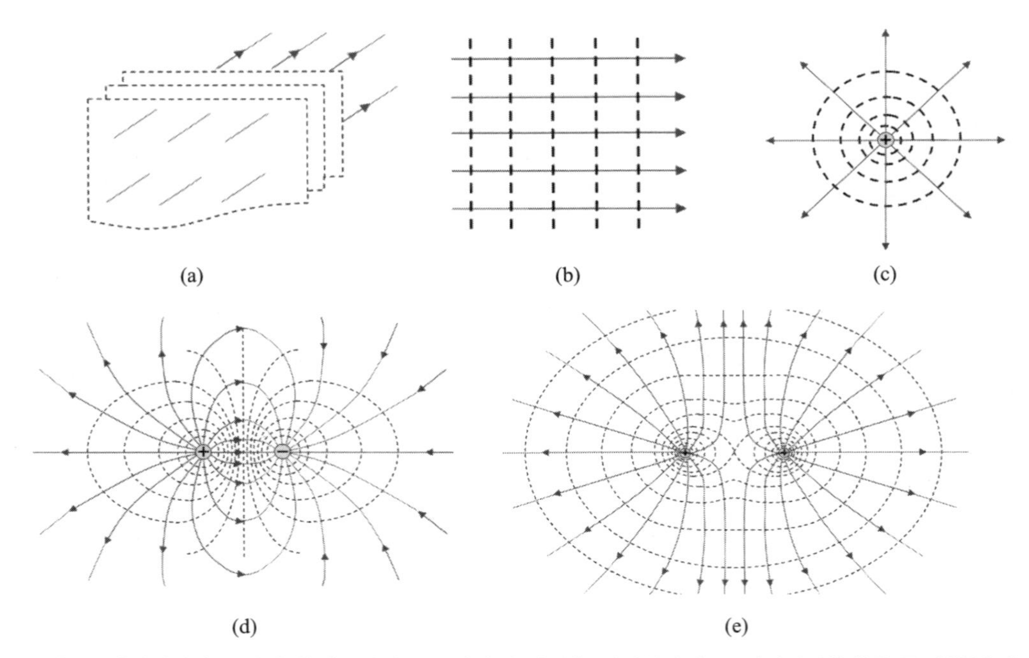

그림 2 전기력선과 등전위선(면). 화살표로 나타낸 실선은 전기력선이고, 점선의 선(면)은 등전위선(면)이다. 전기력선은 등전위선(면)과 수직을 이룬다. (a) 균일한 전기장에서의 등전위면(3차원). (b) 균일한 전기장에서의 등전위면(2차원). (c) 양의 점전하의 경우, (d) 크기가 같고 부호가 반대인 두 점전하의 경우, (e) 크기가 같고 부호가 같은 두 점전하의 경우의 전기력선과 등전위선

된다. 즉, 이 두 점을 잇는 선분은 전위가 같은 등전위선인 것이다. 이는 등전위선을 따라서는 전기장의 성분이 존재하지 않는다는 즉, 전기장은 등전위선에 수직한 성분만을 갖는다는 것을 말해준다. 한편, 그림 2의 (c), (d), (e)를 통해서 알 수 있듯이 이웃하는 등전위선(또는 면) 간의 간격이 좁은 곳 일수록 그 지점의 전기력선은 조밀하다. 즉 전기장이 세다. 이는 등고선에서 등고선의 간격이 좁은 곳 일수록 경사가 가팔라 중력의 경사면 방향의 분력이 큰 것과 같은 이치이다. 특별히, 그림 2(c)의 등전위선은 원의 모양으로 양의 점전하가 그 주위에 형성하는 전위를 나타내는 식 (9)에 일치하게 그려진 결과이다.

[3] 정전기적 평형 상태의 도체의 성질

구리(또는 철, 아연, 니켈 등등)와 같은 전기적인 도체는 어떤 원자들에게도 구속되지 않고 물질 내에서 자유롭게 움직이는 전하(전자)를 포함하고 있다. 도체 내에서 이 전하(전자)의 알짜 움직임이 일어나지 않으면, 그 도체는 정전기적 평형상태(electrostatic equilibrium)에 있다고 한다. 고립된(절연된) 도체는 이와 같은 정전기적 평형상태에 있게 되고 그 도체는 다음과 같은 성질을 갖는다. [그림 3 참조]

○ 도체에 주어진 과잉 전하는 도체의 표면에만 분포한다.

○ 도체 내부가 차 있거나 비어 있거나 상관없이 도체 내부에서의 전기장은 0이다.
○ 대전되어 있는 도체 표면 바로 바깥의 전기장은 도체 표면에 수직이다.
○ 불규칙한 형태의 도체에서 표면전하밀도는 곡률 반지름이 작은 곳일수록, 즉 뾰족한 곳일수록 더 크다.

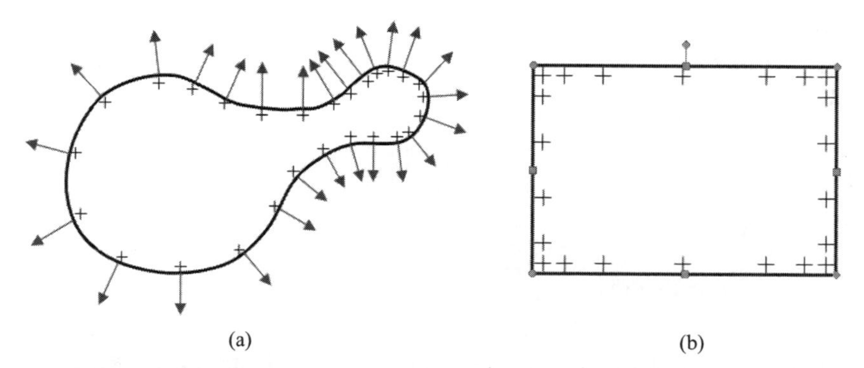

그림 3 (a), (b) 정전기적 평형상태의 도체에 주어진 과잉 전하는 도체의 표면에만 분포하고, 상대적으로 곡률 반지름이 작은 곳, 즉 뾰족한 곳의 전기력선의 밀도가 더 크다. 그리고 전기력선은 도체 표면과 수직을 이룬다.

특별히, 위의 4가지 성질 중 '도체 내부에서의 전기장은 0이다.'라는 성질은 식 (7)의 전위차와 전기장과의 관계를 이용하여 해석하면

$$E_s = -\frac{dV}{ds} = 0 \quad \Rightarrow \quad V = const(\text{일정}) \tag{10}$$

으로, '도체 내부의 임의의 지점 간에는 전위차가 없고 내부의 임의의 지점의 전위는 표면과 등전위를 이룬다.'라고 할 수 있다. 그리고 '대전된 도체 바로 바깥쪽의 전기장은 도체 표면에 수직하다.'는 성질로부터 '도체 표면의 모든 지점은 등전위를 이룬다.'라는 사실을 알 수 있다.

4. 실험 기구

○ 등전위선 측정용 수조: 물을 담아 전류를 흐르게 할 수 있게 함. 바닥에 좌표 확인용 모눈종이가 부착되어 있음.
○ 직류전원장치(DC Power Supply): 두 전극을 서로 반대 부호로 대전시켜 주며, 두 전극 사이에 전위차를 만들어 준다.
○ 고정검침봉: ㄷ자형의 기다란 금속 막대로 이루어져 있으며, 이 금속 막대의 뾰족한 한 쪽 끝을 물에 닿게 하고, 물에 닿는 금속 막대의 이 지점을 수조 내의 등전위선 측정의 기준점으로 삼는다.

- 이동검침봉: 뾰족한 송곳 모양의 금속봉으로서 수조 내의 임의의 지점을 가리켜서 이 지점과 기준점인 고정검침봉 사이에 전류가 흐르는지를 확인하여 등전위점들을 찾아내는 데 사용한다.
- 여러 모양의 전극 (5): 원형(小), 원형(大), 긴 직사각형, 정사각형, 반원형
- 검류계(Galvanometer)
- 리드선 (3)
- 등전위선 그리기용 모눈종이 (2)

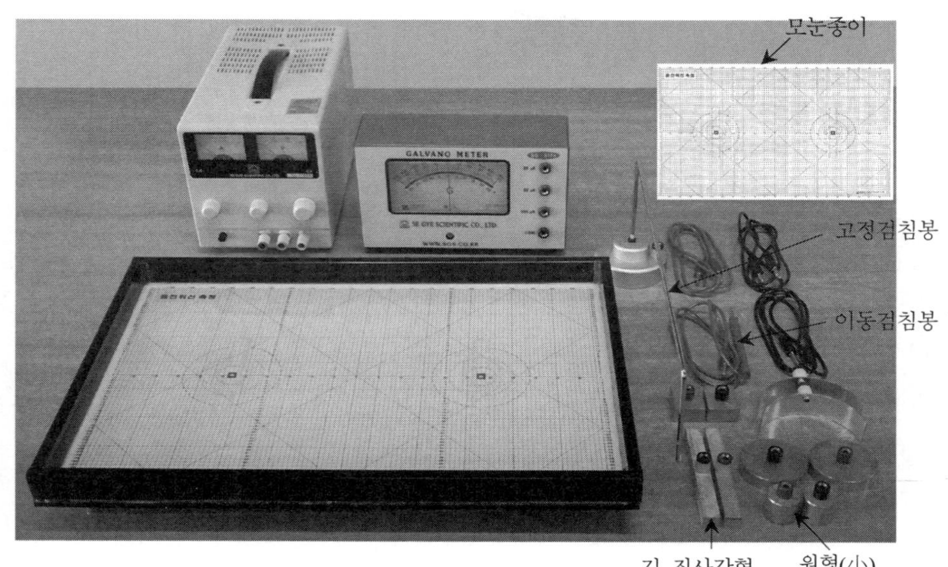

그림 4 등전위선 측정 장치

5. 실험 정보

(1) 이 실험은 대전체(전극)의 주위에 형성되는 등전위선을 확인하는 실험으로, 등전위선의 특징을 설명할 수 있는 실험 결과를 얻는 게 중요하다. 그래서 그림 2(d)와 같이 '등전위선이 두 대전체(전극) 사이의 정가운데 지점을 지나는 선에 대하여 좌우로 또, 위아래로 대칭적인 모양으로 관측될 거라든가, 대전체(전극)에서 가까운 곳과 먼 곳에서 대전체(전극)의 모양과 관련된 또는 무관한 모양으로 나타날 거라든가'와 같이 등전위선의 특징 등을 미리 예상하고 이를 확인하기 위한 실험 계획을 세워서 실험할 필요가 있다.

(2) 이 실험에서는 대전체(전극)의 모양을 바꿔가면서 실험하는데, 그렇다면 대전체(전극)의 모양에 따라 등전위선의 모양이 달라지는지 아니면 동일한지, 어떤 부분은 같고 어떤 부분은 달라지는지 등을 등전위선 측정 결과를 보며 비교 분석할 필요가 있다.

(3) 이 실험은 **20~25 V**의 작지 않은 전압을 사용하여 실험한다. 그러다보니 조심스러워 전극이 담긴 수조의 물에 손이 닿으면 감전될까 무척 조심스러워 하는데 전혀 그럴 필요는 없다. 수조 내에 흐르는 전류는 수 μA 정도로 작아 전기충격이 느껴지지 않는다.

(4) 수조의 모서리와 꼭짓점 부분이 매우 날카로워 베이거나 찔릴 염려가 있으니 다치지 않도록 주의하기 바랍니다.

(5) 시간이 많이 소요되는 실험이니 주어진 시간 안에 실험을 하기 위해서는 특별히 시간 안배를 잘 하도록 한다.

6. 실험 방법

[1] 실험 1 - 두 원형(小) 전극 사이의 등전위선 측정

(1) 검류계의 지시바늘이 0을 가리키는지 확인한다. 필요하다면 영점조정을 한다.

(2) 그림 5에서와 같이 두 원형(小) 전극을 수조 바닥의 모눈종이에 그려진 원 모양의 지점에 각각 정확히 위치하게 하고, 리드선을 이용하여 이 두 전극을 각각 직류전원장치(DC Power Supply)의 +, −(또는 GND) 단자에 연결한다.

★ 원형(小) 전극은 대칭성이 좋고 크기가 작아 점전하가 만드는 전위와 유사한 모양의 전위를 형성한다. 그래서 그림 2(d)의 점전하에 의한 등전위선과 유사한 결과를 얻을 수 있다.

(3) 고정검침봉이 수조의 <u>정중앙 **(0, 0)**의 위치</u>에 오게 배치한다. [그림 5참조]

★ 이때, 고정검침봉의 위치는 하나의 등전위선을 찾기 위한 기준점이 된다.

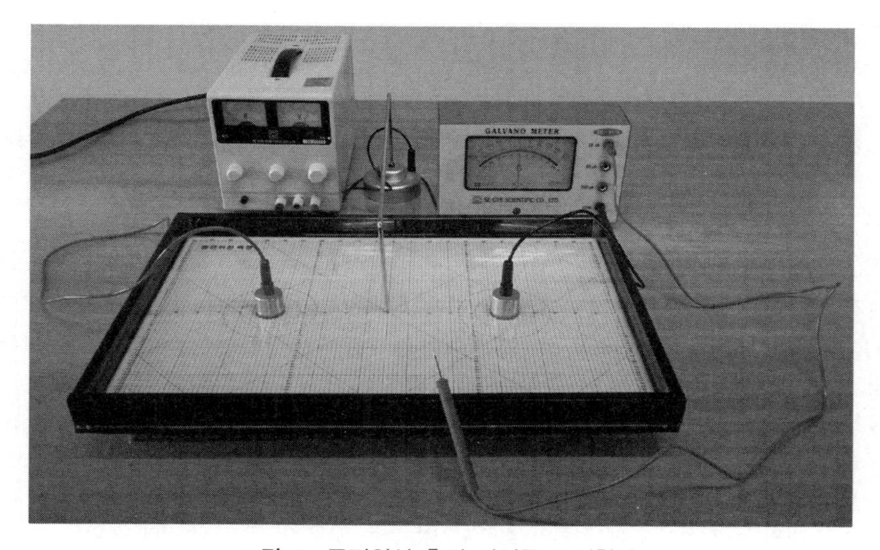

그림 5 등전위선 측정 장치를 구성한다.

(4) 이동검침봉과 고정검침봉을 각각 검류계의 25 μA 단자와 COM 단자에 연결한다.[그림 5 참조]

★ 이때, 이동검침봉을 검류계의 COM 단자에, 고정검침봉을 25 μA 단자에 바꿔 연결해도 아무 상관없다.

★ 검류계를 사용할 때는 최초 얼마의 전류가 흐르는지 모르므로, 먼저 검류계가 측정할 수 있는 최대 범위인 500 μA 단자에 연결하여 실험하는 것이 바람직하다. 그리고 측정 전류가 작다고 판단되면 정확한 측정을 위해 검류계의 측정 범위를 보다 작은 50 μA, 25 μA 단자 순으로 바꿔서 실험한다. 그래야 처음에 예상치 못한 큰 전류가 흘러도 먼저 500 μA 단자에 연결함으로써 큰 전류로부터 검류계의 회로를 보호할 수 있게 된다. 하지만, 우리의 실험에서는 작은 전류가 흐르고 또 정확한 전류 측정이 요구되므로, 굳이 검류계의 단자를 최초 500 μA부터 시작하여 낮춰가면서 실험하지 않고 바로 작은 전류 측정 범위의 25 μA 단자에 연결하여 실험한다.

(5) 등전위선 측정용 수조에 물을 붓는다. 이때 물의 적당한 높이는 수조의 모든 면이 골고루 물에 잠기게 하되, 두 전극의 아랫면과 고정검침봉은 살짝 잠길 정도면 좋다.

★ 수조에 물을 너무 많이 넣으면, 전극에 작용하는 부력이 커져 의도치 않게 전극이 움직이게 된다.

★ 수조의 모든 면이 골고루 물에 잠기지 않는다면, 물을 조금 더 붓거나 수조의 수평을 조절하여 수조의 모든 면이 골고루 물에 잠기게 한다.

(6) 직류전원장치의 전원을 켜고, 'VOLTAGE' 다이얼을 돌려 전압을 20~25 V 정도에 맞춘다. 필요(전류가 작아 측정이 세밀하지 못하다고 여겨지거든)에 따라서는 전압을 직류전원장치가 허락하는 최대 전압인 30 V까지 높여 실험하여도 좋다. [그림 6(a) 참조]

★ 직류전원장치의 'CURRENT' 다이얼은 전류를 조절하는 부분인데, 우리의 실험에서는 사용하지 않으므로 반시계 방향으로 돌려 0으로 둔다. 'FINE' 다이얼은 전압을 미세하게 조절하는데 사용한다.

★ 전극에 인가하는 전압의 크기는 중요하지 않다. 다만, 물의 작지 않은 저항 때문에 측정하는 두 지점이 등전위선 상의 지점들이 아닌데도 불구하고, 이 두 지점 간에 전류가 거의 흐르지 않아 두 지점을 등전위점으로 오인하는 경우가 있다. 이때는 전압을 크게 해주면 조금 더 큰 전류가 흘러 이 두 지점이 등전위점이 아닌지를 명확하게 알 수 있다. 하지만, 높은 전압을 유지하던 중에 실험과 무관한 부주의한 행동을 했을 때는 자칫 큰 전류로 인해 실험자의 안전이 우려될 수도 있으니 이점도 유념하여 주기 바랍니다.

(7) 그림 6의 (b)~(d)와 같이 이동검침봉을 수조에 넣고 적당히 수조의 여러 곳으로 이동시켜가면서 고정검침봉과 이동검침봉 사이에 전류가 흐르지 않는, 즉 검류계의 지시바늘이 0을 가리키는 지점들을 찾아 그 지점들의 좌표를 읽고 '등전위선 그리기용 모눈종이'에 점으로 표시한다. 그리고 이 점들을 연결하여 하나의 등전위선을 그린다.

★ 검류계에 측정 한계를 넘어서는 전류가 흐르게 되면, 검류계의 바늘은 한쪽 끝에 붙어버리고 전류를 끊어줘도 바늘이 영점으로 돌아오지 않는 현상이 나타날 때가 있다. 이때는 검류계를 '툭 쳐주면' 된다.

★ 수조 내의 두 지점 사이에 전류가 흐르지 않는다는 것은 이 두 지점 간에 전위차가 없다(전압이

0이다)는 것이다. 다시 말해서, 이 두 지점은 등전위를 이루고 있는 것이다.

★'등전위선 그리기용 모눈종이'는 실험실 뒤쪽 예비 실험기기를 두는 테이블에 비치되어 있습니다.

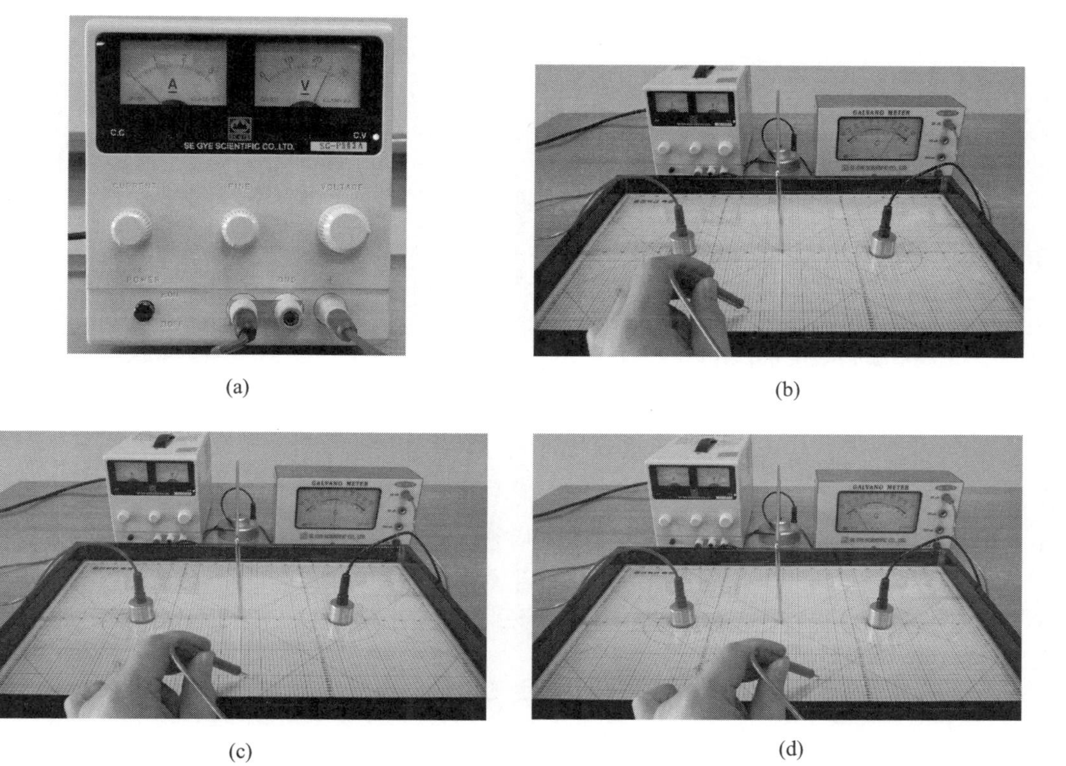

(a) (b) (c) (d)

그림 6 (a) 전극에 인가되는 전압은 20~25 V 정도가 적당하다. (b), (c), (d) 이동검침봉을 수조에 넣고 수조의 여러 곳으로 이동시켜가면서 고정검침봉과 이동검침봉 사이에 전류가 흐르지 않는 지점, 즉 등전위점들을 찾는다.

(8) 두 전극의 중심을 잇는 수평선상을 따라 고정검침봉의 위치를 바꿔가면서 과정 (7)을 반복 수행하여 그림 7과 같이 여러 등전위선을 그려낸다.

★고정검침봉의 위치는 계획을 세워 선정하도록 한다. 이를테면, 수조의 중앙 (0, 0)의 위치에서 두 전극 선상의 수평선을 따라 좌우로 일정한 간격(눈금 5씩이 적당)을 이동해가며 그 위치를 선택하도록 한다. 이와 같이 하면 등전위선의 대칭성을 쉽게 확인할 수 있고, 전극의 가까운 곳과 먼 곳의 등전위선의 비교를 다루기가 매우 좋다.

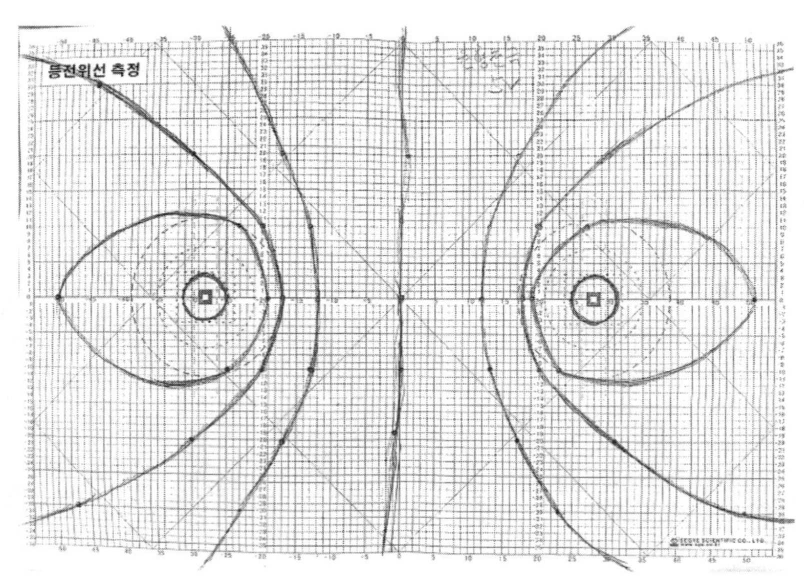

그림 7 원형(小) 전극 사이의 등전위선 측정의 예

(9) 이상의 실험에서 얻은 등전위선을 토대로 두 전극(대전체) 사이에 형성되는 전기력선을 추정해 보아라. 그리고 이를 과정 (8)의 등전위선 도면에 그려 보아라.

★ 전기력선은 등전위선에 수직이고 그 방향은 전위가 감소하는 쪽(양의 전하에서 음의 전하로)으로 향한다.

★ 전기력선은 등전위선을 그리는 데 사용한 펜과는 다른 색상으로 그리는 것이 보기가 좋다.

[2] 실험 2 – 두 긴 직사각형 전극 사이의 등전위선 측정

두 긴 직사각형 전극을 수조 바닥의 모눈종이에 그려진 긴 직사각형 모양의 지점에 각각 정확히 위치하게 하고 실험 [1]의 전 과정을 동일하게 수행한다.

[3] 실험 3 – '도체(금속)의 표면은 등전위를 이룬다.'는 현상을 확인

(1) 직류전원장치에 연결하는 전극으로 원형(小) 전극을 사용하여 실험 [1]의 과정 (1)~(6)을 수행한다. 단, 전극에 인가하는 **전압은** 10 V**면 충분**하므로 낮추어 실험한다.

(2) 그림 8과 같이 전원을 연결하지 않은(이하 무전원이라고 함) 원형(大) 전극과 긴 직사각형 전극을 고정검침봉과 닿지 않게 하여 수조 내의 중앙 부근에 놓는다.

★ 무전원 전극을 꼭 수조의 '중앙 부근'에 둘 필요는 없다. 실험자의 판단에 따라 수조 내 임의의 지점에 두어도 좋다.

★ 무전원 전극은 특별한 것이 아니라 단순히 전원이 연결되지 않은, 즉 대전되지 않은 도체를 지칭하는 것이다.

(3) 그림 8과 같이 이동검침봉을 이용하여 무전원의 원형(大) 전극과 긴 직사각형 전극 주변의 물속을 각각 원형(大) 전극의 지름과 긴 직사각형 전극의 길이에 해당하는 폭 만큼 좌우로 움직여가며 검류계의 전류 측정값의 변화를 관측하고 이를 기록한다.

★ 예를 들어, $-20\ \mu A \sim +20\ \mu A$나 $+10\ \mu A \sim +40\ \mu A$와 같이 기록한다.

★ 전류 측정값이 측정의 한계를 넘어서면, 즉시 이동검침봉을 25 μA 단자에서 빼내어 50 μA나 500 μA의 더 큰 측정 범위의 단자에 연결하고 실험한다.

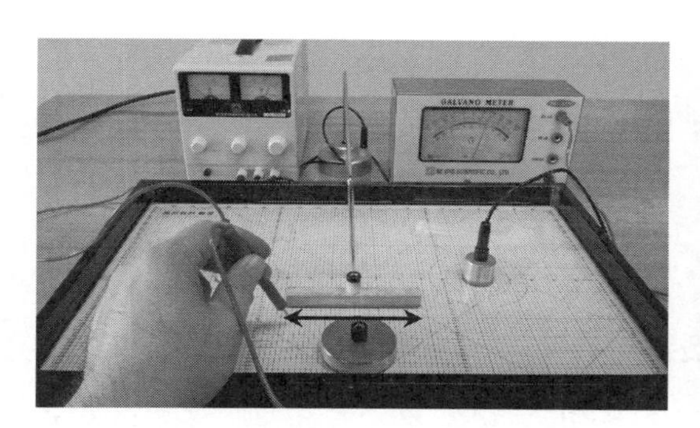

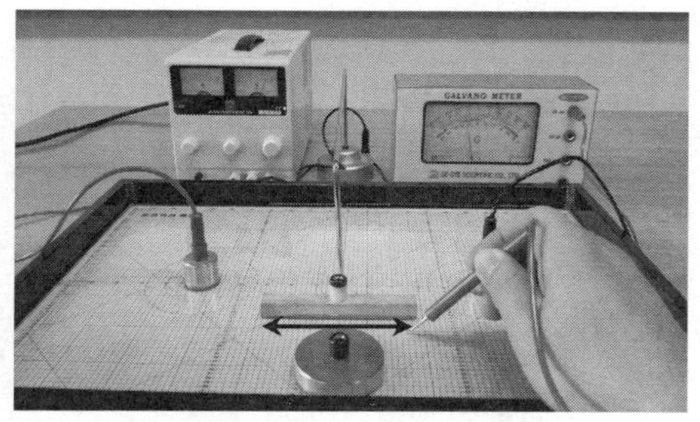

그림 8 수조내의 중앙 부근에 무전원 전극을 놓고, 이동검침봉을 이용하여 **무전원 전극 주위 물속에서** 전극의 크기에 해당하는 만큼의 길이를 움직여가며 전류 측정값의 변화를 살펴본다.

(4) 이번에는 그림 9와 같이 각각 이동검침봉을 무전원 원형(大) 전극과 긴 직사각형 전극 표면에 접촉시키고, 접촉을 유지한 상태에서 그 표면 위를 움직여가며 검류계의 전류 측정값의 변화를 관측하고 이를 기록한다.

★ 정상적인 측정 결과라면 전류는 일정한 값을 나타낼 것이다. 다만, 전류 값의 미세한 변화(검류계 바늘의 약간의 움직임)는 이동검침봉이 무전원 전극 표면을 따라 움직일 때 그 접촉이 닿았다 떨어졌다 했거나, 이동검침봉의 누르는 세기에 따라 접촉점의 저항이 변하여 미세한 전류 변화가 발생한 것이다.

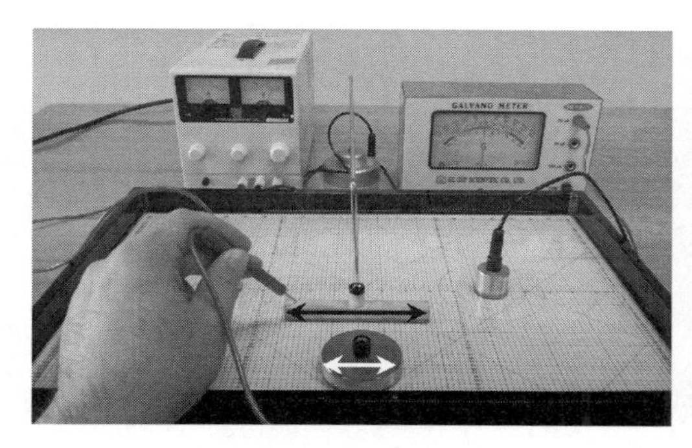

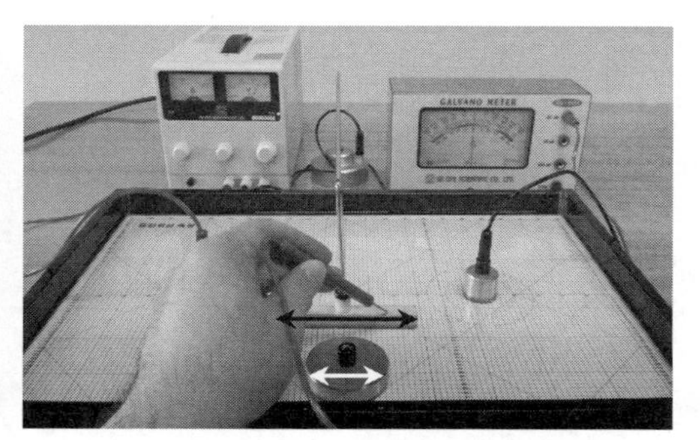

그림 9 이동검침봉을 무전원 전극의 표면에 접촉시킨 상태에서 전극의 표면을 따라 움직여가며 검류계의 전류 측정값의 변화를 살펴본다.

(5) 과정 (3)과 (4)의 관측 결과를 비교하여 본다. 그리고 이것으로부터 '3. 기본 원리 - [3] 실험 3 - **정전기적 평형상태의 도체의 성질**'에서 다룬 '도체의 표면은 등전위를 이룬다.'는 것을 확인한다.

(6) 두 무전원 전극을 각각 두 차례 정도 옮겨가며 과정 (3)~(5)를 수행한다.

★ 무전원 전극이 고정검침봉과 너무 멀리 떨어져 있으면 검류계에 큰 전류가 흘러 검류계가 손상될 수 있으므로, 이러한 점을 고려하여 무전원 전극과 고정검침봉과의 거리를 크게 두지 않도록 한다.

[4] 실험 4 - 원형(小) 전극과 긴 직사각형 전극 사이의 등전위선 측정

이 실험은 실험 시간이 부족하여 제대로 실험을 할 수 없을 것이다. 하지만, 시간의 여유가 있다면 실험해 보는 것도 좋겠다.

[5] 실험 5 - 두 원형(大) 전극 사이의 등전위선 측정

이 실험은 실험 시간이 부족하여 제대로 실험을 할 수 없을 것이다. 하지만, 시간의 여유가 있다면 실험해 보는 것도 좋겠다.

7. 실험 전 학습에 대한 질문

실험 제목	등전위선 측정				실험일시	
학과 (요일/교시)		조		보고서 작성자 이름		

* 다음의 물음에 대하여 괄호 넣기나 번호를 써서, 또는 간단히 기술하는 방법으로 답하여라.

1. 단위 질량당 중력 퍼텐셜에너지를 중력 퍼텐셜이라고 한다. 전기력이 미치는 공간에서는 중력 퍼텐셜과 유사한 개념으로 단위 전하당 전기 퍼텐셜에너지를 (   ) 또는 (   )라고 한다.

2. 전위차와 전기장과의 관계를 각각 적분형과 미분형으로 써 보아라.
   Ans:
   - 적분형: $\Delta V = -\int$
   - 미분형: $E_s = -\frac{d}{d}$

3. 점전하로 취급될 수 있는 전하량 Q의 양의 대전체가 그 주위 r만큼 떨어진 지점에 형성하는 전위 V를 옳게 나타낸 것은?

   ① $V = k\frac{Q}{r^2}$　　② $V = k\frac{Q}{r}$　　③ $V = k\frac{Q^2}{r^2}$　　④ $V = k\frac{Q^2}{r}$

4. 대전체가 그 주위에 전기력을 미치는 공간에서 전위가 같은 지점들을 연결하여 이룬 선 또는 면을 (   ) 또는 (   )이라고 한다.

5. 다음은 등전위선의 특징을 설명한 글이다. 다음의 괄호에 알맞은 말을 써 넣어라.

> 전기장은 등전위선(면)과 나란한 방향의 성분은 가질 수 없고, 오직 등전위선(면)과 (　　　　　)을 이룬다. 그리고 이웃하는 등전위선(면) 간의 간격이 좁은 곳 일수록 그 지점의 (　　　　　)이 세다.

6. 정전기적 평형상태(electrostatic equilibrium)에 있는 도체의 표면은 (　　　　　)를 이룬다.

7. 이 실험에서 사용하는 실험기기인 직류전원장치(DC Power Supply)는 두 전극을 서로 (　　　　　) 부호로 대전시켜 주며, 두 전극 사이에 (　　　　　)를 만들어 준다.

8. 실험에서는 물을 채운 수조 내의 임의의 두 지점이 등전위를 이루는 것을 확인하는 방법으로 수조 내에 넣은 (　　　　　 검침봉)과 (　　　　　 검침봉) 사이에 전류가 흐르지 않는 지점들을 찾는다. [Hint: 6. 실험 방법 - 과정 (7)]

9. 실험에서 사용하는 '원형(小) 전극'은 (　　　　　)이 좋고 크기가 작아 (　　　　　)가 만드는 전위와 유사한 모양의 전위를 형성한다. 그래서 (　　　　　)에 의한 등전위선과 유사한 실험 결과를 얻을 수 있는 장점이 있다. [Hint: 6. 실험 방법 - 과정 (2)]

8. 결과

실험 제목	등전위선 측정			실험일시	
학과 (요일/교시)		조		보고서 작성자 이름	

[1] 실험값

(1) 실험 1 – 두 원형(小) 전극 사이의 등전위선 측정

★등전위선 측정 기록용지 첨부

(2) 실험 2 – 두 긴 직사각형 전극 사이의 등전위선 측정

★등전위선 측정 기록용지 첨부

(3) 실험 3 – '도체(금속)의 표면은 등전위를 이룬다.'는 현상을 확인

★검류계의 전류 측정값의 변화 여부를 토대로 전기장 내에 놓인 도체(무전원 전극)의 표면이 등전위를 이루는지를 논의한다.

① 실험 3 - 과정 (3)의 전류 측정값
- 원형(大) 전극: ~ μA
- 긴 직사각형 전극: ~ μA

② 실험 3 - 과정 (4)의 전류 측정값
- 원형(大) 전극: μA
- 긴 직사각형 전극: μA

[2] 결과 분석

[3] 오차 논의 및 검토

[4] 결론

실험 04

Wheatstone Bridge를 이용한 미지(未知)저항 측정

1. 실험 목적

습동선형 Wheatstone Bridge 회로를 이용하여 저항값을 모르는 저항기의 저항을 정밀하게 측정하고, 이 과정에서 Ohm의 법칙과 저항의 정의를 이해한다. 한편, 색띠 저항기의 색띠(색코드, color code)를 읽어 저항값을 알아내는 방법을 익힌다.

2. 실험 개요

저항값을 알고 있는 기지저항 1개와 저항값을 모르는 미지저항 1개, 그리고 저항선과 검류계로 구성되어 있는 습동선형 Wheatstone Bridge 회로에 전위차를 걸어 주고, Bridge 양단의 전위가 같아 검류계에 전류가 흐르지 않는 저항선의 위치를 찾는다. 이 과정에서 $\Delta V = IR$의 Ohm의 법칙과 $R = \rho \dfrac{l}{A}$의 저항의 정의를 이용하여 Bridge 양단에 전류가 흐르지 않을 조건($I_G = 0$)으로부터 미지저항의 저항값을 알아낸다. 그리고 이렇게 습동선형 Wheatstone Bridge 회로를 이용하여 측정한 저항값은 실험값으로 하고, 멀티미터로 측정한 저항값은 참값으로 하여 두 값을 비교하고 그 일치를 확인하여 본다. 한편, 저항의 참값을 알아내는 또 다른 방법으로 저항에 새겨진 색띠를 읽는 방법을 익히고 이를 연습해 본다.

3. 기본 원리

[1] Wheatstone Bridge

5개의 저항이 그림 1과 같이 연결된 것을 Bridge 결선이라고 한다. 그림 1에서 PQ사이의 저항을 제거하고 그 대신 검류계 G를 연결하고 M, N 단자에는 전원을 연결하면, 그림 2와 같은 Wheatstone Bridge 회로가 된다. 그림 2에서 스위치 K를 닫아 Bridge 회로에 전류를

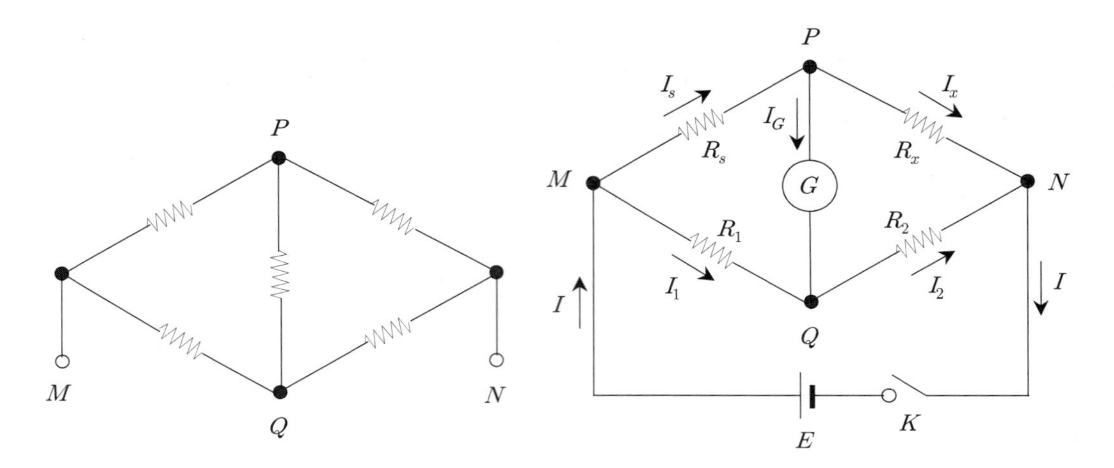

그림 1 Bridge 결선 **그림 2** Wheatstone Bridge 회로

흐르게 하고 검류계를 지나는 전류 I_G가 0이 되도록 저항값을 조절하도록 한다. 이때, 검류계에 전류가 흐르지 않는다는 것은 P와 Q의 두 점 사이에 전류가 흐르지 않는다는 것($I_G = 0$)을 말하며, 이는 P와 Q점이 등전위를 이루고 있다는 뜻이다. 여기서 등전위라는 말은 두 점 사이에 전위차(전압)가 없다는 것이다. 그러므로 M과 P점 사이의 저항 R_s에 의한 전압강하와 M과 Q점 사이의 저항 R_1에 의한 전압강하는 같다. 또한, P와 N점 사이의 저항 R_x에 의한 전압강하와 Q와 N점 사이의 저항 R_2에 의한 전압강하도 같게 된다. 즉, 다음과 같은 식이 성립한다.

$$I_s R_s = I_1 R_1 \tag{1}$$

$$I_x R_x = I_2 R_2 \tag{2}$$

한편, $I_G = 0$이므로 M점에서 P점으로 흘러간 전류 I_s는 Q점으로의 흐름 없이 온전히 N점으로 흘러가게 된다. 그리고 Q점으로 흘러간 전류 I_1 역시 P점으로의 흐름 없이 온전히 N점으로 흘러가게 된다. 그러므로

$$I_s = I_x \tag{3}$$

$$I_1 = I_2 \tag{4}$$

이다. 식 (1)의 양변을 식 (2)의 양변으로 나누고, 식 (3), (4)의 항등관계를 이용하여 정리하면

$$\frac{I_s R_s}{I_x R_x} = \frac{I_1 R_1}{I_2 R_2}$$

$$\frac{R_s}{R_x} = \frac{R_1}{R_2} \tag{5}$$

가 되고, 이를 R_x에 관해 정리하면

$$R_x = R_s\left(\frac{R_2}{R_1}\right) \tag{6}$$

이 된다. 식 (6)에서 저항 R_x를 저항값을 모르는 미지저항이라고 한다면, 미지저항 R_x는 저항값을 알고 있는 기지(旣知)저항 R_1, R_2, R_s를 이용하여 그 값을 구할 수 있게 된다.

Wheatstone Bridge는 1833년에 Christie Wheatstone(1802~1875)에 의하여 발명되었으며 비교방법에 의해 저항을 정밀하게 측정하는 방법이다. 특히, Wheatstone Bridge 중 하나인 습동선형 Wheatstone Bridge는 현재 우리의 실험에서 사용하는 방법으로, 그림 2의 Bridge 회로에서 저항 R_1, R_2를 포함하는 $M-Q-N$의 회로 부분을 저항선으로 대체한 시스템이다. [그림 3 참조]

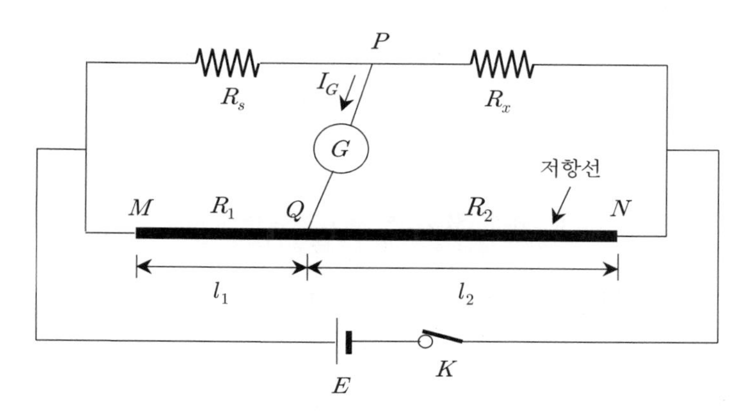

그림 3 그림 2의 저항 R_1, R_2를 저항선으로 대체한 습동선형 Wheatstone Bridge 회로

습동선형 Wheatstone Bridge에서 저항선은 저항의 정의

$$R = \rho\frac{l}{A} \tag{7}$$

에 따라, 저항선의 단면적 A와 비저항 ρ[1]), 그리고 길이 l로써 그 저항값을 나타낼 수 있다. 만일, 저항선의 단면적이 균일하고 저항선을 이루는 물질이 균질하여 비저항이 도선 전체에서 일정하다면, 저항선의 저항은 길이의 함수로 나타낼 수 있다. 그림 3의 습동선형 Wheatstone Bridge 회로에서 $I_G = 0$일 때의 선분 $\overline{MQ}$의 길이를 l_1, 선분 $\overline{QN}$의 길이를 l_2라고 한다면,

1) 비저항(resistivity)은 전기전도도(conductivity)의 역수로 물질의 고유한 특성 값이다. 이 값의 SI 단위는 Ω · m 이다. 전기를 잘 통하는 도체는 작은 비저항을 가진다. 물질의 비저항은 온도에 의존하는 특성을 가져 $\rho = \rho_0[1+\alpha(T-T_0)]$로 나타내어진다. 여기서, α는 $°C^{-1}$ 단위의 비저항의 온도계수, T는 측정 온도, ρ_0는 기준 온도 T_0(보통 20°C)에서의 비저항이다.

저항 R_1, R_2는 각각

$$R_1 = \rho\frac{l_1}{A} \tag{8}$$

$$R_2 = \rho\frac{l_2}{A} \tag{9}$$

으로 나타낼 수 있고, 이를 식 (6)에 대입하여 정리하면, 미지저항 R_x는

$$R_x = R_s\left(\frac{R_2}{R_1}\right) = R_s\left(\frac{\rho\frac{l_2}{A}}{\rho\frac{l_1}{A}}\right) = R_s\left(\frac{l_2}{l_1}\right) \tag{10}$$

으로 나타내어진다. 이 식 (10)으로부터 이미 저항값을 알고 있는 저항 R_s가 있다면, 습동선형 Wheatstone Bridge를 구성하여 브리지(Bridge)에 전류가 흐르지 않을 때($I_G = 0$)의 저항선의 선분 길이 l_1, l_2를 측정함으로써, 저항값을 모르는 저항 R_x의 저항값을 쉽고 정확하게 알아낼 수가 있음을 알 수 있다. 이와 같은 Wheatstone Bridge는 매우 높은 정확도를 가지므로 백금 저항온도계와 변형 게이지의 저항을 측정하는 데 유용하게 사용된다. 또한, 저항의 작은 변화를 감지하는 데에도 폭 넓게 응용되어 기체의 흐름을 정밀하게 조절하는 유량조절기나 무게를 정밀하게 재는 전자저울 등에 이용된다.

[2] 색띠 저항기의 색띠(색코드, color code) 읽는 법

저항기의 몸체에는 숫자로 저항값이 표시되어 있는 경우도 있지만, 낮은 와트(Watt) 저항기인 경우는 대부분 색띠로 표시되어 있으며, 보통 4개 또는 5개의 색띠로 저항값을 나타낸다. 그림 4(a)의 4색띠 저항기는 바탕색이 갈색인 탄소(carbon)피막 저항기로 가장 일반적이고 가격이 싼 저항기이다. 이 저항기는 전자제품에 통상적으로 사용하나 온도에 의한 저항값의 변화가 커서 정밀한 용도에는 적합하지 않으며, 잡음을 발생시키기 때문에 미세한 신호가 응용되는 기구에는 사용하지 못한다.

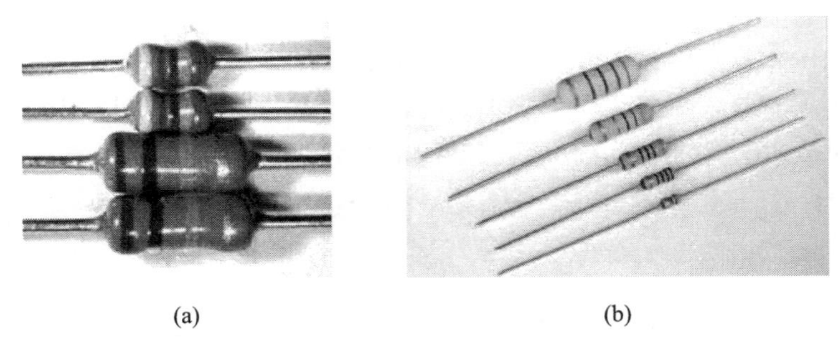

(a) (b)

그림 4 (a) 4색띠의 탄소피막 저항기. (b) 5색띠의 금속피막 저항기

반면에, 그림 4(b)의 5색띠 저항기는 바탕색이 하늘색인 금속피막 저항기로 정밀도가 높아 측정기기나 분석기기, 의료기기 등과 같이 정밀도를 요하는 제품이나 장비에 사용된다. 이 5색띠 저항기의 저항값은 표 1의 '색띠의 색상에 대한 환산표'와 '※ 저항기의 색띠(색코드, color code) 읽는 법'으로 알 수 있는데, 다음에서는 그림 5(b)의 각 띠의 색깔이 주어진 5색띠 저항기에 대해 색띠를 읽어 그 저항값을 알아내 보도록 하자.

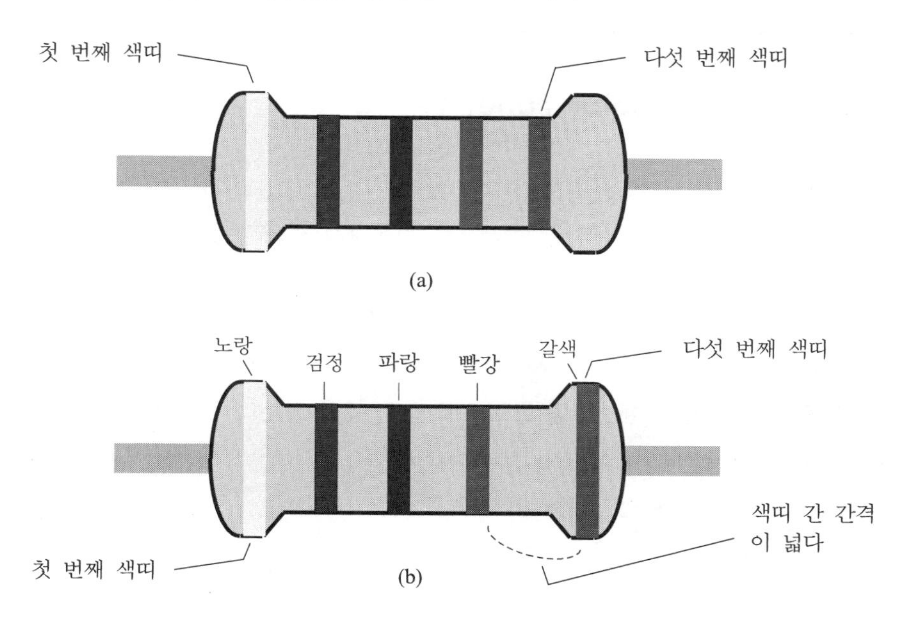

그림 5 (a), (b) 5색띠 저항기의 색띠(색코드)

표 1. 색띠의 색상에 대한 환산표

띠 위치 \ 색	첫 번째	두 번째	세 번째	네 번째 (승수)	다섯 번째 (오차)
검정색		0		10^0	
갈색		1		10^1	±1%
빨강색		2		10^2	±2%
주황색		3		10^3	
노란색		4		10^4	
초록색		5		10^5	±0.5%
파랑색		6		10^6	±0.25%
보라색		7		10^7	±0.1%
회색		8		10^8	±0.05%

색 \ 띠 위치	첫 번째	두 번째	세 번째	네 번째 (승수)	다섯 번째 (오차)
흰색		9		10^9	
금색				10^{-1}	±5%
은색				10^{-2}	±10%

※ 저항기의 색띠(색코드, color code) 읽는 법

① 첫 번째 띠를 찾는다.

색띠는 그림 5(a)와 같이 저항기의 한쪽 끝으로 치우쳐서 인쇄되는데, 치우침이 큰 쪽의 색띠부터 첫 번째 색띠, 두 번째 색띠, … 순으로 읽어 나간다. 그런데, 그림 5(b)와 같이 첫 번째 색띠가 치우치게 인쇄되지 않은 경우도 있는데, 이 경우에는 네 번째 색띠와 다섯번째 색띠의 간격이 넓게 인쇄되어 이로부터 다섯 번째 색띠를 찾을 수 있다.

② '표1. 색띠의 색상에 관한 환산표'를 보고 색띠의 각 값을 읽는다.

- 첫 번째 색띠: 저항의 첫 번째 유효숫자를 표시
- 두 번째 색띠: 저항의 두 번째 유효숫자를 표시
- 세 번째 색띠: 저항의 세 번째 유효숫자를 표시
- 네 번째 색띠: 10의 승수를 표시
- 다섯 번째 색띠: 허용오차를 표시

③ 색띠의 각 자릿수를 배열하여 저항값을 읽는다.

$$(\text{저항값}) = [(\text{첫 번째 색띠 값})\ (\text{두 번째 색띠 값})\ (\text{세 번째 색띠 값}) \times 10^{(\text{네 번째 색띠 값})}] \pm(\text{다섯 번째 색띠 값})$$

위의 '저항기의 색띠 읽는 법'을 이용하여 그림 5(b)의 5색띠 저항기의 저항값을 읽어 보면

- 첫 번째 색띠의 색상: 노랑 ⇒ 4
- 두 번째 색띠의 색상: 검정 ⇒ 0
- 세 번째 색띠의 색상: 파랑 ⇒ 6
- 네 번째 색띠의 색상: 빨강 ⇒ 2
- 다섯 번째 색띠의 색상: 갈색 ⇒ ±1%
- 저항값 = $406 \times 10^2\ \Omega\ \pm 1\ \%$

이다. 이 저항값의 허용오차 1 %는 저항기 제조사에서 제시하는 값으로 저항의 오차범위를 말해준다. 저항 40600 Ω의 1 %는 406 Ω이다. 그러므로 이 저항은 40600±406 Ω 즉, 40194 Ω에서 41006 Ω 사이의 저항값을 갖는다.

4. 실험 기구

- Wheatstone Bridge 시스템
- 멀티미터

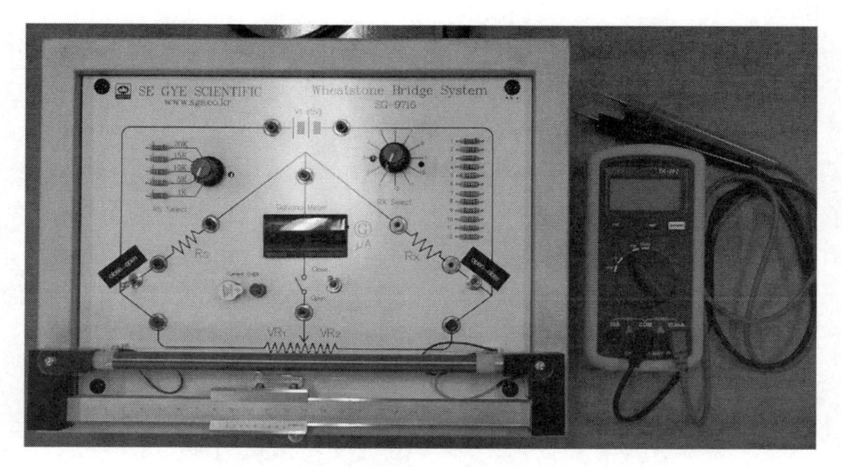

그림 6 Wheatstone Bridge 시스템과 멀티미터

5. 실험 정보

(1) 이 실험에서 사용하는 Wheatstone Bridge 시스템은 조작이 매우 간단하지만 그 측정 결과는 상당히 정확하다.

(2) 측정에 있어서 핵심은 시스템에 부착된 버니어 캘리퍼스로 저항선의 길이를 정확히 측정하는 데에 있다. 그러므로 실험자는 버니어 캘리퍼스 읽는 법을 정확히 숙지하고 있어야 한다.

6. 실험 방법

[1] 미지저항의 선택 1

(1) 기지(旣知)저항(R_s)과 미지(未知)저항(R_x)의 색띠(색코드, color code)를 읽어 그 저항값을 $R_s^{색띠}$, $R_x^{색띠}$로 기록한다. Wheatstone Bridge 시스템의 좌측 상단의 5개 저항이 기지저항이고, 우측 상단의 12개 저항이 미지저항이다. [그림 7 참조]

★'3. 실험 원리 – [2] 색띠 저항기의 색띠(색코드, color code) 읽는 법'을 보고 색띠 저항기의 저항값을 읽으면 된다.

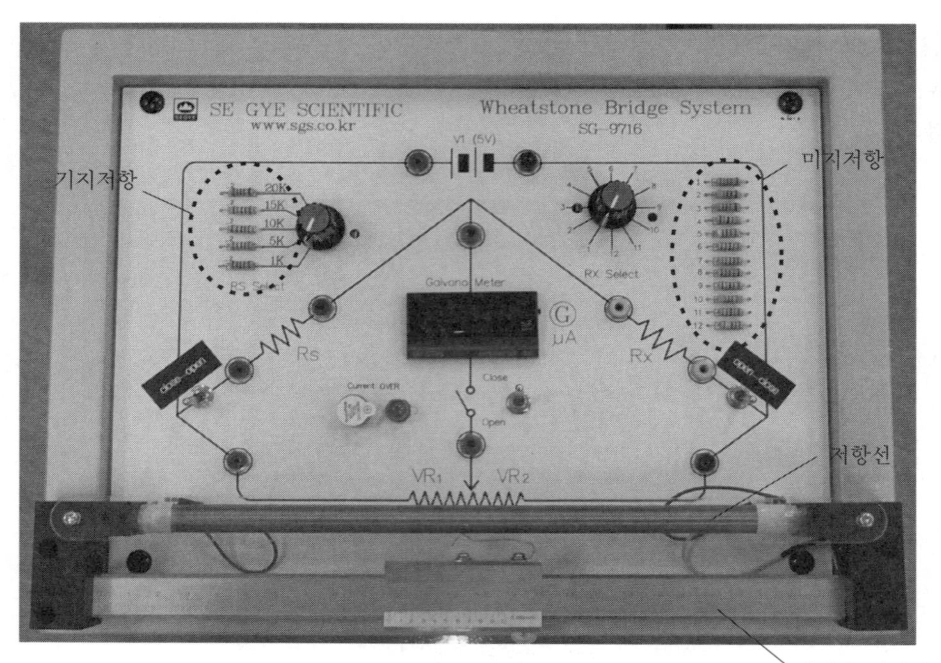

그림 7 Wheatstone Bridge 시스템

(2) Wheatstone Bridge 시스템 상의 **3개의 스위치를 모두 열고(Open)**, 멀티미터를 이용하여 기지저항(R_s)과 미지저항(R_x)의 저항값을 측정하고, 그 값을 $R_s^{멀티}$, $R_x^{멀티}$로 기록한다. 이 멀티미터 측정값과 과정 (1)의 색띠를 읽어 알아낸 저항값과 비교하여 보아라. 저항을 바꿀 때는 저항 옆에 있는 파란색 다이얼을 돌리면 된다. [그림 7 또는 8 참조]

① 멀티미터의 단자에 검침봉(테스트 리드)을 연결한다. 이때, 검정색 검침봉은 접지를 나타내는 'COM' 단자에, 빨간색 검침봉은 'VΩmA' 단자에 연결한다.

② 멀티미터 중앙의 측정모드 다이얼을 돌려 측정하고자 하는 물리량인 저항 Ω의 표시에 맞춘다.

③ 두 검침봉을 기지저항 'R_s'의 양쪽 단자에 꽂는다.

★ 저항을 측정할 때는 양쪽 단자에 어느 색의 검침봉을 꽂아도 상관없다.

④ 멀티미터의 전원을 켠다.

⑤ 멀티미터의 디지털 화면에 나타난 값을 읽는다.

⑥ 이번에는 두 검침봉을 미지저항 'R_x'의 양쪽 단자에 꽂고 미지저항을 측정한다.

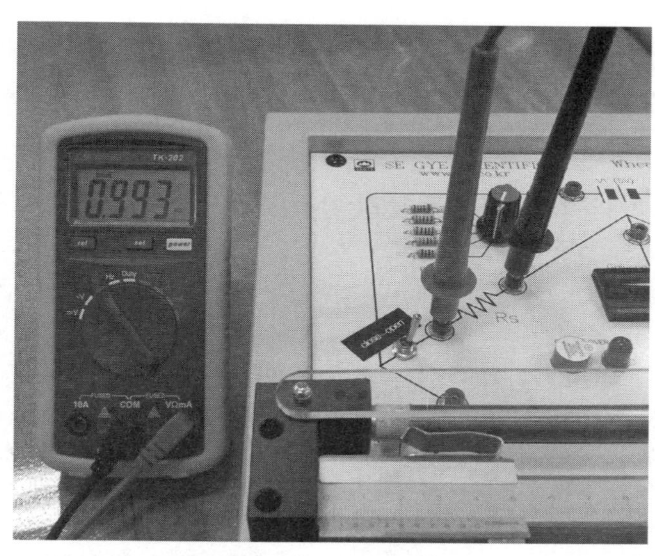

그림 8 멀티미터를 이용하여 기지저항(R_s)과 미지저항(R_x)의 저항값을 측정한다.

(3) 저항선의 길이를 시스템에 부착된 버니어 캘리퍼스로 측정하여 L 이라 하고 기록한다. 우리의 Wheatstone Bridge 시스템의 저항선은 코일을 촘촘히 감은 원통형이며, 이 저항선의 길이는 저항선 양쪽에 테이핑 되어 있는 노란색 테이프 사이의 거리이다. 버니어 캘리퍼스는 '슬라이딩 Probe'가 저항선에 닿는 지점을 측정해준다. [그림 9 참조]

★버니어 캘리퍼스 사용법은 교재 맨 앞 쪽의 '계측기기 사용법'을 참조한다.

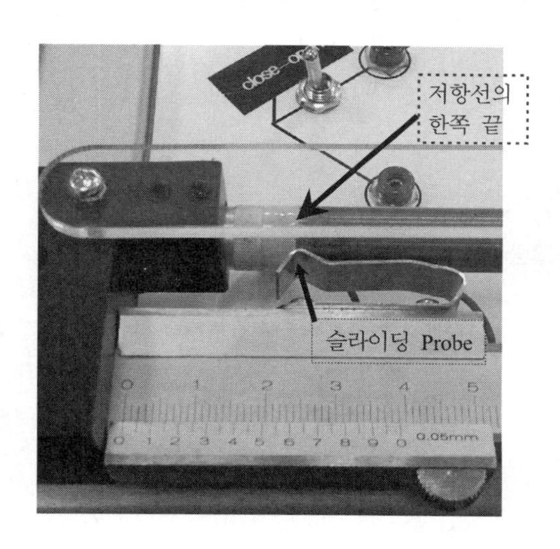

그림 9 시스템에 장착된 버니어 캘리퍼스로 저항선의 길이를 측정한다.

(4) 다이얼을 돌려 측정하고자 하는 미지저항 R_x를 임의로 선택하고 측정에 사용할 기지저항 R_s도 임의로 선택한다. 그리고 선택한 두 저항의 저항값을 과정 (2)의 멀티미터 측정값 $R_s^{멀티}$와 $R_x^{멀티}$로 기록한다.

(5) 시스템 상의 **3개의 스위치를 모두 닫고(Close),** 장치 옆면에 부착된 전원을 켠다. 그리고 그림 10과 같이 버니어 캘리퍼스에 부착된 '슬라이딩 Probe'를 좌우로 움직여가며 검류계에 전류가 흐르지 않을 때(그림 10(b))의 위치를 찾아 l_1이라 하고 기록한다. 이 과정은 총 3회 실험한다.

★ l_1의 위치는 일정할거라 생각하여 3회에 걸쳐 실험하는 것에 대해 의문을 갖는 실험자가 있을 것이다. 하지만, 버니어 캘리퍼스 읽는 법에 있어서의 미세한 차이, 실험 중 회로내의 저항의 미세 변화, 잘못된 실험 등의 여러 원인에 의해 측정값이 다소 달라질 수 있다. 그러므로 설령, 실험 횟수마다 동일한 결과가 나오더라도 여러 회 실험해 보는 것이 옳다.

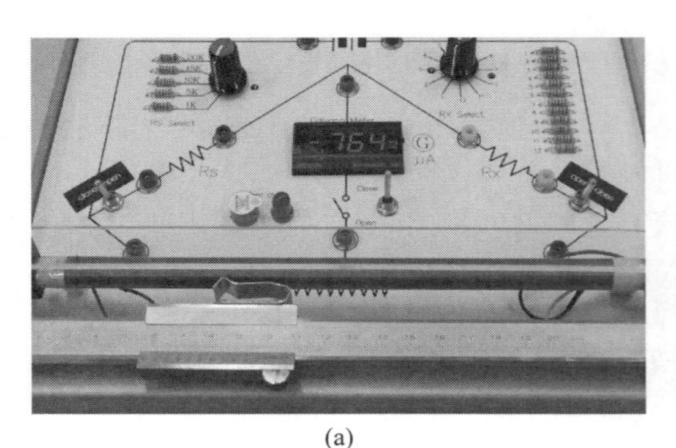

(a)

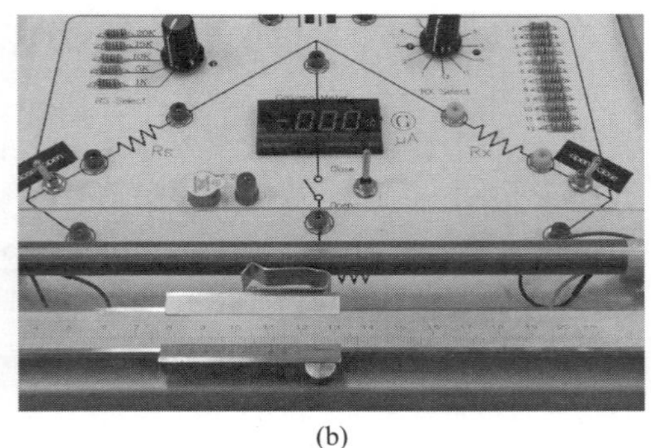

(b)

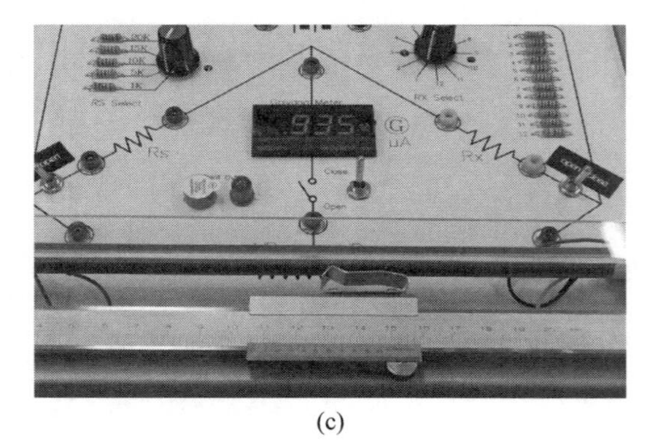

(c)

그림 10 (a), (b), (c) 버니어 캘리퍼스에 부착된 '슬라이딩 Probe'를 좌우로 움직여가며 검류계에 전류가 흐르지 않을 때의 위치를 찾는다. (b)에서 검류계가 0의 값을 나타내고 있다.

(6) 식 (10)을 이용하여 미지저항 R_x의 저항값을 계산하고, 그 값을 R_x^{WB}으로 기록한다.

$$R_x^{WB} = R_s^{멀티}\left(\frac{l_2}{l_1}\right) \tag{10}$$

여기서, 길이 l_2는 과정 (3)에서 측정한 저항선의 길이 L을 이용하여,

$$l_2 = L - l_1$$

으로 한다.

★ 기지저항 R_s의 저항값은 과정 (2)의 멀티미터 측정값 $R_s^{멀티}$를 사용한다.

(7) 미지저항 R_x의 멀티미터 측정값 $R_x^{멀티}$를 참값으로 하고, Wheatstone Bridge 시스템을 이용하여 측정한 R_x^{WB}를 실험값으로 하여 두 값을 비교하여 본다.

★ 과정 (1)에서 색띠를 읽어 알아낸 저항값 $R_x^{색띠}$를 참값으로 삼을 수도 있지만, 멀티미터로 측정하는 것이 색띠를 읽어 저항값을 알아내는 것보다 허용오차가 적어서 더 정확한 멀티미터의 측정값을 참값으로 삼는다.

(8) 과정 (4)의 미지저항 R_x의 연결은 그대로 두고, 기지저항 R_s만 바꿔 과정 (4)~(7)을 수행한다.

[2] 미지저항의 선택 2

(1) 미지저항 R_x를 바꿔서 실험 [1]의 과정 (4)~(8)을 수행한다.

[3] 미지저항의 선택 3

(1) 미지저항 R_x를 바꿔서 실험 [1]의 과정 (4)~(8)을 수행한다.

[4] 미지저항의 선택 4

(1) 미지저항 R_x를 바꿔서 실험 [1]의 과정 (4)~(8)을 수행한다.

7. 실험 전 학습에 대한 질문

실험 제목	Wheatstone Bridge를 이용한 미지(未知)저항 측정			실험일시	
학과 (요일/교시)		조		보고서 작성자 이름	

* 다음의 물음에 대하여 괄호 넣기나 번호를 써서, 또는 간단히 기술하는 방법으로 답하여라.

1. 다음과 같은 Wheatstone Bridge 회로에서 P점과 Q점 사이에 전류가 흐르지 않는다면, 저항 R_x는 다른 세 저항 R_s, R_1, R_2의 조합으로 기술될 수 있다. 그 조합을 써 보아라.

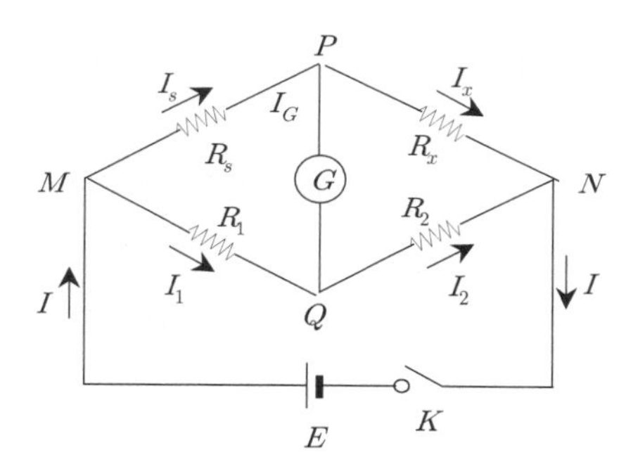

Ans: $R_x = \dfrac{\quad}{\quad}$

2. 비저항이 ρ, 단면적이 A, 길이가 l인 저항선이 있다. 이 저항선의 저항을 주어진 문자로 나타내어 보아라.

Ans: $R = \dfrac{\quad}{\quad}$

3. 다음 그림은 습동선형 Wheatstone Bridge 회로이다. 중앙의 검류계(G)에 전류가 흐르지 않을 때($I_G = 0$), 미지저항 R_x는 기지저항 R_s와 저항선의 길이 l_1, l_2로 나타내어질 수 있다. 그 관계식을 써 보아라.

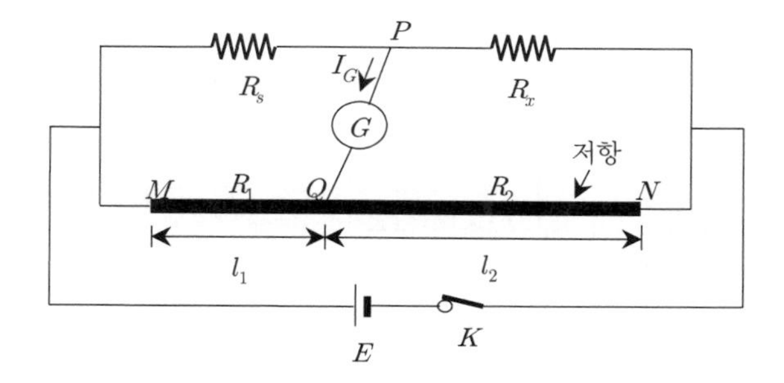

Ans: $R_x = \dfrac{\quad}{\quad}$

4. 색띠 저항기에서 첫 번째 색띠를 찾는 방법을 기술하여 보아라. [Hint: '※ 저항기의 색띠(색코드, color code) 읽는 법'을 보아라.]
Ans:

5. 다음의 색띠 저항기의 색띠를 읽어 저항값을 구하여라.

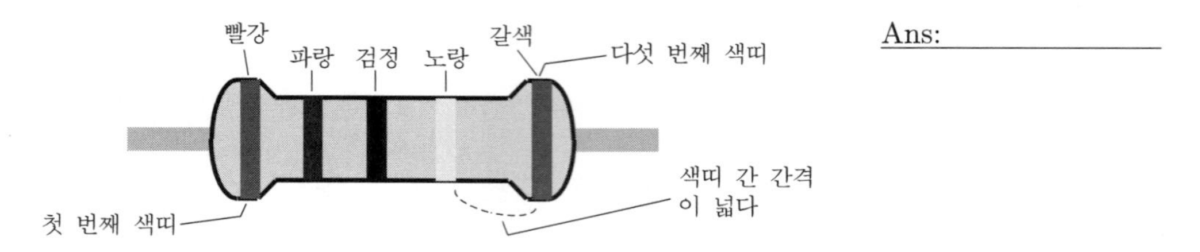

Ans: ____________

6. 이 실험의 실험기기인 'Wheatstone Bridge 시스템'에는 기지저항(R_s)과 미지저항(R_x)이 각각 몇 개씩 부착되어 있을까?

Ans: 기지저항 - ________ 개, 미지저항 - ________ 개

7. 실험 과정 (2)를 보면, 'Wheatstone Bridge 시스템 상의 **3개의 스위치를 모두 열고(Open)**, 멀티미터를 이용하여 기지저항(R_s)과 미지저항(R_x)의 저항값을 측정하고, …'라고 한다. 왜 3개의 스위치를 모두 열고(Open) 저항을 측정할까?
Ans:

8. 우리의 Wheatstone Bridge 시스템의 저항선은 코일을 촘촘히 감은 원통형이며, 이 저항선의 길이는 저항선 양쪽에 테이핑 되어 있는 (   ) 사이의 거리이다.

9. 다음은 어떤 물체의 길이를 버니어 캘리퍼스를 이용하여 측정한 결과를 그림으로 나타낸 것이다. 그림에서 화살표로 나타낸 지점이 어미자와 아들자의 눈금이 일치하는 지점이다. 이 물체의 길이는 얼마인가?

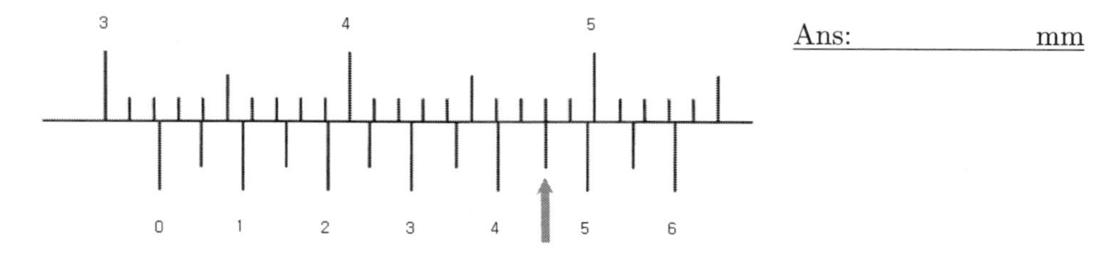

Ans: ____________ mm

8. 결과

<table>
<tr><td>실험 제목</td><td colspan="3">Wheatstone Bridge를 이용한
미지(未知)저항 측정</td><td>실험일시</td><td></td></tr>
<tr><td>학과
(요일/교시)</td><td></td><td>조</td><td></td><td>보고서
작성자 이름</td><td></td></tr>
</table>

[1] 실험값

(1) 과정 (1)과 (2)의 저항값

① 기지(旣知)저항(R_s)의 색띠 저항값 $R_s^{색띠}$와 멀티미터 측정값 $R_s^{멀티}$

저항 번호	색띠의 색상	색띠의 각 자릿수 값	$R_s^{색띠}(\Omega)$	$R_s^{멀티}(\Omega)$
(예)	노 - 검 - 파 - 빨 - 갈	4 - 0 - 6 - 2 - ±1 %	406×10^2 ±406 Ω	
1K	- - - -	- - - - ± %		
5K	- - - -	- - - - ± %		
10K	- - - -	- - - - ± %		
15K	- - - -	- - - - ± %		
20K	- - - -	- - - - ± %		

② 미지(未知)저항(R_x)의 색띠 저항값 $R_x^{색띠}$와 멀티미터 측정값 $R_x^{멀티}$

저항 번호	색띠의 색상	색띠의 각 자릿수 값	$R_x^{색띠}(\Omega)$	$R_x^{멀티}(\Omega)$
1	- - - -	- - - - ± %		
2	- - - -	- - - - ± %		
3	- - - -	- - - - ± %		
4	- - - -	- - - - ± %		
5	- - - -	- - - - ± %		
6	- - - -	- - - - ± %		
7	- - - -	- - - - ± %		
8	- - - -	- - - - ± %		
9	- - - -	- - - - ± %		
10	- - - -	- - - - ± %		
11	- - - -	- - - - ± %		
12	- - - -	- - - - ± %		

(2) 과정 (3)의 저항선의 길이 측정값: $L =$ mm

(3) 미지저항의 선택 1 – (   )번 저항

○ 멀티미터를 이용하여 측정한 미지저항의 저항값 $R_x^{멀티}$: Ω

$R_s^{멀티}(\Omega)$	저항선의 위치		R_x^{WB} (Ω)	오차 $\left(\frac{R_x^{멀티} - R_x^{WB}}{R_x^{멀티}} \times 100\right)(\%)$
	l_1 (mm)	l_2 (mm)		
	1회)			
	2회)			
	3회)			
		평 균		

$R_s^{멀티}(\Omega)$	저항선의 위치		R_x^{WB} (Ω)	오차 $\left(\frac{R_x^{멀티} - R_x^{WB}}{R_x^{멀티}} \times 100\right)(\%)$
	l_1 (mm)	l_2 (mm)		
	1회)			
	2회)			
	3회)			
		평 균		

(4) 미지저항의 선택 2 – (   )번 저항

○ 멀티미터를 이용하여 측정한 미지저항의 저항값 $R_x^{멀티}$: Ω

$R_s^{멀티}(\Omega)$	저항선의 위치		R_x^{WB} (Ω)	오차 $\left(\frac{R_x^{멀티} - R_x^{WB}}{R_x^{멀티}} \times 100\right)(\%)$
	l_1 (mm)	l_2 (mm)		
	1회)			
	2회)			
	3회)			
		평 균		

$R_s^{멀티}(\Omega)$	저항선의 위치		R_x^{WB} (Ω)	오차 $\left(\frac{R_x^{멀티}-R_x^{WB}}{R_x^{멀티}}\times 100\right)(\%)$
	l_1 (mm)	l_2 (mm)		
	1회)			
	2회)			
	3회)			
		평 균		

(5) 미지저항의 선택 3 – (   )번 저항

○ 멀티미터를 이용하여 측정한 미지저항의 저항값 $R_x^{멀티}$:   Ω

$R_s^{멀티}(\Omega)$	저항선의 위치		R_x^{WB} (Ω)	오차 $\left(\frac{R_x^{멀티}-R_x^{WB}}{R_x^{멀티}}\times 100\right)(\%)$
	l_1 (mm)	l_2 (mm)		
	1회)			
	2회)			
	3회)			
		평 균		

$R_s^{멀티}(\Omega)$	저항선의 위치		R_x^{WB} (Ω)	오차 $\left(\frac{R_x^{멀티}-R_x^{WB}}{R_x^{멀티}}\times 100\right)(\%)$
	l_1 (mm)	l_2 (mm)		
	1회)			
	2회)			
	3회)			
		평 균		

(6) 미지저항의 선택 4 – ( )번 저항

○ 멀티미터를 이용하여 측정한 미지저항의 저항값 $R_x^{멀티}$: Ω

$R_s^{멀티}(\Omega)$	저항선의 위치		R_x^{WB} (Ω)	오차 $\left(\frac{R_x^{멀티}-R_x^{WB}}{R_x^{멀티}}\times 100\right)(\%)$
	l_1 (mm)	l_2 (mm)		
	1회)			
	2회)			
	3회)			
		평 균		

$R_s^{멀티}(\Omega)$	저항선의 위치		R_x^{WB} (Ω)	오차 $\left(\frac{R_x^{멀티}-R_x^{WB}}{R_x^{멀티}}\times 100\right)(\%)$
	l_1 (mm)	l_2 (mm)		
	1회)			
	2회)			
	3회)			
		평 균		

[2] 결과 분석

[3] 오차 논의 및 검토

4] 결론

실험 **05**

Ohm의 법칙 & Kirchhoff의 법칙 실험

1. 실험 목적

회로 내의 저항과 전압 그리고 전류의 관계를 설명하는 Ohm의 법칙과 복잡한 회로를 해석하는 데 유용한 Kirchhoff(키르히호프)의 법칙을 이해한다.

2. 실험 개요

전지와 저항 그리고 전류를 측정할 수 있는 전류계로 구성된 회로기판에서 전지의 전압을 변화시켜가며, 또 저항의 값을 변화시켜가며 회로에 흐르는 전류를 측정한다. 그리고 측정 결과로부터 회로에 흐르는 전류가 전압에 비례하고($I \propto \Delta V$), 또 저항에 반비례($I \propto 1/R$) 함을 확인함으로써 $\Delta V = IR$의 Ohm의 법칙을 이해한다. 한편, 회로기판의 전지 2개와 저항 3개를 모두 연결한 복잡한 회로를 구성하고 회로의 각 저항에 흐르는 전류를 측정한다. 이렇게 측정한 전류를 분기점의 법칙과 폐회로의 법칙으로 구성된 Kirchhoff의 법칙을 이용하여 계산한 전류 값과 비교하여 보고 그 일치를 확인함으로써 Kirchhoff의 법칙이 복잡한 회로를 해석하는데 유용한 법칙임을 알아본다.

3. 기본 원리

[1] Ohm의 법칙

(1) 전류의 정의

전류란 도선의 임의의 단면을 지나는 단위 시간당 전하량으로 정의된다.

- 평균 전류: $I_{\text{ave}} = \dfrac{\Delta Q}{\Delta t}$

• 순간 전류: $I = \dfrac{dQ}{dt}$ (1)

전류의 SI 단위는 암페어(A)로 도선을 따라 1초 당 1C의 전하가 이동하는 것을 1A로 정의한다.

$$\frac{1\mathrm{C}}{1\mathrm{s}} = 1\,\mathrm{C/s} = 1\mathrm{A} \tag{2}$$

전류의 방향은 양전하가 이동하는 방향으로 삼는다. 그러나 고체의 도체에서는 양전하를 갖는 핵이 이동할 수는 없고 자유전자가 도선을 따라 이동하므로, 자유전자의 이동 방향의 반대 방향이 곧 전류의 방향이 된다.

(2) 전류의 미시적 모형

다음의 그림 1은 일정한 전류 I가 흐르는 도선의 일부를 확대하여 나타낸 것으로, 도선 내에서의 전하운반자의 운동을 고찰하여 미시적 관점에서 전류를 기술하여 보면,

$$\begin{aligned} I = I_{ave} &= \frac{\Delta Q}{\Delta t} \\ &= \frac{q(nA\Delta l)}{\Delta t} \\ &= \frac{qnA(v_d \Delta t)}{\Delta t} \\ &= qnAv_d \end{aligned} \tag{3}$$

q : 전하 운반자(charge carrier)의 전하량

n : 단위 체적당 전하 운반자의 수

$\vec{v}_d$: 유동 속도(drift velocity). 도선 내에서의 전하운반자의 평균 속도. 그 방향은 도선을 따라 운동하는 방향으로 한다.

A : 도선의 단면적

Δl : 도선의 길이

Δt : 전하 운반자가 v_d의 유동(평균) 속력으로 도선요소 Δl의 길이를 운동하는 데 걸리는 시간

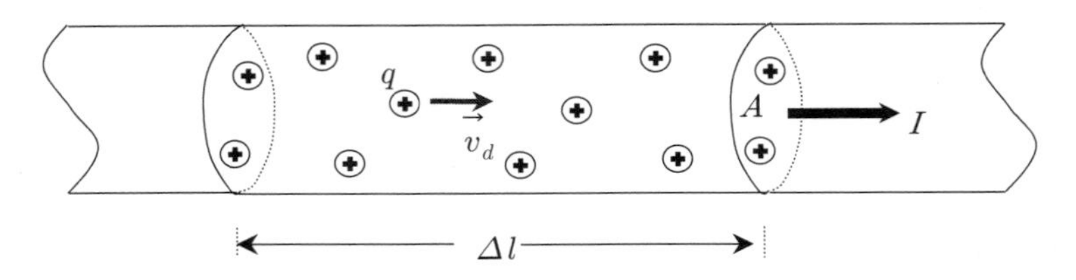

그림 1 도선을 따라 전하 운반자들이 유동 속도(drift velocity)로 운동한다.

이 된다. 이 식 (3)으로부터, 도선 내에서의 전류는 전하 운반자의 전하량이 클수록, 단위 체적 당 전하운반자의 수가 많을수록, 도선의 단면적이 클수록, 전하 운반자의 유동 속력이 클수록 그 값이 크다는 것을 알 수 있다.

한편, 도선에 흐르는 전류를 도선의 단면적으로 나눈 값, 즉 단위 면적 당 흐른 전류를 전류 밀도(current density)라고 하는데, 위의 전류의 미시적 모형으로부터 얻은 전류의 표현을 이용하여 전류밀도를 나타내면, 전류밀도는 다음과 같이 정의될 수 있다.

$$J = \frac{I}{A} = qnv_d \tag{4}$$

(3) Ohm의 법칙

도선 양단에 전위차가 유지되면 도선 내에는 전기장(E)이 형성되고 도선 내의 전하(전자)는 전기장에 의해 $F = qE$의 힘을 받아 가속 운동하게 될 것이다. 하지만, 전하는 도선을 이루는 수많은 원자와의 충돌 때문에 가속이 이루어지지 않고 유동 속력(v_d)이라는 평균 속력으로 도선을 따라 운동하게 된다. 물론, 이 유동 속력은 도선 내의 전기장의 세기에 비례한다.

$$v_d \propto E \tag{5}$$

그런데, 앞선 식 (4)로 나타내어지는 도선 내의 전류밀도 역시 유동 속력에

$$J \propto v_d \tag{6}$$

으로 비례하므로, 식 (5)와 (6)으로부터 전류밀도는 전기장의 세기에 비례한다고 할 수 있다. 즉,

$$J \propto E \tag{7}$$

이다. 이 비례 관계를 도선의 전기전도도(conductivity) σ_c를 비례 상수로 하여 기술하면

$$J = \sigma_c E \tag{8}$$

으로 쓸 수 있는데, 이를 Ohm의 법칙이라고 한다. 그리고 이와 같은 Ohm의 법칙을 따르는 도선의 물질을 옴성 물질이라고 한다.

한편, Ohm의 법칙은 우리에게 친숙한 다른 표현으로도 기술할 수 있다. 다음의 그림 2는

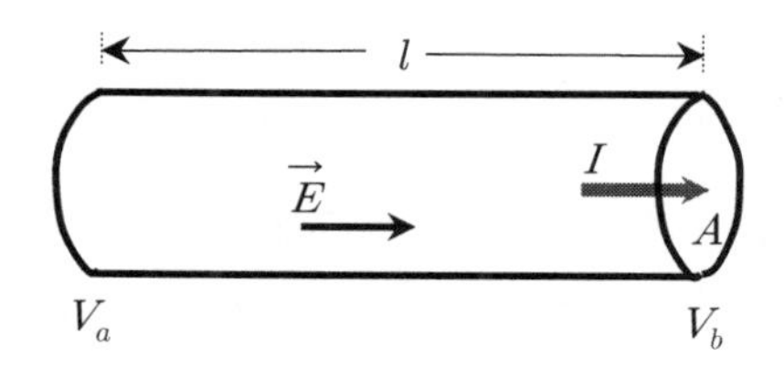

그림 2 양단의 전위차가 $\Delta V(= V_a - V_b)$ 인 길이 l, 단면적 A의 도선에 전류 I가 흐른다. 그리고 도선 내에는 전위차에 의한 전기장 $\vec{E}$가 형성되어 있다.

길이가 l이고 단면적이 A인 도선을 따라 전류 I가 흐르는 상황을 나타낸 것으로, 도선 양단의 전위차와 전류밀도의 정의를 이용하여 Ohm의 법칙을 다시 기술하면

$$J = \sigma_c E$$

$$\frac{I}{A} = \sigma_c \frac{\Delta V}{l} \quad \left(\Delta V = V_a - V_b = -\int_b^a \vec{E} \cdot d\vec{s} = El\right)$$

$$\Delta V = I\left(\frac{1}{\sigma_c}\frac{l}{A}\right) = I\left(\rho\frac{l}{A}\right) = IR \qquad \left(\rho = \frac{1}{\sigma_c}, \quad R = \rho\frac{l}{A}\right) \tag{9}$$

이 된다. 여기서, ρ는 전기전도도 σ_c의 역수로 비저항(resistivity)이라고 하고, 물질이 얼마나 전류를 잘 흐르지 않게 하는지를 나타내는 고유한 성질의 물리량이다. 그리고 R은 도선의 저항(resistance)이라고 한다. 이 식 (9)의

$$\Delta V = IR \quad \text{또는,} \quad I = \frac{\Delta V}{R} \tag{10}$$

을 또한 Ohm의 법칙이라 하는데, 이는 우리가 익히 알고 있는 표현이다. 이 Ohm의 법칙에 따르면 **도선 내의 전류(I)는 전위차(ΔV)에 비례하고 저항(R)에 반비례**한다.

한편, Ohm의 법칙으로부터 저항 R은 도선 내에서 전류의 흐름을 방해하는 정도의 척도로 전류에 대한 전위차의 비

$$R \equiv \frac{\Delta V}{I} \tag{11}$$

으로 정의하며, 그 단위는 옴(ohm, Ω)이다.

$$1\Omega = 1\ \text{V/A} \tag{12}$$

또한, 도선의 저항은 비저항(ρ)와 저항선의 길이(l)에 비례하며, 단면적(A)에 반비례하여

$$R = \rho\frac{l}{A} \tag{13}$$

으로도 나타낸다.

[2] Kirchhoff(키르히호프)의 법칙

(1) 키르히호프의 제 1, 2법칙

어떤 회로를 분석하기 위하여 맨 처음에 할 일은 회로 내 소자들의 연결을 예를 들어, 다음의 저항과 같이 직렬과 병렬연결의 규칙을 사용하여 다루기 좋은 등가회로 형태로 단순화하는 것이다.

■ 직렬연결:

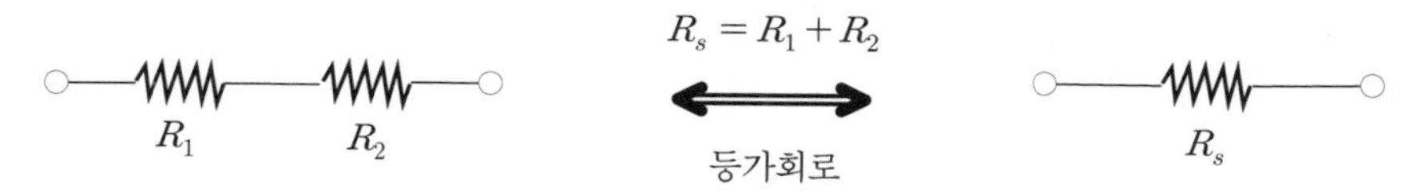

■ 병렬연결:

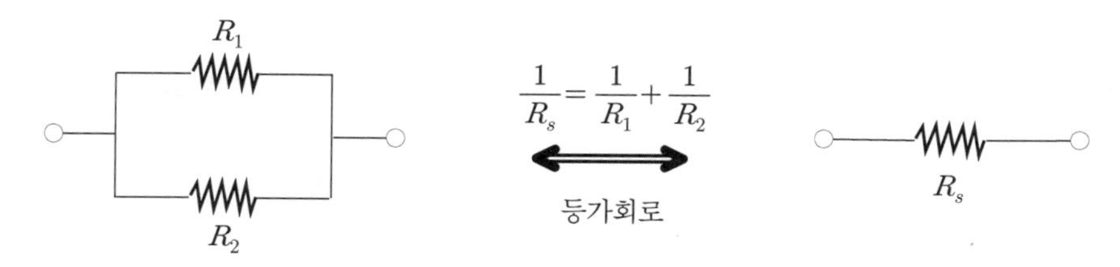

그러나 많은 경우에 있어서 회로들은 그림 3과 같이 소자들이 직렬도 병렬도 아닌 형태로 연결되어 있어서 등가회로로 간단하게 나타내기가 어렵다.

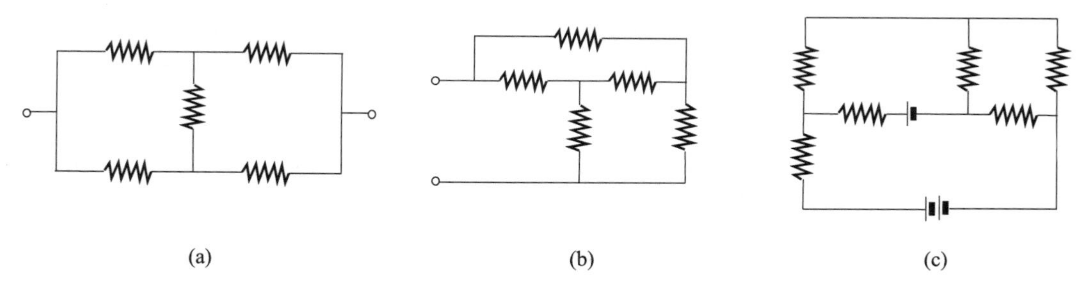

그림 3 (a), (b), (c) 직렬연결도 병렬연결도 아닌 복잡한 회로들.

이와 같은 복잡한 회로를 흔히 회로망이라고 하는데, 이러한 회로망은 키르히호프(Kirchhoff, 1824~1887)가 제안한 2개의 법칙으로써 매우 간단하게 해석될 있다. 이 키르히호프의 법칙은 다음과 같다.

- 제 1법칙(**분기점의 법칙**): 회로에서 임의의 분기점으로 흘러들어가는 전류의 양은 그 분기점에서 흘러나오는 전류의 양과 같다. 즉, $\sum_i I_i = 0$ 이다.
- 제 2법칙(**폐회로의 법칙**): 회로내의 임의의 닫힌 경로를 따라 각 소자를 지날 때에 겪게 되는 전위차의 합은 0이다. 즉, $\sum_i V_i = 0$ 이다.

먼저, 제 1법칙은 분기점의 법칙(Node rule)이라고 하는데, 이는 전류의 연속성을 나타내는 것으로 전하량 보존 법칙을 따른 결과이다. 만일, 회로내의 임의의 분기점으로 전류가 흘러 들어간다면, 그 전류는 반드시 들어간 양만큼 그 점에서 흘러 나와야 한다. 이는 전하가 그 점에서 새로 생성되거나 소멸될 수도 없고, 또한 축적될 수도 없기 때문이다.

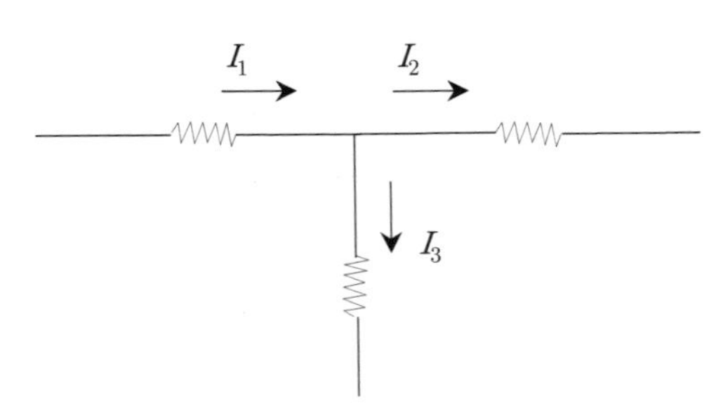

그림 4 회로내의 분기점에서는 전하량 보존 법칙에 의해 분기점으로 들어온 전류만큼 분기점에서 나간다.

이러한 내용의 제 1법칙을 그림 4의 회로의 분기점에 적용시키면,

$$\sum_i I_i = I_1 - I_2 - I_3 = 0 \quad \Rightarrow \quad I_1 = I_2 + I_3 \tag{14}$$

의 관계식을 얻는다.

키르히호프의 제 2법칙은 폐회로의 법칙(Loop rule)이라고 한다. 이를 알아보기 위해서 다음의 그림 5의 회로에서 양전하가 이동하는 과정을 따라가며 전위(전기퍼텐셜, 단위 전하당 위치에너지)의 변화를 살펴보도록 하자.

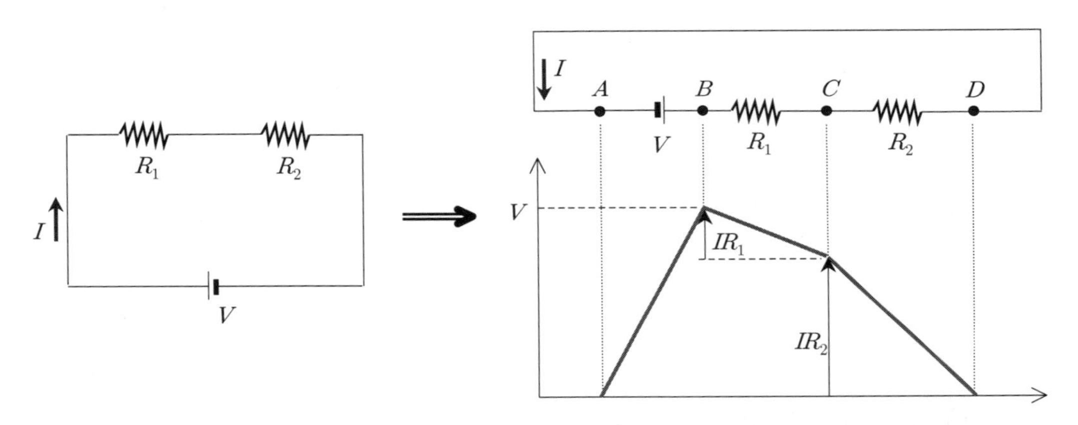

그림 5 폐회로 내에서의 전위차의 대수적인 합은 0이다.

최초 양전하는 전지의 음극(A 점)에서 출발하는 것으로 한다. 그리고 이 음극에서의 전위는 편의상 0으로 놓는다. 전지의 음극으로부터 출발한 양전하는 기전력원인 전지에 의해 단자전압 V만큼 전위가 상승하여 전지의 양극(B 점)에 놓이게 된다. 이 과정에서 양전하는 전기 위치에너지를 얻게 된다. 이어 양전하는 저항이 없는 것으로 가정할 수 있는 도선을 따라 전위 변화 없이 이동하다가 저항 R_1을 지나면서 위치에너지를 잃게 된다. 그래서 저항 R_1을 지나면서는 전위가 $V - IR_1$이 된다. 그리고 이어지는 저항 R_2를 거치면서 양전하는 나머지 위치

에너지를 모두 잃어버려 그 전위는 $V - IR_1 - IR_2 = 0$이 된다. 그리고 저항이 없는 도선을 거쳐 다시 전지의 음극으로 돌아온다. 회로내의 전기장이 보존력장이기 때문에 전지의 음극에서 출발한 양전하는 폐회로를 돌아 다시 출발점인 음극에 도달하는 동안 전지가 공급해 준 모든 위치에너지를 잃어버린다. 그러므로 전하는 어떤 폐회로를 순환하고 나면 처음의 전위로 되돌아오게 된다. 즉, 폐회로 내에서의 전위 변화의 대수적인 합은 0이다. 즉,

$$\sum_i V_i = V - IR_1 - IR_2 = 0 \tag{15}$$

이다. 이를 키르히호프의 제 2 법칙, 폐회로의 법칙이라고 한다. 이 폐회로의 법칙은 회로에서 에너지가 보존되는 에너지 보존법칙을 설명한다.

(2) 키르히호프 법칙을 적용한 회로망의 해석 – 각 분기점에 흐르는 전류의 계산

① 키르히호프의 법칙을 적용하기 위한 기본 규칙

다음의 그림 6은 약간 복잡한 회로를 나타낸 것으로, 이 회로에 키르히호프의 법칙을 적용하여 회로에 흐르는 전류를 구하는 방법을 알아보도록 하자.

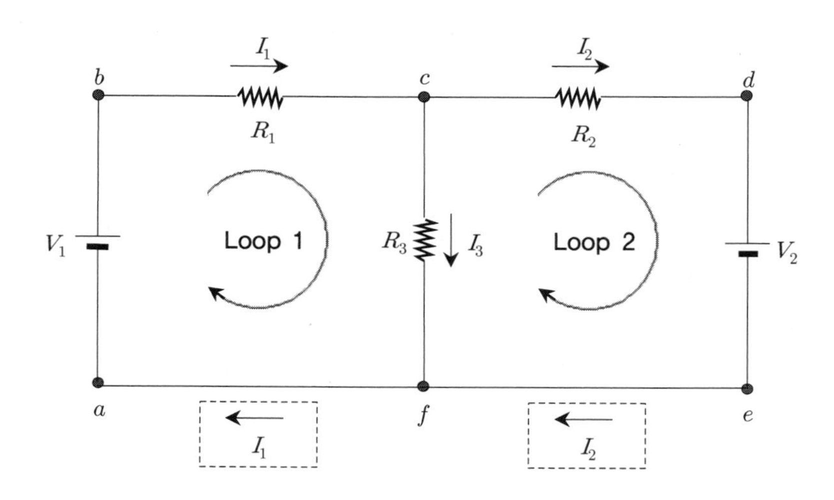

그림 6 회로에 키르히호프의 법칙을 적용하기 위해서는 먼저 분기점의 각 가지에 흐르는 전류의 이름과 방향을 정하고, 이어 적당한 폐회로를 선택하여 고리(Loop)의 회전 방향을 정한다.

이 회로에서 두 개의 전지는 단자전압이 각각 V_1과 V_2이다. 이와 같은 복잡한 회로를 해석하는데 있어 키르히호프의 법칙을 적용한다면, 먼저 다음의 두 가지 규칙이 선행되어야 한다.

(i) 제 1법칙인 분기점의 법칙을 적용하기 위해서는 먼저, 회로의 분기점에 대하여 들어오고 나가는 전류에 I_1, $I_2, \cdots$ 등과 같이 이름을 붙이고 그 방향을 정해야 한다. 이때, 전류

의 방향에 대해서는 모든 전류가 분기점으로 모이거나 분기점에서 나가는 방향만 취하지 않으면 된다. 그리고 실제 전류의 흐름 방향을 고려할 필요도 없다. 구한 전류가 음의 값이 나오면 이는 실제 전류가 이 분기점의 법칙을 적용할 때 정한 전류의 방향과는 반대로 흐른다는 것을 말해준다.

(ii) 제 2법칙인 폐회로의 법칙을 적용하기 위해서는 먼저, 임의의 폐회로에 대하여 고리(Loop)의 회전방향(시계 방향 또는 반시계 방향)을 선택한다. 그리고 고리의 회전 방향을 따라가며 각 회로소자에서의 전위의 변화(전위차)를 더해 간다.

그림 6의 회로에 (i)의 규칙을 적용한다면, 분기점 c에서는 3개의 가지를 이루므로 그림에서와 같이 각 가지에 흐르는 전류를 각각 I_1, I_2, I_3라 하고, 임의의 방향으로 선택한 화살표와 함께 기록한다. 단, 분기점의 법칙을 따라서 세 전류 I_1, I_2, I_3가 모두 분기점 c로 모이거나 또는 모두 분기점에서 나가는 방향을 취해서는 안 된다. 그림 6의 회로에 (ii)의 규칙을 적용한다면, 그림에서와 같이 회로내의 임의의 폐회로에 대하여 고리(Loop)의 회전 방향을 시계 방향 또는 반시계 방향으로 임의로 선택한다. 이 회로에서는 총 3개의 폐회로 중 임의로 선택한 2개의 폐회로에 대하여 고리의 회전 방향을 모두 시계 방향으로 선택하였다.

다음의 그림 7에서는 위의 그림 6에서 선택한 두 폐회로에 대하여 고리의 회전 방향을 따라가며 각 회로소자를 지날 때의 전위의 변화(전위차)의 부호를 결정하는 방법을 나타내었다.

Loop 1: $a-b-c-f$ (시계 방향)

Loop 2: $d-e-f-c$ (시계 방향)

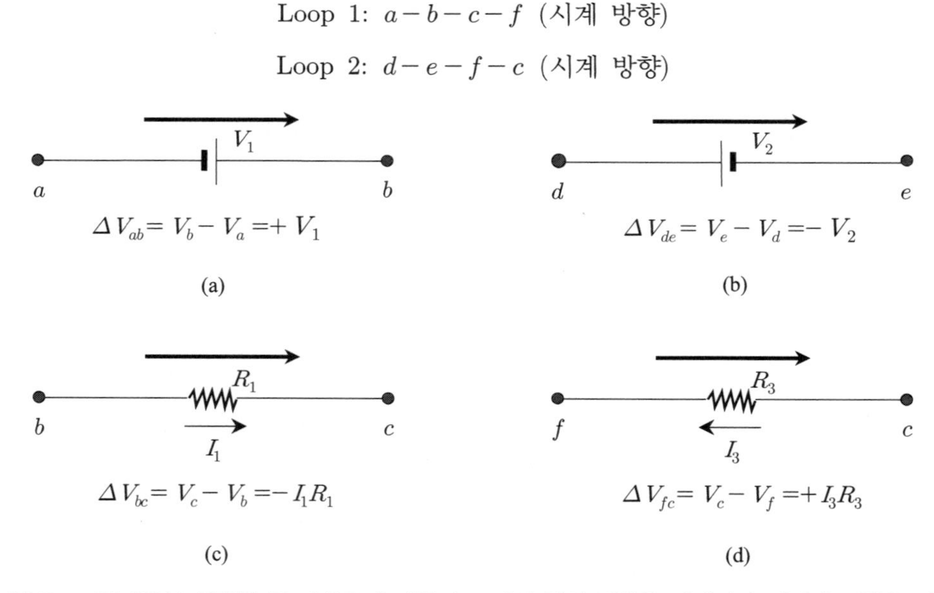

그림 7 그림 6에서 선택한 두 폐회로에 대하여 고리의 회전 방향을 따라가며 전지와 저항을 지날 때의 전위 변화의 부호를 결정하는 규칙을 나타내었다. 각 그림의 위쪽에 있는 굵고 긴 화살표는 각 구간에 해당하는 폐회로 내의 고리의 회전 방향을 나타낸 것이다. 그림 (a)와 (c)는 Loop1을, (b)와 (d)는 Loop2를 따라 폐회로의 법칙을 적용하였다.

그림 7(a)에서와 같이 고리의 회전 방향이 전지의 $-$극에서 $+$극을 지나면 전위는 상승하는 것으로 하여 전위의 변화(전위차)는 양(+)의 부호를 붙여 $+V_1$으로 나타낸다. 반면에, 그림 7(b)에서와 같이 고리의 회전 방향이 전지의 $+$극에서 $-$극을 지나면 전위는 하강하는 것으로 하여 전위의 변화는 음(−)의 부호를 붙여 $-V_2$로 나타낸다. 한편, 그림 7(c)에서와 같이 고리의 회전 방향을 따라가며 저항을 지날 때는 고리의 회전 방향과 전류의 방향이 같으면, 그 저항에서 전위는 하강하는 것으로 하여 저항 양단의 전위차에 음(−)의 부호를 붙여 $-I_1R_1$으로 나타낸다. 하지만, 그림 7(d)와 같이 반대 방향이면 전위는 상승하는 것으로 하여 전위차에 양(+)의 부호를 붙여 $+I_3R_3$로 나타낸다.

② 그림 6의 회로에 키르히호프 법칙을 적용하여 회로에 흐르는 전류 계산

키르히호프의 법칙을 적용하여 그림 6의 회로에 흐르는 전류 I_1, I_2, I_3를 구하여 보자. 먼저, 제 1법칙 분기점의 법칙을 분기점 c에 적용하면,

$$\sum_i I_i = I_1 - I_2 - I_3 = 0 \ ,$$

$$I_1 = I_2 + I_3 \tag{16}$$

이다. 여기서, 분기점을 향하여 들어오는 전류와 분기점에서 나가는 전류의 부호는 반대 방향으로 취해야 한다. 이 회로에는 분기점 c 말고도, f라는 분기점이 하나 더 있다. 그러나 이 f점에 대하여 분기점의 법칙을 적용한다 하더라도 분기점 c에서와 똑같은 전류의 관계식 (16)을 얻게 된다. 그러므로 분기점이 2개인 그림 6의 회로에서 분기점의 법칙을 적용하여 얻을 수 있는 독립적인 식의 수는 1개가 된다. 이러한 사실로부터 유추하여, 만일 다루는 회로에 분기점의 수가 m개가 있다면, 분기점의 법칙을 적용하여 얻을 수 있는 독립적인 식의 수는 $(m-1)$개가 됨을 알 수 있다. 이어서, 그림 6에서 선택한 두 폐회로(Loop 1, 2)에 대하여 제 2법칙 폐회로의 법칙을 적용하면, 그 결과는 각각

$$\text{Loop 1:} \ \sum_i V_i = V_1 - I_1R_1 - I_3R_3 = 0 \tag{17}$$

$$\text{Loop 2:} \ \sum_i V_i = -V_2 + I_3R_3 - I_2R_2 = 0 \tag{18}$$

이다. 그림 6의 회로에는 선택 가능한 폐회로가 Loop 1, 2 말고도 하나 더 있다. 그 폐회로의 경로는 $a-b-c-d-e-f$ 이다. 그러나 이 폐회로는 다음과 같은 이유로 선택하지 않았다. 그림 6의 회로에서 미지수인 전류는 I_1, I_2, I_3의 3개이므로 3개의 독립된 방정식을 얻는다면 이 미지 전류를 구할 수가 있다. 그러나 3개의 독립된 방정식 중 하나는 분기점의 법칙을 적용하여 얻었으므로 폐회로의 법칙을 적용하여 얻을 방정식의 수는 2개면 된다. 이런 이유로 폐회로의 경로는 2개만 취한 것이다. 이상의 내용으로부터 분기점의 수가 m개이고 미지 전류의

수가 n개인 회로가 있다면, n개의 독립된 방정식이 필요하고, 그 중 $(m-1)$개는 제 1법칙 분기점의 법칙으로부터, $n-(m-1)$개의 방정식은 제 2법칙 폐회로의 법칙으로부터 얻으면 된다는 것을 알 수 있다.

이제, 세 방정식 (16), (17), (18)을 연립하여 풀면, 미지 전류 I_1, I_2, I_3는

$$I_3 = \frac{V_1R_2 + V_2R_1}{R_1R_2 + R_2R_3 + R_3R_1} \tag{19}$$

$$I_2 = \frac{V_1R_3 - V_2(R_1 + R_3)}{R_1R_2 + R_2R_3 + R_3R_1} \tag{20}$$

$$I_1 = I_2 + I_3 = \frac{V_1(R_2 + R_3) - V_2R_3}{R_1R_2 + R_2R_3 + R_3R_1} \tag{21}$$

이다.

4. 실험 기구

○ 회로기판: 2개의 전지와 3개의 저항기 그리고 3개의 전류계로 이루어진 회로.
   - 전압: 약 0.5~5.0 V 까지 11단계
   - 저항: 50, 100, 150, 200, 250 Ω

○ 멀티미터

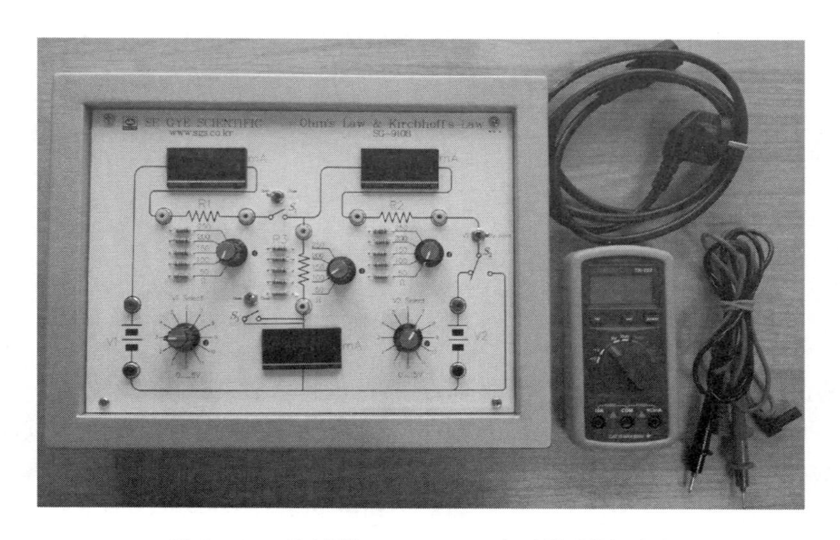

그림 8 Ohm의 법칙 & Kirchhoff의 법칙 실험 장치

5. 실험 정보

(1) 이 실험은 회로기판이 매우 간단하게 구성되어 있어 실험하기가 매우 쉽고 실험 시간이 매우 적게 소요된다. 그러나 전류계의 측정 전류 부호를 무시하거나 스위치의 잘못된 조작에 의해 자칫 잘못된 실험이 될 수가 있다. 이를 방지하기 위해서는 전류의 측정과 이론값의 계산을 병행하여 서로 비교해가며 실험하는 것이 좋은 실험 방법이 되겠다.

(2) 정확한 측정값을 얻기 위해서는 회로기판에 기재된 저항값과 전압값을 사용하지 말고 멀티미터로 측정한 값을 사용하여 실험한다.

(3) 멀티미터의 사용은 '6. 실험 방법'의 과정 (1)과 (2)에 설명된 멀티미터의 사용법을 따른다.

(4) 이 실험은 회로의 단락(Short)이나 리드선의 접촉점의 저항과 같은 흔한 오차가 발생할 일이 없다. 다만, 회로에 장시간 전류를 흘려주었을 때에 회로 소자나 연결선 등에 열이 발생하여 미세하나마 회로의 총 저항이 증가할 소지가 있다.

6. 실험 방법

(1) 전원을 끈(Off) 상태에서 그리고 3개의 스위치를 모두 'Open'과 'By Pass'에 둔 상태에서 회로기판에 있는 각 저항기의 저항을 멀티미터로 측정하고 기록한다. **[그림 9 참조]**

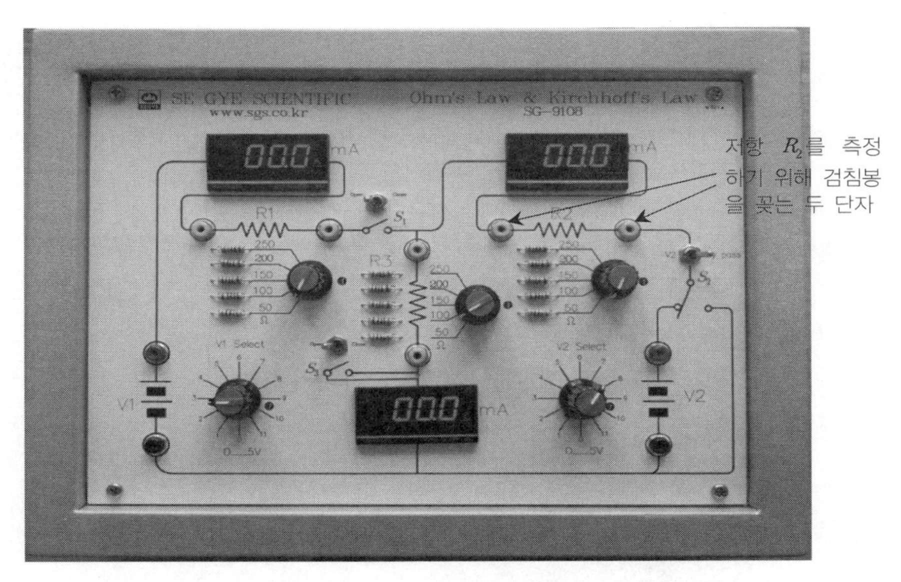

그림 9 Ohm의 법칙 & Kirchhoff의 법칙 실험 장치의 회로기판

★스위치가 닫힌 상태에서 저항을 측정하면 측정하고자 하는 저항기와 그 외의 회로 소자가 병렬 연결 된 상태의 저항을 측정하는 셈이 되므로, 모든 회로를 연 상태에서 저항을 측정한다.

★ 물론, 회로기판에 기재된 저항값도 신뢰할 만하다. 하지만, 정확한 실험값을 얻기 위해서 더 신뢰할 수 있는 멀티미터의 측정값을 사용하는 것이 바람직하다.

① 멀티미터의 단자에 검침봉(테스트 리드)을 연결한다. 이때, 검정색 검침봉은 접지를 나타내는 'COM' 단자에, 빨간색 검침봉은 'VΩmA' 단자에 연결한다.

② 멀티미터 중앙의 측정모드 다이얼을 돌려 <u>저항 측정모드인 'Ω'의 표시에 맞춘다.</u>

③ 두 검침봉을 측정하고자 하는 저항기의 양쪽 단자에 <u>병렬연결이 되도록</u> 꽂는다. [그림 9 참조]

★ 저항을 측정할 때는 양쪽 단자에 어느 색의 검침봉을 꽂아도 상관없다.

④ 멀티미터의 전원을 켠다.

★ 멀티미터의 전원 켜기를 제일 먼저 ①번 과정으로 해도 된다.

⑤ 멀티미터의 디지털 화면에 나타난 값을 읽는다.

(2) 전원을 켜고(On) 3개의 스위치를 모두 'Open'과 'By pass'에 둔 상태에서 각 전지의 눈금(단계)별 전압을 멀티미터로 측정하여 기록한다. **[그림 9 참조]**

① 멀티미터의 단자에 검침봉(테스트 리드)을 연결한다. 이때, 검정색 검침봉은 접지를 나타내는 'COM' 단자에, 빨간색 검침봉은 'VΩmA' 단자에 연결한다.

② 멀티미터 중앙의 측정모드 다이얼을 반시계 방향으로 끝까지 돌려 <u>직류 전압 측정모드인 '==V'의 표시에 맞춘다.</u>

③ 그림 10과 같이 두 검침봉을 측정하고자 하는 전지의 양쪽 단자에 <u>병렬연결이 되도록</u> 꽂는다. 이때, 빨간색 검침봉을 양(+)의 단자에 꽂도록 한다.

★ 검정색 검침봉을 양(+)의 단자에 꽂았을 경우에는 멀티미터의 측정값에 마이너스 부호가 붙어 음의 값으로 측정되는 것 뿐 측정 전압의 크기는 똑같다.

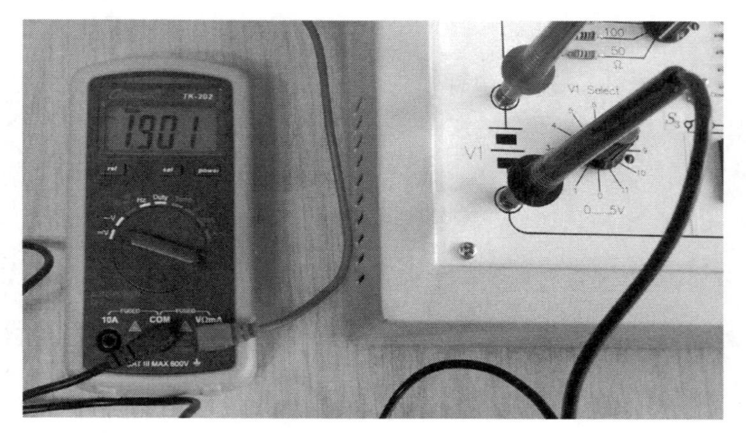

그림 10 멀티미터의 'V Ω mA' 단자에 연결한 빨간색의 검침봉을 전지의 양(+)의 단자에, 그리고 'COM' 단자에 연결한 검정색의 검침봉을 전지의 음(−)의 단자에 병렬 연결하여 전압을 측정한다.

④ 멀티미터의 전원을 켠다.

★멀티미터의 전원을 미리 켜고 실험하여도 상관없다. 단지, 먼저 멀티미터의 측정모드를 선택하고 측정하고자 하는 회로에 병렬 또는 직렬의 적합한 연결을 한 후에 전원을 켜는 것이 바람직할 뿐이다. 이와 같은 순서를 권하는 이유는 멀티미터를 '전류 측정모드로 하여 회로에 병렬연결 했을 때'와 같이 회로에 잘못 연결했을 때에 멀티미터에 큰 전류가 흘러 멀티미터가 손상되는 것을 막기 위함이다.

⑤ 멀티미터의 디지털 화면에 나타난 값을 읽는다.

(3) 스위치 S_1은 닫고 S_2는 'By pass'로 두고, S_3는 연 상태에서 Ohm의 법칙을 실험한다. **[그림 9 참조]**

① 저항 R_1과 R_2를 각각 임의의 눈금(값)에 두고, 두 직렬연결 저항의 합성 저항값을 $R(=R_1+R_2)$이라 하여 기록한다.

★저항값은 과정 (1)의 멀티미터 측정값을 사용한다.

② 전지 V_1의 전압을 ΔV라 하고, 0에서 11 눈금까지 단계별로 올려가며 회로에 흐르는 전류를 측정하고 기록한다.

★전압값은 과정 (2)의 멀티미터 측정값을 사용한다.
★전류계의 측정값은 mA 단위이다.
★저항 R_1과 R_2 쪽의 두 전류계가 직렬로 연결되어 있어 두 전류계는 동일한 전류를 측정한다.

③ 과정 ②의 측정 결과를 모눈종이에 그래프로 나타내어 본다. 그리고 이 그래프로부터 회로에 흐르는 전류(I)가 가해진 전압(ΔV)에 비례($I \propto \Delta V$) 함을 확인하여 본다.

④ 전지 V_1의 전압을 임의의 눈금(값)에 두고 그 값을 ΔV라 하여 기록한다.

⑤ 저항 R_1과 R_2를 합한 저항값 R이 100 Ω에서부터 500 Ω까지 9단계가 되도록 50 Ω씩 증가시켜가며 회로에 흐르는 전류를 측정하고 기록한다.

⑥ 과정 ⑤의 측정 결과를 모눈종이에 그래프로 나타내어 본다. 그리고 이 그래프로부터 회로에 흐르는 전류(I)가 저항(R)에 반비례($I \propto 1/R$) 함을 확인하여 본다.

⑦ 과정 ③과 ⑥의 관측 결과로부터, 회로에 흐르는 전류(I)는 전압(ΔV)에 비례하고 저항(R)에 반비례 한다는 즉, $\Delta V = IR$의 Ohm의 법칙을 따름을 확인한다.

(4) 스위치 S_1과 S_3는 닫고 S_2는 'V_2'로 둔 상태에서 Kirchhoff의 법칙을 실험한다. **[그림 9 참조]**

① 전지 V_1, V_2의 전압과 저항 R_1, R_2, R_3의 저항값을 각각 임의의 눈금(값)에 두고, 각 전압과 저항값을 기록한다.

② 각각 저항 R_1, R_2, R_3에 흐르는 전류를 측정하여 I_1, I_2, I_3라 하고 기록한다.

★전류계에 나타난 전류의 부호가 음(−)이라면, 그대로 음(−)의 부호를 써서 기록한다. 전류의

부호가 음(−)이라는 것은 전류계의 전류 측정 방향과는 반대 방향으로 전류가 흐른 것이다. 우리 실험에서 사용하는 회로기판의 전류계는 전류의 흐름 방향이 그림 6과 같이 왼쪽에서 오른쪽으로, 그리고 위에서 아래로 흐르는 것을 양(+)의 방향으로 측정하도록 배치되어 있다.

③ 우리가 실험하는 회로기판은 그림 6의 회로와 동일하다. 그러므로 식 (19)~(21)를 이용하여 전류를 계산하고 그 값을 $I_1^{이론}$, $I_2^{이론}$, $I_3^{이론}$라 하여 이론값으로 삼는다. 단, 전류의 이론값 계산에 사용하는 전압과 저항값은 과정 (1)과 (2)의 측정값을 사용한다.

★ 전류의 이론값 계산에서 전류의 부호가 음(−)이라면, 그대로 음(−)의 부호를 써서 기록한다.

$$I_3^{이론} = \frac{V_1 R_2 + V_2 R_1}{R_1 R_2 + R_2 R_3 + R_3 R_1} \tag{19}$$

$$I_2^{이론} = \frac{V_1 R_3 - V_2(R_1 + R_3)}{R_1 R_2 + R_2 R_3 + R_3 R_1} \tag{20}$$

$$I_1^{이론} = I_2^{이론} + I_3^{이론} = \frac{V_1(R_2 + R_3) - V_2 R_3}{R_1 R_2 + R_2 R_3 + R_3 R_1} \tag{21}$$

④ 과정 ②의 전류 측정값을 실험값으로 하고 과정 ③의 전류 계산값을 이론값으로 하여, 두 전류값을 비교하여 보고 그 일치를 확인한다. 그리고 이 확인 결과로부터 Kirchhoff의 법칙이 옳음을 논하여 본다.

⑤ 과정 ①에서의 전지 V_1, V_2의 전압과 저항 R_1, R_2, R_3의 저항값을 각각 임의의 다른 눈금(값)에 두고 위의 실험을 3회 더 반복 수행한다.

7. 실험 전 학습에 대한 질문

실험 제목	Ohm의 법칙 & Kirchhoff의 법칙 실험			실험일시	
학과 (요일/교시)		조		보고서 작성자 이름	

* 다음의 물음에 대하여 괄호 넣기나 번호를 써서, 또는 간단히 기술하는 방법으로 답하여라.

1. 도선의 전류밀도(J)와 전기장(E), 그리고 전기전도도(σ_c)의 관계로 기술되는 Ohm의 법칙을 써 보아라.

Ans: ______________

2. 회로에서의 전류를 I, 전압을 ΔV, 저항을 R이라고 할 때, 다음 중 Ohm의 법칙을 옳게 나타낸 것은? Ans: ______

① $\Delta V = IR$ ② $\Delta V = I/R$ ③ $\Delta V = I^2R$

④ $\Delta V = R/I$ ⑤ $\Delta V = IR^2$

3. 비저항은 ρ, 단면적은 A, 길이는 l인 도선이 있다. 이 도선의 저항 R을 주어진 문자로 나타내어 보아라.

Ans: $R =$ ______

4. 다음과 같은 저항의 연결에서 합성(등가) 저항은 얼마인가? 단, $R = 2\ \Omega$이다.

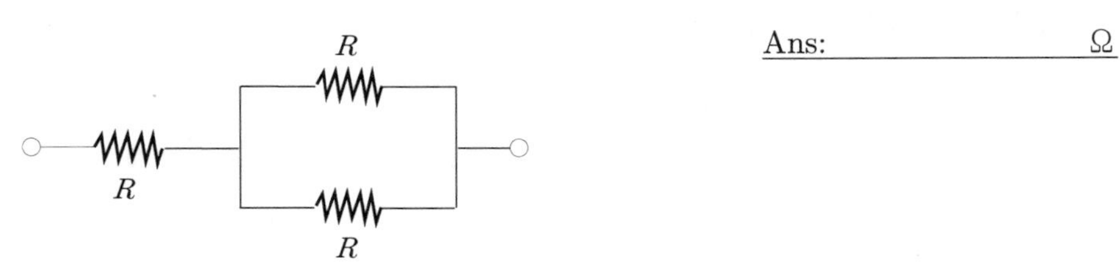

Ans: ______________ Ω

5. 복잡한 회로를 해석하는데 유용한 Kirchhoff(키르히호프)의 법칙은 분기점의 법칙과 폐회로의 법칙의 2개의 세부 법칙으로 이루어져 있다. 이 2개의 세부 법칙의 내용을 써 보아라.

• 제 1법칙(**분기점의 법칙**):

• 제 2법칙(**폐회로의 법칙**):

6. 다음과 같은 회로에서 그림에 주어진 고리의 회전 방향을 따라 폐회로의 법칙을 적용한 2개의 식을 완성하여 보아라.

Loop 1: $\sum_i V_i = V_1 \qquad\qquad\qquad = 0$

Loop 2: $\sum_i V_i = \qquad\qquad\qquad - I_2R_2 = 0$

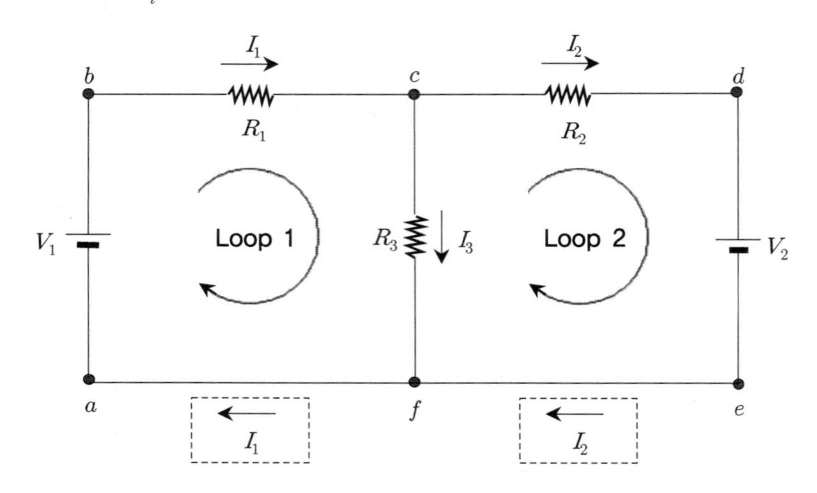

7. 이 실험에서 사용하는 회로기판은 전지와 저항기, 그리고 전류계로 구성된 회로이다. 이 회로기판에 사용된 전지와 저항기, 전류계의 개수를 각각 써 보아라.

Ans: 전지: 개, 저항기: 개, 전류계: 개

8. 회로에서 저항기의 저항과 전지의 전압을 멀티미터로 측정하고자 할 때, 멀티미터를 회로에 연결하는 방법은 직렬연결일까? 아니면, 병렬연결일까? 각각의 연결 방법을 써 보아라.

Ans: 전지: 연결, 저항기: 연결

8. 결과

실험 제목	Ohm의 법칙 & Kirchhoff의 법칙 실험			실험일시	
학과 (요일/교시)		조		보고서 작성자 이름	

[1] 실험값

(1) 과정 (1)과 (2)의 저항과 전압 측정값

① 저항 측정값

저항 눈금	$R_1(\Omega)$	$R_2(\Omega)$	$R_3(\Omega)$
50 Ω			
100 Ω			
150 Ω			
200 Ω			
250 Ω			

② 전압 측정값

전압 눈금	V_1(V)	V_2(V)
0		
1		
2		
3		
4		
5		
6		
7		
8		
9		
10		
11		

(2) 과정 (3)의 Ohm의 법칙 실험

① 저항 $R(=R_1+R_2)=$ Ω

전압 눈금	$\Delta V(=V_1)$(V)	I (mA)
0		
1		
2		
3		
4		
5		
6		
7		
8		
9		
10		
11		

② 전압 $\Delta V(=V_1)=$ V

저항 눈금	$R(=R_1+R_2)$ (Ω)	I (mA)
100 Ω		
150 Ω		
200 Ω		
250 Ω		
300 Ω		
350 Ω		
400 Ω		
450 Ω		
500 Ω		

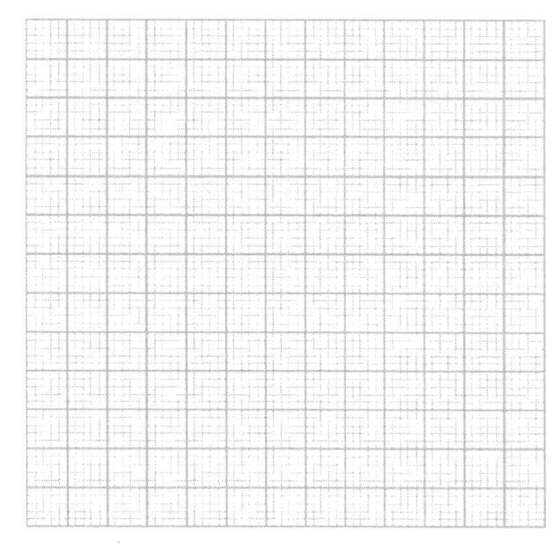

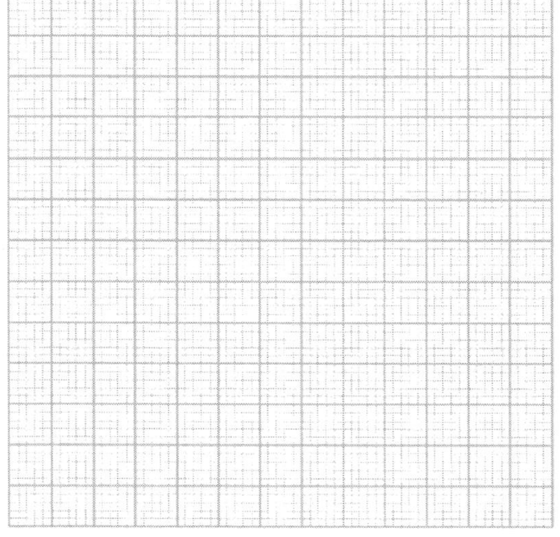

(3) 과정 (4)의 Kirchhoff의 법칙 실험

① 전압과 저항의 선택 1

전압/저항	V_1	V_2	R_1	R_2	R_3
값	V	V	Ω	Ω	Ω

전류	측정값(I_i)	이론값($I_i^{이론}$)	$\frac{I_i^{이론} - I_i}{I_i^{이론}} \times 100\ (\%)$
I_1	mA	mA	
I_2	mA	mA	
I_3	mA	mA	
		평균	

② 전압과 저항의 선택 2

전압/저항	V_1	V_2	R_1	R_2	R_3
값	V	V	Ω	Ω	Ω

전류	측정값(I_i)	이론값($I_i^{이론}$)	$\frac{I_i^{이론} - I_i}{I_i^{이론}} \times 100\ (\%)$
I_1	mA	mA	
I_2	mA	mA	
I_3	mA	mA	
		평균	

③ 전압과 저항의 선택 3

전압/저항	V_1	V_2	R_1	R_2	R_3
값	V	V	Ω	Ω	Ω

전류	측정값(I_i)	이론값($I_i^{이론}$)	$\frac{I_i^{이론} - I_i}{I_i^{이론}} \times 100\ (\%)$
I_1	mA	mA	
I_2	mA	mA	
I_3	mA	mA	
		평균	

④ 전압과 저항의 선택 4

전압/저항	V_1	V_2	R_1	R_2	R_3
값	V	V	Ω	Ω	Ω

전류	측정값(I_i)	이론값($I_i^{이론}$)	$\frac{I_i^{이론} - I_i}{I_i^{이론}} \times 100\ (\%)$
I_1	mA	mA	
I_2	mA	mA	
I_3	mA	mA	
		평균	

[2] 결과 분석

[3] 오차 논의 및 검토

[4] 결론

실험 06

RC 충 · 방전 회로 실험- 회로에서의 축전기의 역할 이해

1. 실험 목적

회로 내에서 전하를 충 · 방전하는 축전기의 역할을 이해한다.

2. 실험 개요

전지와 저항기 그리고 축전기를 직렬 연결한 RC 충전 회로를 구성하고 회로에 전류를 흐르게 한 뒤, 축전기 양단의 전위차 ΔV_C의 시간에 따른 변화를 오실로스코프로 측정한다. 이 때, 오실로스코프 화면에 나타내어지는 전위차의 파형이 그림 3(a)와 같음을 확인하고, 그 결과로부터 $Q = CV$의 관계에 의해 축전기에 충전되는 전하량이 식 (5)와 같이 기술됨을 이해한다. 이어, 회로에서 전지를 제거하여 저항기와 축전기로만 이루어진 RC 방전 회로를 구성하고 오실로스코프로 축전기 양단의 전위차 ΔV_C의 시간에 따른 변화를 측정한다. 그리고 그 측정 결과로부터 그림 5(a)와 식 (14)로 기술되는 축전기에서의 전하의 방전 과정을 이해한다. 한편, 저항기의 저항과 축전기의 전기용량을 바꿔서도 실험하여 저항과 전기용량이 RC 회로의 충 · 방전에 미치는 영향을 알아본다.

3. 기본 원리

다음의 그림 1과 같이 저항기와 축전기가 직렬로 연결된 회로를 RC 회로(RC circuit)라고 한다. 이 RC 회로에서 스위치를 S_1에 두면 축전기에는 충전이 이루어지고 스위치를 S_2에 두면 축전기는 방전을 한다. 다음에서는 이러한 RC 회로에서의 축전기의 충전과 방전 과정을 정성적으로 그리고 정량적으로 살펴보도록 하자.

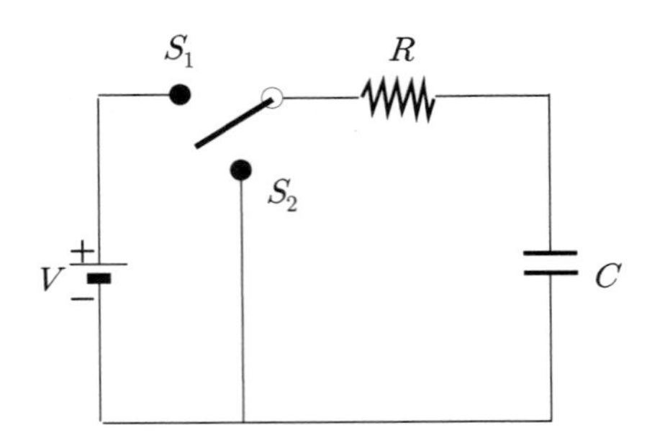

그림 1 저항기와 축전기가 직렬 연결된 RC 회로.

[1] 축전기의 충전

그림 1의 RC 회로에서 스위치를 S_1에 두면, 그림 2와 같이 전지와 저항기 그리고 축전기가 직렬 연결된 회로가 된다. 그러면, 전지로부터 공급된 전하는 회로에 전류를 형성하고, 축전기에는 전하가 충전되기 시작한다. 축전기의 두 판 사이는 열린회로이기 때문에 축전기를 가로 질러 전류가 흐를 수는 없다. 다만, 축전기에 충전이 되는 동안만 회로에는 전류가 흐르게 된다. 축전기에 충전이 진행됨에 따라 축전기 양단의 전위차($\Delta V_C = q/C$)는 증가하게 되고 이 전위차가 전지의 전위차와 같아지게 되면 전하의 이동은 멈추게 되어 회로에 흐르는 전류는 0이 된다.

다음은 충전에 관한 조금 더 자세한 이해를 위하여 이상의 축전기의 충전에 관한 정성적 분석에 더하여 정량적인 방법으로 충전 과정에서 축전기에 쌓이는 전하량의 시간에 관한 함수와 저항 양단과 축전기 양단의 전위차의 시간에 관한 함수를 구해 보도록 하자.

루프(Loop)의 회전 방향을 그림 2와 같이 시계 방향으로 하여 Kirchhoff(키르히호프)의 제2법칙 폐회로의 법칙을 적용하면, [키르히호프의 법칙에 관해서는 실험 종목 '5. Ohm의 법칙 & Kirchhoff의 법칙 실험'의 '3. 기본 원리' 부분을 참조하도록 한다.]

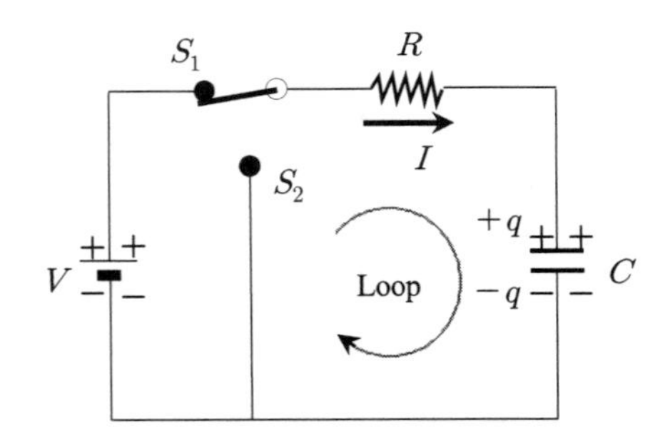

그림 2 스위치를 S_1에 두면 축전기는 충전이 시작되고 그 양단의 전위차가 전지의 전위차와 같아질 때가지 충전이 이루어진다.

$$V - IR - \frac{q}{C} = 0 \tag{1}$$

이 된다. 여기서 q는 축전기에 쌓인 전하량이다. 그리고 각 회로 소자에서의 전위차의 부호는 폐회로의 법칙에 따라 루프의 회전 방향이 전지의 음(−)에서 양(+)으로 통과하였으므로 전지의 전위차의 부호는 +, 루프의 회전 방향과 전류의 방향이 같으므로 저항 R에서의 전위차 IR의 부호는 −, 그리고 루프의 회전 방향이 축전기의 양(+)의 판에서 음(−)의 판으로 지났으므로 전압 강하에 의해 전위차의 부호는 −로 하였다. 식 (1)을 전류 I에 관해 정리하면

$$I = \frac{V}{R} - \frac{q}{RC} \tag{2}$$

이고, 전류 I를 전류의 정의식 $I = dq/dt$를 이용하여 다시 쓰면

$$\frac{dq}{dt} = \frac{V}{R} - \frac{q}{RC} \tag{3}$$

가 되는데, q에 관한 식을 세우기 위해서 변수 분리를 이용하면

$$\frac{dq}{dt} = \frac{CV - q}{RC} = -\frac{q - CV}{RC}$$

$$\frac{dq}{q - CV} = -\frac{dt}{RC} \tag{4}$$

이 된다. $t = 0$일 때 $q = 0$이라는 점을 적용하여 위 식을 적분하고 q에 관해 정리하면

$$\int_0^q \frac{dq}{q - CV} = \int_0^t -\frac{dt}{RC}$$

$$[\ln(q - CV)]_0^q = \left[-\frac{t}{RC}\right]_0^t$$

$$\ln\left(\frac{q - CV}{-CV}\right) = -\frac{t}{RC}$$

$$e^{\ln\left(\frac{q - CV}{-CV}\right)} = e^{-\frac{t}{RC}}$$

$$q = CV\left(1 - e^{-\frac{t}{RC}}\right) = Q\left(1 - e^{-\frac{t}{RC}}\right) \tag{5}$$

가 된다. 여기서 Q는 축전기에 충전되는 최대 전하량으로 $Q = C\varepsilon$이다. 식 (5)로부터 축전기 양단의 전위차는

$$q = C\Delta V_C$$

$$\Delta V_C = \frac{q}{C} = V\left(1 - e^{-\frac{t}{RC}}\right) \tag{6}$$

이 된다.

한편, 충전 과정에서 회로에 흐르는 전류는 식 (5)의 축전기에 충전되는 전하량 q를 시간에 대해 미분함으로써 구할 수 있는데,

$$I = \frac{dq}{dt} = \frac{d}{dt}\left[CV\left(1 - e^{-\frac{t}{RC}}\right)\right] = \frac{V}{R}e^{-\frac{t}{RC}} \tag{7}$$

이다. 그러면 저항 양단의 전위차는 Ohm의 법칙에 의해

$$\Delta V_R = IR = \left[\frac{V}{R}e^{-\frac{t}{RC}}\right]R = Ve^{-\frac{t}{RC}} \tag{8}$$

이 된다.

이상의 RC 회로의 충전 과정에 대한 정량적 분석으로부터 다음과 같은 내용을 알 수 있다. RC 회로에 단자전압 V의 전지를 연결하면, 식 (5)를 따라 축전기에는 시간이 $t=0$일 때에는 전하가 없으나 이후로 전하가 급격히 충전되다가 시간이 흐를수록 서서히 증가하며 최종적으로 $Q(=CV)$의 전하량으로 충전된다. [그림 3(a) 참조]. 마찬가지로 축전기 양단의 전위차도 식 (6)에 따라 시간에 대해 전하량과 같은 양상으로 변화하여 최종적으로 전지의 단자전압 V와 같은 전위차에 도달한다. 한편, 회로에 흐르는 전류의 경우에는 식 (7)에 의해 시간이 $t=0$일 때 V/R의 초기전류가 흐르고 처음엔 전류가 급격히 감소하다가 시간이 흐를수록 서서히 감소하게 된다. [그림 3(b) 참조]. 그리고 저항 양단의 전위차도 식 (8)에 따라 처음 전지의 단자전압 V의 전위차로부터 전류와 같은 양상으로 감소한다.

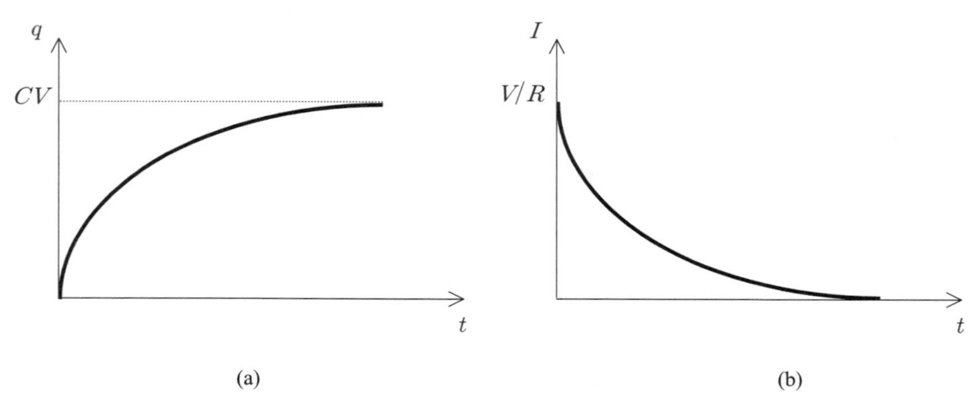

그림 3 충전 과정에서의 (a) 축전기에 충전되는 전하량의 시간에 따른 변화, (b) 회로에 흐르는 전류의 시간에 따른 변화.

이상의 식 (5)~(8)의 지수 e는 단위가 없으므로 RC는 시간의 단위를 갖는다. 여기서 저항과 전기용량의 곱 RC를 회로의 시간 상수(time constant)라고 하며, τ로 표기한다.

$$\tau = RC \tag{9}$$

이 시간 상수는 식 (5)에 의하면 축전기에 충전되는 전하량이 최종 전하량의 63.2 %에 도달하는데 걸리는 시간을 의미한다.

$$t = RC \quad \Rightarrow \quad q = CV\left(1 - e^{-\frac{t}{RC}}\right)\Big|_{t=RC} = CV(1 - e^{-1}) = 0.632CV = 0.632Q \tag{10}$$

우리의 실험에서는 축전기에 충전되는 전하량 q와 회로에 흐르는 전류 I의 시간 변화를 알아보고자 하나 이를 직접 측정하는 일은 쉽지 않다. 그러나 축전기에 충전되는 전하량이 축전기 양단의 전위차에 비례($q = C\Delta V_C$)한다는 사실과 회로에 흐르는 전류가 저항 양단의 전위차에 비례($I = \Delta V_R / R$)한다는 사실로부터, 측정이 용이한 전위차의 시간 변화를 측정함으로써 축전기에 충전되는 전하량 q와 회로에 흐르는 전류 I의 시간 변화를 쉽게 알아낼 수 있다.

[2] 축전기의 방전

이번에는 그림 4와 같이 스위치를 S_2에 두면, 회로로부터 전지는 제거되어 저항기와 축전기만의 직렬연결 회로가 되고, 축전기에 충전되었던 전하는 방전을 하게 된다. 이러한 상황을 키르히호프의 제 2법칙(폐회로의 법칙)을 적용하여 분석해 보도록 하자.

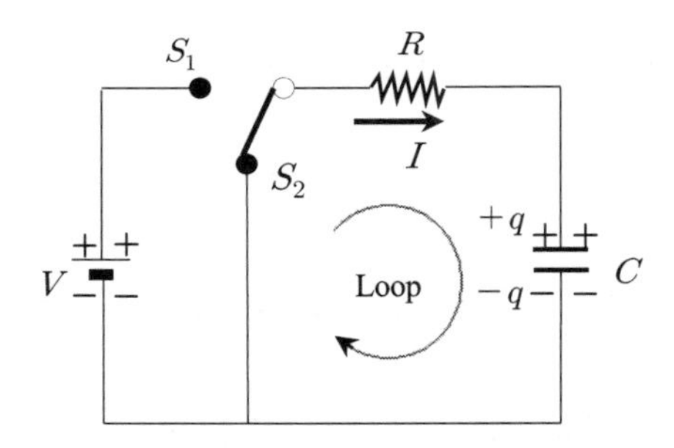

그림 4 스위치를 S_2에 두면 축전기는 방전이 시작되고, 방전은 축전기 양단의 전위차가 0이 될 때까지 일어난다.

루프(Loop)의 회전 방향을 그림 4와 같이 시계 방향으로 하여 폐회로의 법칙을 적용하면,

$$-IR - \frac{q}{C} = 0 \tag{11}$$

이 된다. 그림 4에서 축전기의 방전 중에 실제 전류는 반시계 방향으로 흐를 것이다. 그런데, 그림에서와 같이 전류의 방향을 시계 방향으로 잡았으므로 향후 계산에서 전류는 음(-)의 부호로 계산될 것이다. [식 (16)을 보아라!] 식 (11)에서 전류 I를 전류의 정의식 $I = dq/dt$를 이

용하여 다시 쓰면

$$-\frac{dq}{dt}R-\frac{q}{C}=0 \tag{12}$$

이 되고, 이를 변수 분리하여 정리하면

$$\frac{dq}{q}=-\frac{dt}{RC} \tag{13}$$

가 된다. $t=0$일 때 전하량이 최대, 즉 $q=Q$라는 점을 적용하여 위 식을 적분하고 q에 관해 정리하면, 축전기에서 방전되는 전하량은

$$\int_Q^q \frac{dq}{q}=\int_0^t -\frac{dt}{RC}$$

$$[\ln q]_Q^q=\left[-\frac{t}{RC}\right]_0^t$$

$$\ln\left(\frac{q}{Q}\right)=-\frac{t}{RC}$$

$$e^{\ln\left(\frac{q}{Q}\right)}=e^{-\frac{t}{RC}}$$

$$q=Qe^{-\frac{t}{RC}}=CVe^{-\frac{t}{RC}} \tag{14}$$

이 된다. 그리고 식 (14)로부터 축전기 양단의 전위차는

$$\Delta V_C=\frac{q}{C}=\frac{CVe^{-\frac{t}{RC}}}{C}=Ve^{-\frac{t}{RC}} \tag{15}$$

이 된다. 한편, 식 (14)의 전하량을 미분하여 회로에 흐르는 전류를 구하면

$$I=\frac{dq}{dt}=\frac{d}{dt}\left(CVe^{-\frac{t}{RC}}\right)=-\frac{V}{R}e^{-\frac{t}{RC}}=-I_0e^{-\frac{t}{RC}} \tag{16}$$

이다. 여기서 $I_0(=V/R)$는 방전할 때 회로에 흐르는 초기 전류 값이며, 전류의 부호가 마이너스인 이유는 방전 과정에서 회로에 흐르는 전류가 그림 4에서의 전류의 방향과는 반대 방향으로, 즉 충전 과정과는 반대 방향으로 흐르는 것을 의미한다. 이 전류의 식으로부터 저항 양단의 전위차는

$$\Delta V_R=IR=\left(-\frac{V}{R}e^{-\frac{t}{RC}}\right)R=-Ve^{-\frac{t}{RC}} \tag{17}$$

이 된다.

이상의 방전에 관한 논의로부터, 축전기의 전하량과 회로에 흐르는 전류의 시간에 따른 변

화를 그래프로 나타내면 그림 5와 같다. 식 (14)를 따라 축전기의 전하량은 시간 $t=0$ 일 때 $Q(=CV)$ 이고 처음엔 급격히 감소하다가 시간이 흐를수록 서서히 줄어든다. 그리고 회로에 흐르는 전류도 식 (16)을 따라 시간이 $t=0$ 일 때 V/R의 초기전류가 흐르며 처음에는 급격히 감소하다가 시간이 흐를수록 서서히 감소하는 양상을 갖는다.

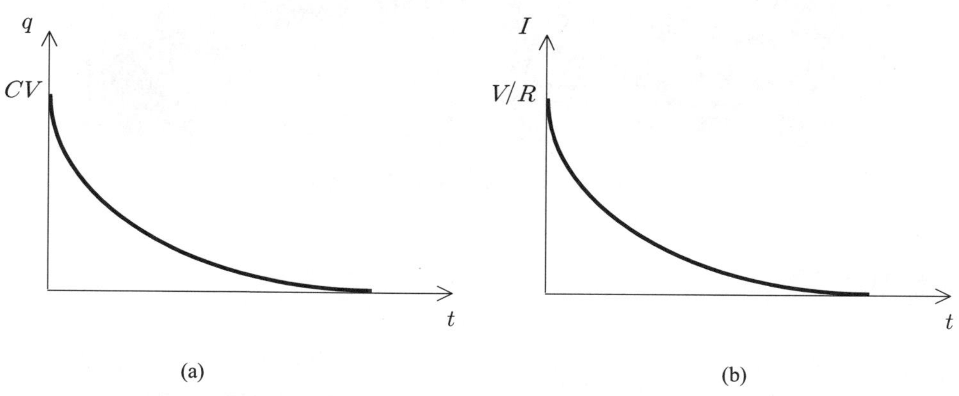

그림 5 방전 과정에서의 (a) 축전기에 충전되는 전하량의 시간에 따른 변화, (b) 회로에 흐르는 전류의 시간에 따른 변화.

한편, 회로의 시간 상수(time constant) $\tau(=RC)$는 방전 과정에서

$$t=RC \Rightarrow q(t)=Qe^{-\frac{t}{RC}}\Big|_{t=RC}=Qe^{-1}=0.368Q \tag{18}$$

으로 처음 축전기에 쌓인 전하량의 36.8 %에 도달하는데 걸리는 시간을 의미한다.

4. 실험 기구

○ RC 충/방전 실험기기
- 전지: 약 5.0 V 직류전원
- 저항기: 10k, 50k, 100k(Ω)
- 축전기: 10μ, 47μ, 100μ(F)

○ 멀티미터

○ 디지털 오실로스코프(모델명: GDS-1102B)

○ USB 메모리 스틱

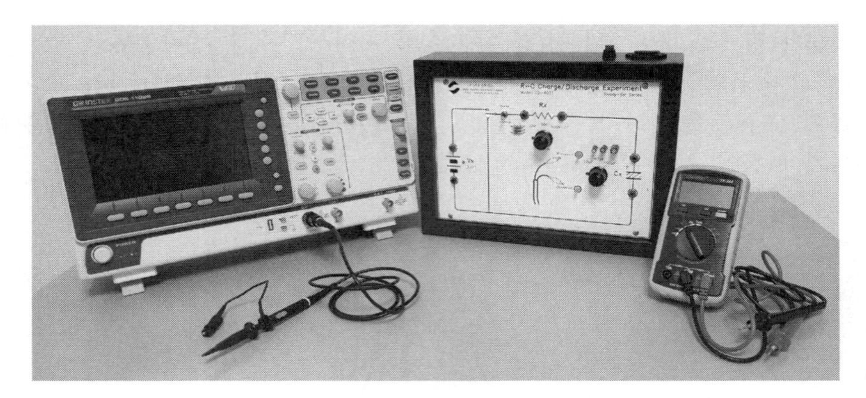

그림 6 RC 충 · 방전 회로 실험 기구

5. 실험 정보

(1) 저항에 비해 축전기는 익숙하지 않은 회로소자이다. 그러다보니 축전기가 들어간 RC 회로의 해석이 다소 난해할 수도 있다. 그래서 다소 어렵게 느껴지는 RC 회로의 수학적 해석에는 너무 연연해하지 말고, 회로에서의 축전기의 역할 즉, 전하를 충 · 방전 한다는 점을 확인해 보는데 주안점을 두어 실험하도록 한다.

(2) 이 실험에서는 RC 회로에서 축전기에 전하가 충전되는 과정과 축전기에서 전하가 방전되는 과정을 시간에 따른 전하량의 변화로 알아보고자 한다. 그런데 축전기에서의 전하량을 직접 측정하는 것은 곤란하므로, $Q = CV$의 관계에 의해 축전기 양단의 전위차를 측정함으로써 전하량을 간접 측정하는 방식으로 실험한다.

(3) 이 실험에서는 축전기 양단의 전위차의 시간에 따른 변화를 매우 쉽고 정확하게 측정할 수 있는 측정기기로 디지털 오실로스코프를 사용한다. 이 디지털 오실로스코프는 시간에 따른 전위차의 신호를 LCD 화면에 파형 그래프로 나타내어 주어 측정 결과를 쉽게 관찰할 수 있으며, 또한 LCD 화면의 측정 결과를 갭쳐하여 그림 파일로 저장하는 기능이 있어 실험 결과를 해석하고 보고서로 작성하는데 매우 유용하다.

(4) 이 실험에서는 오실로스코프의 정확한 사용이 실험 결과를 가름할 정도로 중요하니 오실로스코프의 사용법을 잘 익혀 사용하도록 한다. 그리고 이후에도 오실로스코프를 사용하는 실험으로 교재의 '실험 10. 정류회로 실험'과 '실험 12. 광섬유를 이용한 빛의 속력 측정' 실험이 있으니 계속해서 오실로스코프를 다룰 기회가 있을 것이다.

(5) 오실로스코프에는 기능 버튼과 노브들이 매우 많아 처음 접할 경우 조작에 두려움을 느끼기가 쉽다. 그러나 이 기기는 서툴게 다룬다고 해서 쉬이 고장이 나지는 않으니, 편안한 마음으로 기기의 여러 가지 측정 기능들을 알아보고 시험해 본다면 매우 좋은 경험이 될 것이다.

6. 실험 방법

(1) RC 충/방전 실험기기 상의 Charge/Discharge 스위치를 Discharge에 두어 이미 충전되어 있을지도 모르는 축전기를 방전시킨다. 3개의 축전기에 차례로 적절한 시간 동안 다이얼을 맞춰 놓으면 축전기는 방전되는데, 10 μF 축전기는 5초, 47 μF 축전기는 30초, 100 μF 축전기는 60초 정도면 된다.

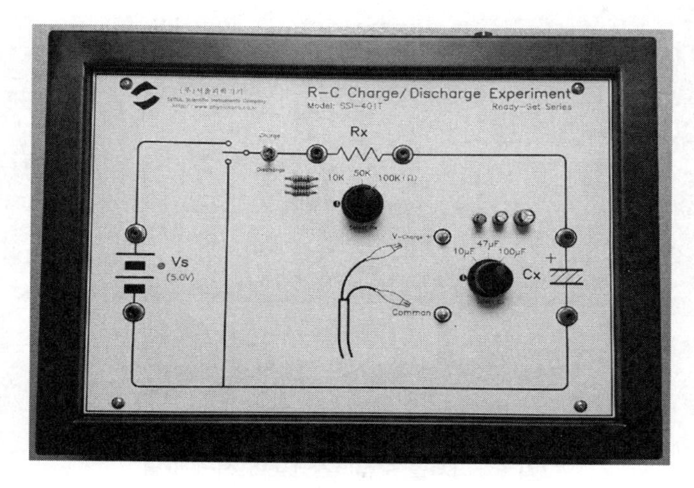

그림 7 RC 충/방전 실험기기

(2) RC 충/방전 실험기기 상의 Charge/Discharge 스위치를 중립 위치(또는 Discharge)에 둔 후, 기기의 전원을 켠다.

(3) 멀티미터를 이용하여 RC 충/방전 실험기기 상의 전지의 단자전압을 측정하고 V라 기록한다. 그리고 전압 측정 후 멀티미터는 제거한다.

(4) 첫 번째 실험을 위해서 RC 충/방전 실험기기 상의 저항기의 저항은 100kΩ 모드에, 축전기의 전기용량은 100μF 모드에 둔다.

★ 저항기의 저항과 축전기의 전기용량도 측정기기로 실측하는 것이 좋으나, 저항의 측정은 멀티미터로 쉽고 정확하게 측정할 수 있는데 반해, 전기용량은 멀티미터로 측정하기에는 정확성이 낮다. 물론, 전기용량만 측정할 수 있는 전용 측정기기도 있으나 이번 실험에서는 실험을 다소 단순화하기 위해서 제조사에서 측정하여 제공한 값(회로기판에 기재되어 있는 값)을 그대로 사용하기로 한다.

(5) 오실로스코프의 [POWER] 버튼을 눌러 전원을 켠다. 그리고 BNC-Probe 케이블의 프로브(Probe)를 CH1 단자에 연결한다. 그리고 프로브 측면에 있는 프로브 감쇠는 X1 모드로 설정한다.

★ 프로브 감쇠가 X1 모드일 때는 프로브의 저항은 약 1MΩ이다. 그런데 프로브 감쇠를 X10 모드로 하면 프로브의 저항은 약 10MΩ로 커진다. 이 프로브 감쇠를 X10 모드로 조정하면 입력 신

호의 크기(전압 진폭)가 원래의 1/10로 작아져 측정된다. 오실로스코프의 전압 [SCALE]의 최대 volt/division을 넘어서는 큰 입력 신호(이 경우 입력 신호의 파형이 오실로스코프 화면에 다 나오지 않게 됨.)를 측정하는 경우, 프로브 감쇠를 X10 모드로 하면 오실로스코프의 화면에서의 입력 신호 파형의 높이가 1/10로 낮아져 파형을 온전히 볼 수 있고 전압 진폭도 측정할 수 있다.

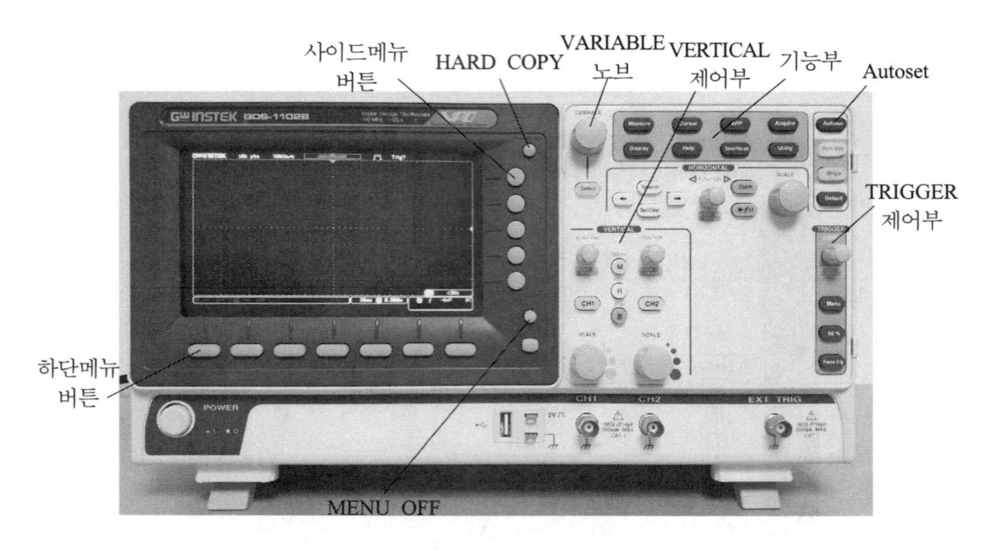

그림 8 디지털 오실로스코프의 전면 패널

(6) 프로브의 Tip(프로브 끝의 갈고리 모양의 금속 단자)과 프로브의 접지단자(프로브 측면에 연결된 집게형의 단자)를 각각 멀티미터에 연결하여 오실로스코프의 저항값을 측정하고 R_O로 기록한다.

★ 그림 1과 같은 회로도의 이론적인 실험 조건에서는 이 과정을 수행할 필요가 없다. 그런데, 실제 실험에서는 축전기 양단의 전위차를 측정하기 위해 축전기 양단에 연결하는 오실로스코프의 자체 저항이 그림 1의 회로도와는 달리 추가의 저항기로 작용하게 된다. 그래서 실험에서의 실제 회로도는 그림 11과 같으며, 이러한 오실로스코프의 자체 저항을 포함한 실제 회로를 다루기 위해서 이 과정에서와 같이 오실로스코프의 저항을 측정해 두는 것이다.

(7) 프로브의 Tip과 접지단자를 RC 충/방전 실험기기 상의 V-Charge(+)와 Commo(접지) 단자에 연결한다.

★ 반드시 프로브의 Tip을 V-Charge(+) 단자에 연결한다.

(8) (이 실험에서는 신호의 수집과 관련해서 자동 트리거(Trigger) 모드를 사용하지 않는 방법으로 실험합니다.) VERTICAL 제어부의 [CH2] 버튼이 점등되어 있으면 이 버튼을 눌러 채널 2의 입력 신호는 끈다. 그리고 [CH1] 버튼은 점등된 상태로 두고 한 번 더 눌러 화면에 하단메뉴가 나오게 하고, 하단메뉴의 설정 값을 아래의 표와 같게 설정한다. [그림 9 참조]

Coupling	Impedance	Invert	Bandwidth	Expand	Position / Set to 0	Probe Voltage
DC AC GND	1MΩ	On Off	Full	By Ground	0.000V	1X

★ 하단메뉴 바로 밑의 하단메뉴 버튼을 눌러 설정 값을 바꾸거나, 하단메뉴를 눌렀을 때 화면 오른쪽에 활성화 되는 사이드메뉴에서 설정 값을 바꾼다. 사이드메뉴에 나타나는 변수들을 스크롤하고 선택하는 데는 [VARIABLE] 노브와 [Select] 버튼을 사용하면 된다.

★ 사이드메뉴와 하단메뉴를 화면에서 제거하려면 화면 밖 오른쪽 하단에 있는 [MENU OFF] 버튼을 연속으로 누르면 된다.

★ DC는 직류(교류 포함) 파형 측정 모드를, AC는 교류 파형 측정 모드를 말한다.

★ 파형의 상하 반전을 원한다면 Invert를 On 모드로 두면 된다.

★ 'Position / Set to 0'을 0.000V로 두면 파형이 화면의 중간 높이에 놓이게 된다.

★ Probe Voltage는 전압 파형을 측정하는 것을 의미하며, 모드를 Probe Current로 바꾸면 전류 파형을 측정하게 된다.

(9) 측정될 신호를 예상하여 측정 신호의 파형이 화면에 알맞게 나타나도록 전압(전위차)과 시간 division을 알맞게 설정한다. 우리 실험의 경우 전압의 최대값은 전지의 전압과 같은 약 5V, 측정해야 할 시간은 100kΩ-100μF의 경우 수십 초이다.

① 화면 하단 왼쪽에 노란색으로 나타내어지는 채널 1의 전압 정보를 보면서 VERTICAL 제어부의 채널 1의 [SCALE] 노브를 돌려 다음과 같이 volt/division이 2V가 되게 한다.

★ 화면을 잘 보아라! 화면은 가로로 10개, 세로로 8개의 점선의 직사각형으로 이루어져 있다. 여기서 volt division을 2V로 둔다는 것은 이 점선의 직사각형 한 개의 높이가 2V의 전압을 나타낸다는 것을 의미한다. 이 경우 화면은 중앙을 기준으로 위로 4개의 점선의 직사각형이 나타나므로, 이 2V의 volt division 스케일에서 측정할 수 있는 전압의 최대값은 8V(=2V×4)가 되는 것이다.

① ⎓ 2V

② 화면 하단 중앙에서 약간 오른쪽에 나타내어지는 시간 정보를 보면서 HORIZONTAL 제어부의 [SCALE] 노브를 돌려 time/division이 10s가 되게 한다.

★ 이렇게 time division을 10s로 두면 화면상의 점선의 직사각형 한 개의 가로 만큼이 10s의 시간 간격을 나타내게 된다.

10s **H** 0.000s

③ VERTICAL 제어부의 채널 1의 [POSITION] 노브를 눌러 파형의 수직 위치를 0V로 리셋한다.

★ 이 과정은 이미 과정(8)에서 'Position / set to 0' 메뉴를 통해서 수직 위치를 0V로 리셋한 바 있다. 그래서 중복된 수행이 될 수도 있으나 데이터 수집 전에 한 번 더 수행하는 것이 좋다고 판단하여 다시 수행을 하는 것이다.

④ TRIGGER 제어부의 [LEVEL] 노브를 눌러 트리거(Trigger) 레벨을 0V로 리셋한다.

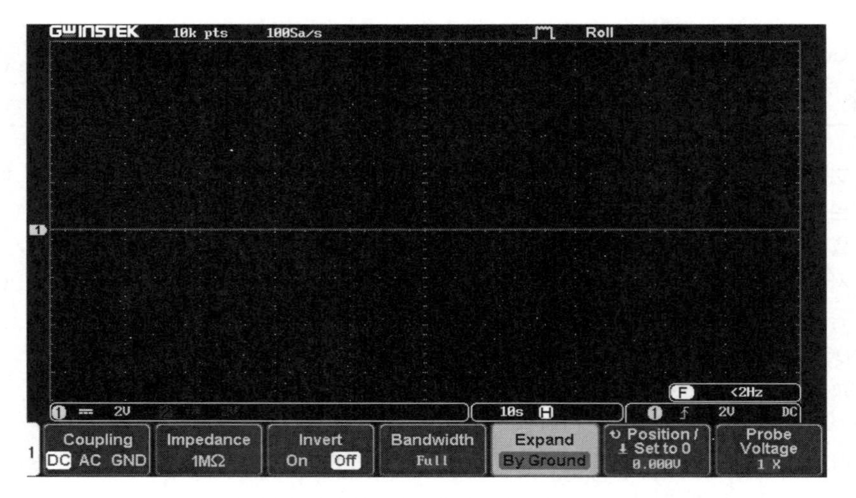

그림 9 과정 (8)과 (9)를 수행한 후의 오실로스코프의 화면

(10) [MENU OFF] 버튼을 눌러 하단메뉴를 제거한다.

★ 이 과정은 실험에 영향을 미치는 과정이 아니니 수행하지 않아도 된다. 다만, 하단메뉴를 제거함으로써 화면을 조금 더 쾌적하게 보기 위함이다.

★ [MENU OFF] 버튼을 누르면 화면의 하단이나 오른쪽에 나타나는 메뉴나 설정 정보 등을 화면에서 제거할 수 있다. 이후의 전 과정에서 동일하게 사용할 수 있는 버튼 기능이니 기억해 두면 유용하다.

(11) [Run/Stop] 버튼이 녹색으로 점등되어 있는지 확인하고, 그렇지 않으면 버튼을 눌러 녹색으로 점등한다. 이렇게 [Run/Stop] 버튼이 녹색으로 점등되어 있으면 오실로스코프는 계속해서 신호 수집(측정)을 하고 있는 상태가 된다.

(12) RC 충/방전 실험기기 상의 Charge/Discharge 스위치를 Charge로 전환하여 RC 회로의 충전 과정을 실험한다. 화면에 그래프로 나타나는 축전기 양단의 전위차를 관찰하며, 축전기에 전하가 완충되어 축전기 양단의 전위차의 변화가 없으면 [Run/Stop] 버튼을 눌러 신호의 수집을 멈춘다. 이때 [Run/Stop] 버튼은 빨간색으로 점등된다. [그림 10 참조]

★ 화면상에서 왼쪽으로 이동하며 계속 업데이트되는 전압 파형(그래프)의 시작점이 화면의 중앙 지점을 지날 즈음에 [Run/Stop] 버튼을 눌러 신호 수집을 멈추면 적당하다.

(13) 오실로스코프의 커서(Cursor) 기능을 이용하여 축전기 양단의 최종 전위차 $V_{C,\text{실험}}$과 RC 회로의 시간 상수 $\tau_{\text{실험}}$을 측정한다. [그림 10 참조]

① 기능부의 [Cursor] 버튼을 누르면 화면 하단에 'H Cursor' 메뉴가 활성화 되면서 화면에는 세로로 두 줄의 실선의 커서(Cursor) 나타난다. 또한, 화면 왼쪽 상단에는 박스가 나타나며 이 박스에는 두 줄의 커서가 파형과 맞닿는 지점의 시간과 전위의 정보가 기록된다.

② 'H Cursor' 메뉴 아래의 하단메뉴 버튼을 연속해서 누르거나 [Select] 버튼을 연속해서 누르면, 화면의 두 줄의 커서는 차례로 '점선+실선' → '실선+실선' → '실선+점선' → '점선+실선'의 순서로 바뀌는데, 이때 실선의 커서만이 [VARIABLE] 노브를 돌려 커서를 좌우로 이동시킬 수 있는 상태가 된다.

커서 상태	기능 설명
⋮ |	왼쪽 커서(①)는 고정, 오른쪽 커서(②)만 이동
| |	왼쪽 커서(①)와 오른쪽 커서(②) 함께 이동
| ⋮	왼쪽 커서(①)만 이동, 오른쪽 커서(②)는 고정

③ 두 줄의 커서 중 오른쪽의 ②번 커서를 실선으로 만든 후, [VARIABLE] 노브를 돌려 커서를 파형의 최고점에 두어 축전기 양단의 최종 전위차 $V_{C,\,실험}$을 측정하고 기록한다.

★ 커서가 가리키는 지점의 전위(차)는 화면 좌측 상단의 커서 정보 박스에 업데이트된다. 그러니 이 값을 보면서 커서를 움직여 커서가 놓인 지점에 해당하는 전위(차)를 읽으면 된다.

④ 두 줄의 커서 중 먼저 왼쪽의 ①번 커서를 실선으로 만든 후 [VARIABLE] 노브를 돌려 커서를 파형의 꼭지점(충전 시작점, 즉 상승 그래프가 시작되는 지점)에 두고, 이번에는 ②번 커서를 실선으로 만들어 '과정 ③'에서 측정한 축전기 양단의 최종 전위차 $V_{C,\,실험}$의 63.2%가 되는 위치, 즉 $0.632\,V_{C,\,실험}$의 위치에 둔다.

★ 만일 $V_{C,\,실험} = 5\,\mathrm{V}$라면, $0.632\,V_{C,\,실험} = 3.16\,\mathrm{V}$가 된다.

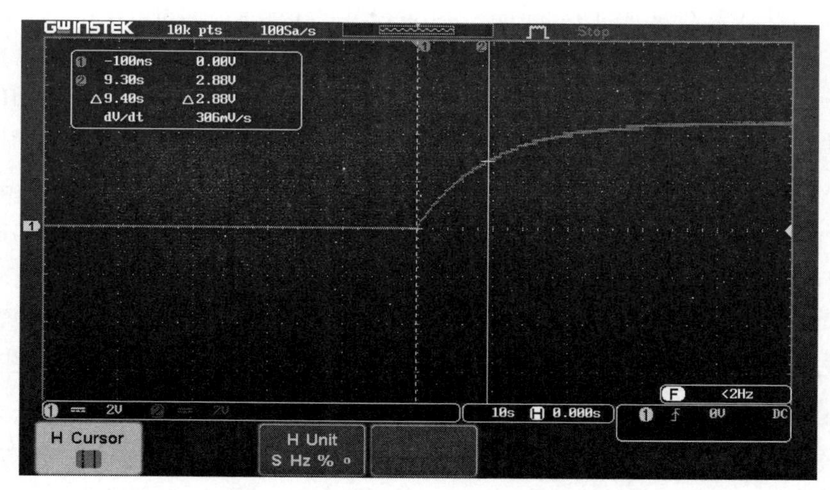

그림 10 RC 회로의 시간 상수 $\tau_{실험}$을 측정하기 위해서 두 커서를 각각 측정하고자 하는 전위의 위치에 두고, 화면 좌측 상단의 커서 정보 박스로부터 두 커서 사이의 시간 간격을 읽는다.

⑤ 과정 ④의 두 커서 사이의 시간 간격(화면 좌측 상단의 커서 정보 박스의 '△OO.Os') 을 읽어 RC 회로의 시간 상수 $\tau_{실험}$이라고 하고 기록한다.

★ 여기서 $\tau_{실험}$은 축전기 양단의 전위차(원래는 전하량)가 최종 전위차의 63.2%에 이르는 데 걸리는 시간이다.

(14) 화면상의 파형의 그래프와 커서의 정보들을 캡쳐하여 USB 메모리 스틱에 그림 파일로 저장한다. 그리고 이 그림 파일은 결과 보고서에 첨부토록 한다.

① 준비해 온 USB 메모리 스틱을 오실로스코프의 USB 포트에 꽂는다.

② 기능부의 [Utility] 버튼을 눌러 화면에 하단메뉴가 나오면 'Hard Copy'를 선택하고 이어 나타나는 사이드메뉴를 다음과 같이 설정한다.

★ **꼭 읽어 보세요!** 'Ink Saver'를 On으로 두면 화면을 캡처할 때 화면의 바탕색이 실제 보이는 것과 같은 검정색이 아니라 흰색으로 저장되므로 캡처 파일을 프린트할 때 잉크를 크게 절감할 수 있는 설정이라 좋습니다.

Function	Ink Saver	File Format	Assign Save To
Print Save	On Off	Png	Image

② [MENU OFF] 버튼을 눌러 화면에서 하단메뉴를 제거한다.

③ [HARD COPY] 버튼을 눌러 화면을 갭쳐한다. 그러면 캡쳐된 화면은 USB 메모리에 DS0001, DS0002, DS0003, ・・・의 파일명으로 순차적으로 저장된다.

(15) [Run/Stop] 버튼을 녹색으로 점등시켜 다시 신호 수집을 시작하고, 바로 RC 충/방전 실험기기 상의 Charge/Discharge 스위치를 Discharge로 전환하여 RC 회로의 방전 과정을 실험한다. 오실로스코프 화면에 나타나는 전압 파형의 변화를 관찰하며 계속 업데이트되는 전압 파형(그래프)의 시작점이 화면의 중앙 지점을 지날 즈음에 [Run/Stop] 버튼을 눌러 신호 수집을 멈추고, [HARD COPY] 버튼을 눌러 화면을 캡쳐한다.

(16) RC 충/방전 실험기기 상의 저항기의 저항과 축전기의 전기용량의 선택에 있어 남은 경우 수 8가지(100 kΩ-47 μF, 100 kΩ-10 μF, 50 kΩ-100 μF, 50 kΩ-47 μF, 50 kΩ -10 μF, 10 kΩ-100 μF, 10 kΩ-47 μF, 10 kΩ-10 μF) 중에서 임의로 3가지를 더 선택하여 이상의 실험을 반복 수행한다. 그런데, 이때 주의할 점은 과정 (9)-②인데, 선택하는 저항과 전기용량의 회로일 때의 RC 회로의 시간 상수 $\tau(=RC)$를 고려하여 적절한 time/division을 잡는다.

(17) 이상의 실험 결과로부터 RC 회로에서 저항기의 저항과 축전기의 전기용량의 변화가 RC 회로의 충・방전 과정에 어떠한 영향을 미치는지를 논하여 본다.

(18) RC 회로에서의 축전기 양단의 최종 전위차의 이론값 $V_{C,\,이론}$과 시간 상수의 이론값

$\tau_{이론}$을 회로의 해석으로부터 구한다.

★ 다음의 해석은 일반물리실험 수준을 넘어선다. 그래서 이를 다루지 않고 이와 관련하여 발생하는 부분을 오차로 해석할 수도 있다. 하지만, 명백한 오차 요인을 숨기는 것은 바람직하지 않다고 생각하여 어려운 내용이지만 이해를 구하고 다음과 같은 해석을 하고자 합니다. 다음의 수학적인 해석은 상세한 풀이를 얻고자 고민하지 말고 결과와 그 결과를 채택하게 된 이유만 편히 받아들였으면 좋겠습니다.

① 이상에서 실험한 회로가 그림 1의 이상적인 회로와 다름을 이해한다.

'3. 기본 원리'의 식 (6)을 보아라! 그림 1과 같은 이론적인 RC 충전 회로에서 축전기 양단의 최종 전위차 V_C는 전지의 단자전압 V와 같다. 그런데 이상의 실험에서 축전기 양단의 최종 전위차 $V_{C,\,실험}$은 전지의 단자전압 V와 같지 않음을 확인할 수 있었을 것이다. 이는 축전기 양단의 전위차를 측정하기 위해서 회로에 연결한 오실로스코프의 부득이한 자체 저항 때문에 실제 실험에서의 회로가 그림 1의 회로와는 달라졌기 때문이다. 이런 이유로 오실로스코프의 자체 저항을 포함한 실제 실험 회로는 다음과 같다.

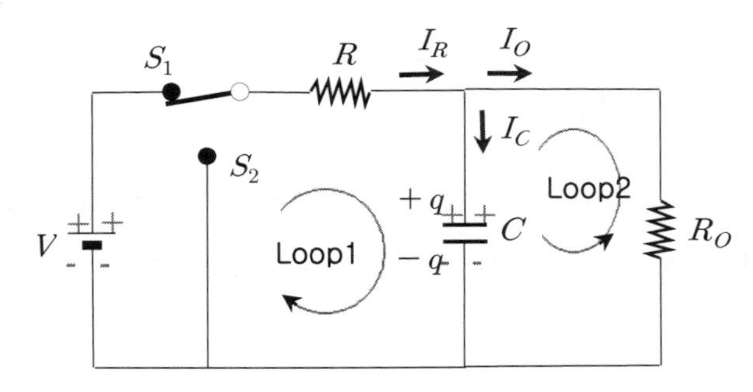

그림 11 오실로스코프의 자체 저항 R_O가 축전기에 병렬 연결된 RC 회로

② 그림 11의 충전 회로에 Kirchhoff(키르히호프)의 법칙을 적용하여 미지 전류 I_R, I_O, I_C를 구하기 위한 세 개의 식을 다음과 같이 세운다.

$$\sum_i I_i = I_R - I_C - I_O = 0 \tag{19}$$

$$\sum_i V_i^{Loop1} = V - I_R R_R - \frac{q}{C} = 0 \tag{20}$$

$$\sum_i V_i^{Loop2} = -\frac{q}{C} + I_O R_O = 0 \tag{21}$$

③ 과정 ②의 세 식을 연립하여 풀어 축전기 양단에 충전되는 전하량 q를 시간 t에 관한

함수로 기술한다.

$$q = \frac{R_O C V}{(R+R_O)}\left[1-e^{-\frac{(R+R_O)}{R R_O C}t}\right] \tag{22}$$

④ 식 (22)로부터 축전기 양단의 최종 전위차 $V_{C,\text{이론}}$, 축전기에 충전되는 최종 전하량 $Q_{\text{이론}}$, RC 회로의 시간 상수 $\tau_{\text{이론}}$을 구한다.

$$V_{C,\text{이론}} = \frac{R_O V}{(R+R_O)} \tag{23}$$

$$Q_{\text{이론}} = \frac{R_O C V}{(R+R_O)} \tag{24}$$

$$\tau_{\text{이론}} = \frac{R R_O C}{(R+R_O)} \tag{25}$$

⑤ 식 (23)과 식 (25)에 회로 소자의 값을 대입한다.

(19) 과정 (13)의 $V_{C,\text{실험}}$, $\tau_{\text{실험}}$을 과정의 (18)의 $V_{C,\text{이론}}$, $\tau_{\text{이론}}$과 비교하여 보고, RC회로의 이론적 해석의 타당성을 확인한다.

➲ 본 실험 매뉴얼은 다음의 매뉴얼을 참조하여 작성하였음을 밝힙니다.

1. 디지털 스토리지 오실로스코프 GDS-1000B 시리즈 사용설명서, 한국굿윌인스트루먼트(주)

7. 실험 전 학습에 대한 질문

실험 제목	*RC* 충 · 방전 회로 실험 – 회로에서의 축전기의 역할 이해			실험일시	
학과 (요일/교시)		조		보고서 작성자 이름	

* 다음의 물음에 대하여 괄호 넣기나 번호를 써서, 또는 간단히 기술하는 방법으로 답하여라.

1. 이 실험의 목적을 써 보아라.

   Ans: ____________________

2. 본문 '3. 기본 원리'의 그림 2의 RC 충전 회로에 대하여 그림에서 주어진 루프(Loop)의 회전 방향을 따라 Kirchhoff(키르히호프)의 제 2법칙(폐회로의 법칙)을 적용한 전위에 관한 식을 세워 보아라.

   Ans: ____________________

3. 2번 문제의 충전 회로에서 축전기에 쌓이는 전하량 q를 시간 t에 관한 함수로 옳게 나타낸 것은? Ans: ______

   ① $q = CV\left(1 - e^{-\frac{t}{RC}}\right)$ ② $q = CV\left(1 - e^{-\frac{RC}{t}}\right)$ ③ $q = CVe^{-\frac{t}{RC}}$ ④ $q = CVe^{-\frac{RC}{t}}$

4. 2번 문제의 충전 회로에서 축전기 양단의 전하량과 저항에 흐르는 전류에 대한 설명으로 옳지 않은 것은? 단, 스위치를 S_1에 연결하는 순간을 시간 $t = 0$으로 한다. Ans: ______

   ① 축전기의 전하는 처음에는 급격히 충전되다가 시간이 흐를수록 서서히 충전되는 양상을 띤다.
   ② 축전기에 충전되는 최종 전하량은 CV이다.
   ③ 저항에 흐르는 전류는 처음엔 급격히 감소하다가 시간이 흐를수록 서서히 감소하는 양상을 띤다.
   ④ 회로에는 일정한 전류가 흐른다.
   ⑤ 시간이 $t = 0$일 때에 저항에 흐르는 전류는 V/R이다.

5. 2번 문제의 충전 회로에서 저항(R)은 100kΩ이고 전기용량(C)은 100 μF이라고 하자. 그러면, 이 회로의 시간 상수는 얼마인가?

Ans: ______________ s

6. 본문 '3. 기본 원리'의 그림 4의 RC 방전 회로에서 충분한 시간 동안 스위치를 S_1에 연결시켰다가 떼어 S_2에 두면, 저항기와 축전기로만 직렬 연결된 회로가 되고 축전기에 충전되었던 전하는 방전을 하게 된다. 이와 같은 방전 회로에서 축전기 양단의 전하량 q를 시간 t에 관한 함수로 옳게 나타낸 것은? Ans: ______

① $q = CV\left(1 - e^{-\frac{t}{RC}}\right)$ ② $q = CV\left(1 - e^{-\frac{RC}{t}}\right)$ ③ $q = CVe^{-\frac{t}{RC}}$ ④ $q = CVe^{-\frac{RC}{t}}$

7. 6번 문제의 방전 회로에서 축전기 양단의 전하량과 저항에 흐르는 전류에 대한 설명으로 옳지 않은 것은? 단, 스위치를 S_2에 연결하는 순간을 시간 $t = 0$으로 한다. Ans: ______

① 축전기의 전하는 처음에는 서서히 방전되다가 시간이 흐를수록 급격히 방전되는 양상을 띤다.
② 시간 $t = 0$일 때 축전기의 전하량은 CV이다.
③ 저항에 흐르는 전류는 처음엔 급격히 감소하다가 시간이 흐를수록 서서히 감소하는 양상을 띤다.
④ 방전 회로에서의 시간 상수는 축전기의 전하량이 처음 축전기에 충전된 전하량의 36.8%에 도달하는데 걸리는 시간이다.
⑤ 시간이 $t = 0$ 일 때에 저항에 흐르는 전류는 V/R이다.

8. 다음 중 이 실험에서 사용하는 실험기구가 아닌 것은? Ans: ______

① RC 충/방전 실험기기 ② 멀티미터 ③ 디지털 오실로스코프 ④ 마이크로미터

9. 이 실험은 그림 1과 같은 RC 충방전 회로를 구성하고 축전기 양단의 전위차의 시간에 따른 변화를 알아보고자 하는 실험이다. 그런데, 실제 실험에서는 그림 1과는 달리 그림 11의 회로를 실험하게 된다. 왜 그럴까? 그 이유를 간단히 기술하여라.

Ans: ____

____

8. 결과

실험 제목	RC 충 · 방전 회로 실험 – 회로에서의 축전기의 역할 이해			실험일시	
학과 (요일/교시)		조		보고서 작성자 이름	

[1] 실험값

○ 전지의 전압 측정값: V

(1) 실험 1 – 저항: kΩ, 축전기: μF

$V_{C,\text{실험}}$	$V_{C,\text{이론}}$	$\frac{V_{C,\text{이론}} - V_{C,\text{실험}}}{V_{C,\text{이론}}} \times 100(\%)$	$\tau_{\text{실험}}$	$\tau_{\text{이론}}$	$\frac{\tau_{\text{이론}} - \tau_{\text{실험}}}{\tau_{\text{이론}}} \times 100(\%)$
V	V		s	s	

※ 오실로스코프 화면을 캡쳐하여 그림 파일로 저장한 RC 회로의 충·방전 그래프 첨부

(2) 실험 2 – 저항: kΩ, 축전기: μF

$V_{C,\text{실험}}$	$V_{C,\text{이론}}$	$\frac{V_{C,\text{이론}} - V_{C,\text{실험}}}{V_{C,\text{이론}}} \times 100(\%)$	$\tau_{\text{실험}}$	$\tau_{\text{이론}}$	$\frac{\tau_{\text{이론}} - \tau_{\text{실험}}}{\tau_{\text{이론}}} \times 100(\%)$
V	V		s	s	

※ 오실로스코프 화면을 캡쳐하여 그림 파일로 저장한 RC 회로의 충·방전 그래프 첨부

(3) 실험 3 – 저항: kΩ, 축전기: μF

$V_{C,\text{실험}}$	$V_{C,\text{이론}}$	$\frac{V_{C,\text{이론}} - V_{C,\text{실험}}}{V_{C,\text{이론}}} \times 100(\%)$	$\tau_{\text{실험}}$	$\tau_{\text{이론}}$	$\frac{\tau_{\text{이론}} - \tau_{\text{실험}}}{\tau_{\text{이론}}} \times 100(\%)$
V	V		s	s	

※ 오실로스코프 화면을 캡쳐하여 그림 파일로 저장한 RC 회로의 충·방전 그래프 첨부

(4) 실험 4 - 저항: kΩ, 축전기: μF

$V_{C,\text{ 실험}}$	$V_{C,\text{ 이론}}$	$\dfrac{V_{C,\text{ 이론}} - V_{C,\text{ 실험}}}{V_{C,\text{ 이론}}} \times 100(\%)$	$\tau_{\text{실험}}$	$\tau_{\text{이론}}$	$\dfrac{\tau_{\text{이론}} - \tau_{\text{실험}}}{\tau_{\text{이론}}} \times 100(\%)$
V	V		s	s	

※ 오실로스코프 화면을 캡쳐하여 그림 파일로 저장한 RC 회로의 충·방전 그래프 첨부

[2] 결과 분석

[3] 오차 논의 및 검토

[4] 결론

실험 07

솔레노이드 내부의 자기장 측정

1. 실험 목적

전류가 흐르는 도선이 그 주위에 자기장을 형성하는 것과 자기장 내에 놓인 전류가 흐르는 도선이 자기력을 받는 것을 이해한다.

2. 실험 개요

나선형 코일 모양의 솔레노이드에 전류를 흘려주고, 그 내부에 ㄷ자형의 도선과 전원 단자이자 회전축의 역할을 하는 금속 막대로 이루어진 얇은 판형의 전류천칭을 넣고 전류천칭에 전류를 흘려준다. 그러면, 전류천칭의 ㄷ자형 도선 부위는 자기력을 받아 아래로 기울게 되는데, 이때 ㄷ자형 도선 부위의 회전축 반대편에 질량 추의 작은 나사를 꽂아 전류천칭이 회전평형을 이루게 한다. 이 과정에서 각각 자기력과 중력에 의한 토크가 같음을 이용하여 솔레노이드 내부의 자기장을 알아낸다. 그리고 이 자기장 값을 실험값으로 하고, Tesla Meter로 측정한 자기장 값과 비오-사바르의 법칙(또는 앙페르의 법칙)을 이용하여 계산한 자기장 값을 각각 참값과 이론값으로 하여 비교하여 보고 그 일치를 확인한다. 한편, 이러한 과정에서 전류가 흐르는 도선(솔레노이드)이 그 주위에 자기장을 형성함과 자기장 내에 놓인 전류가 흐르는 도선이 자기력을 받음을 이해한다.

3. 기본 원리

[1] 자기장이란?

만일, 전하량이 q 인 입자가 전기장 내에서 받는 힘이 $\vec{F_E}$ 라면, 전기장 $\vec{E}$ 는 단위 전하당 작용하는 힘, 즉 $\vec{E} = \vec{F_E}/q$ 로 정의되어진다. 이와 같이 전기장의 정의는 상당히 간단하다. 하지

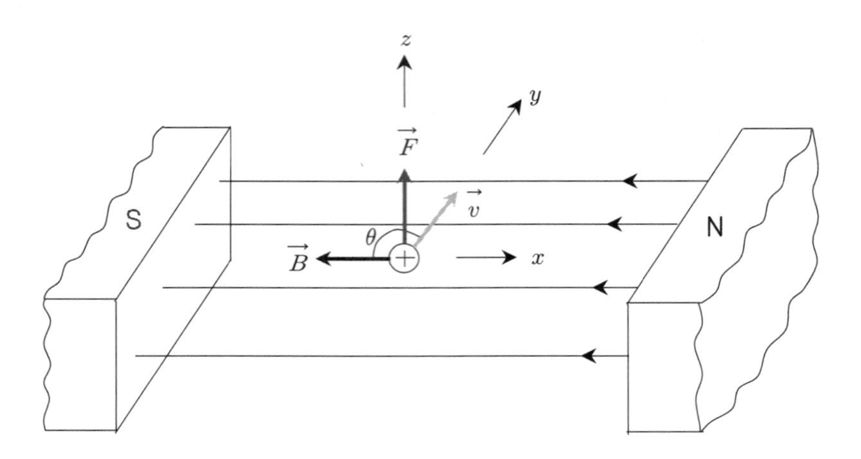

그림 1 자기장 $\vec{B}$의 공간에서 속도 $\vec{v}$로 운동하는 하전입자에는 $\vec{v}$와 $\vec{B}$에 각각 수직한 방향으로 자기력 $\vec{F}$가 작용한다. 그리고 이 자기력의 크기는 $F = qvB\sin\theta$ 이다.

만 자기장의 정의는 전기장의 경우와는 달리 분리된 극이 존재하지 않으므로 그리 간단하게 정의되지 않는다. 다음은 하전입자가 자기장 내에서 어떤 영향을 받는지를 관측한 결과이다.

- 정지상태의 하전입자는 정지 자기장과 상호작용하지 않는다. 그러나 자기장 내에서 하전입자가 움직일 때는 힘을 받는다.
- 자기장 내에서 하전입자가 받는 힘은 하전입자의 전하량 q와 속력 v에 각각 비례한다. 즉, $F \propto q$, $F \propto v$ 이다.
- 자기장 내에서 하전입자가 받는 힘은 하전입자가 자기력선을 따라 움직일 때는 0 이고, 자기력선과 이루는 각이 커질수록 증가하다가 자기력선과 수직한 방향으로 움직일 때는 최대가 된다. 즉, 하전입자의 속도 $\vec{v}$와 자기장 $\vec{B}$가 θ의 각을 이루면 $F \propto \sin\theta$ 이다.
- 자기장 내에서 하전입자가 받는 힘은 자기장의 세기 B에 비례한다. 즉, $F \propto B$ 이다. 그림 1에서와 같이 자기장 내에서 하전입자가 받는 힘의 방향은 하전입자의 속도 $\vec{v}$와 자기장 $\vec{B}$의 방향에 각각 수직을 이룬다.

이상의 관측 결과를 정리하면, 자기장 $\vec{B}$ 내에서 속도 $\vec{v}$로 운동하는 전하량 q의 하전입자는 자기력을 받으며, 이 자기력의 크기는

$$F_B = qvB\sin\theta \tag{1}$$

이고 힘의 방향은 두 벡터 $\vec{v}$와 $\vec{B}$가 이루는 면에 수직한 방향이라는 것을 알 수 있다. 이러한 사실을 백터곱의 정의($\vec{A} \times \vec{B} = AB\sin\theta\,\hat{n}$)를 이용하여 기술하면, 자기력은

$$\vec{F}_B = q\vec{v} \times \vec{B} \tag{2}$$

로 나타내어진다. 이상의 자기력의 논의로부터 자기장의 세기는

$$B = \frac{F_B}{qv\sin\theta} \tag{3}$$

로 정의된다. 만일, 하전입자가 자기장에 수직하게 운동한다면, 이 공간의 자기장의 세기는 단위 전하당, 단위 속력당 하전입자에 작용하는 힘인 것이다. 한편, 힘(F)의 단위는 **N**(뉴턴), 전하량(q)의 단위는 **C**(쿨롱), 속력(v)의 단위는 **m/s**이므로 식 (3)의 자기장의 단위는

$$\frac{\text{N}}{\text{C} \cdot \text{m/s}} = \frac{\text{N} \cdot \text{s}}{\text{C} \cdot \text{m}} = \frac{\text{N}}{\text{A} \cdot \text{m}} \tag{4}$$

가 된다. 다시 **SI** 단위로 쓰면 **T**(Tesla, 테슬라)라고 한다. 그런데, 테슬라는 상당히 큰 양이어서 일상적으로는 경험하기 어려운 양이다. 그래서 보통의 경우에는 **G**(gauss, 가우스)가 주로 사용된다. 가우스와 테슬라는 다음의 관계를 갖는다.

$$1\,\text{T} = 10^4\,\text{G} \tag{5}$$

[2] 자기장 내에서 전류가 흐르는 도선에 작용하는 자기력

자기장 내에서 운동하는 하전입자가 운동 방향에 수직한 방향으로 힘을 받아 휘게 된다면, 자기장 내에 놓여 있는 전류가 흐르는 도선에도 힘이 작용한다는 것은 충분히 예상되어지는 일이다. 이는 전류가 곧, 하전입자(자유전자)들의 운동 현상이기 때문이다. 물론, 도선에 전류가 흐르지 않는다면, 이 경우에 도선은 아무런 힘을 받지 않는다.

다음은 그림 2와 같이 균일한 자기장 $\vec{B}$ 내에 놓여 있는 전류 I가 흐르는 단면적 A, 길이 L의 직선도선에 작용하는 자기력을 생각해 보자. 그리고 이를 위하여 먼저, 미시적 관점에서 도선 내에서의 전류를 기술하여 보자.

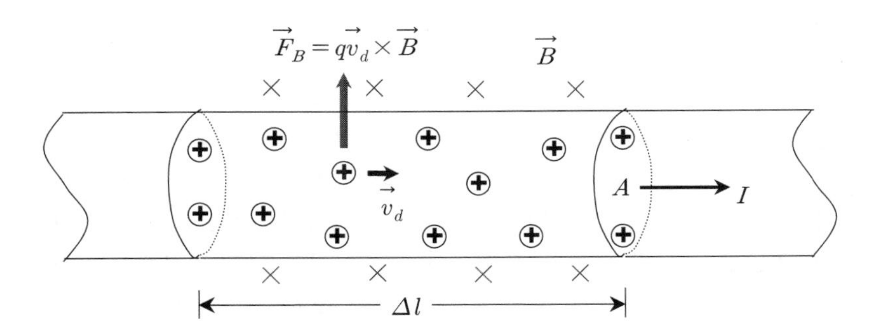

그림 2 전류 I가 흐르는 단면적 A, 길이 L의 도선을 따라 전하운반자들이 유동속도 $\vec{v}_d$로 운동하고 있다.

도선내의 단위 부피당 전하운반자(실제 도선 내에는 전자들이 전하 운반자의 역할을 수행하지만, 편의상 전류의 방향으로 운동하는 양의 전하를 전하운반자로 가정)들의 수를 n이라고 하면 Δl의 도선의 길이 요소의 부피는 $A\Delta l$이므로, 이 부피내의 전하운반자들의 총수는 $nA\Delta l$이 된다. 그리고 전하운반자의 전하량을 q라고 하면, 이 도선 내의 전하량은 $\Delta Q = q(nA\Delta l)$이 된다. 한편, 전하운반자들의 도선 내에서의 평균 운동속도를 유동속도(drift velocity) $\vec{v}_d$라고 하고, 전하운반자들이 이 유동속도로 Δl의 거리를 이동하는 데 Δt초가 걸렸다고 하면 $\Delta l = v_d \Delta t$가 된다. 그러므로

$$\Delta Q = q(nA\Delta l) = qnAv_d\Delta t \tag{6}$$

이다. 이 식의 양변을 Δt로 나누면, 도선에 흐르는 전류는 다음과 같이 나타내어진다.

$$I = I_{ave} = \frac{\Delta Q}{\Delta t} = \frac{qnAv_d\Delta t}{\Delta t} = qnAv_d \tag{7}$$

여기서, 도선에는 일정한 전류가 흐르는 것으로 하여 평균 전류 I_{ave}를 곧, 순간 전류 I로 두었다. 한편, 이 전류 도선은 균일한 자기장 내에 있으므로, 길이 L의 도선내의 $N(=nAL)$개의 전하운반자들은 다음과 같은 자기력을 받게 된다.

$$\vec{F}_B = \sum_i^N \vec{F}_i = \sum_i^N q_i\vec{v}_i \times \vec{B} = Nq\langle \vec{v}_i \rangle \times \vec{B} = Nq\vec{v}_d \times \vec{B} \tag{8}$$

여기서 $\langle \dots \rangle$은 평균을 의미한다. 그런데, 도선의 길이 벡터 $\vec{L}$을 전류의 흐름 방향으로 정의하면, 전하운반자들의 유동속도($\vec{v}_d$)의 방향은 도선의 길이 벡터($\vec{L}$)의 방향과 같은 방향을 이루므로, 자기력은

$$\vec{F}_B = \sum_i^N \vec{F}_i = Nq\vec{v}_d \times \vec{B} = (nAL)q\vec{v}_d \times \vec{B} = qnAv_d\vec{L} \times \vec{B} = I\vec{L} \times \vec{B} \tag{9}$$

이 된다. 그러므로 균일한 자기장 $\vec{B}$ 내에서 전류 I가 흐르는 길이 L의 직선도선은

$$\vec{F}_B = I\vec{L} \times \vec{B} \tag{10}$$

의 자기력을 받는다.

한편, 벡터곱(vector product)으로 표현되는 자기력의 방향은 다음의 그림 3을 보면 쉽게 이해할 수 있다. 그림 3은 균일한 자기장 내에서 전류가 흐르는 도선이 자기력을 받아 휘는 현상을 나타낸 것으로, 도선의 휘는 방향은 식 (10)의 벡터 곱의 결과를 따른다. 그리고 그 결과는, 엄지를 세우고 오른 손바닥을 편 상태에서 엄지를 제외한 네 손가락을 이용하여 전류의 흐름 방향(도선의 길이 벡터 $\vec{L}$의 방향)에서 자기장 $\vec{B}$의 방향으로 감아쥘 때, 엄지가 가리키는 방향(오른나사의 회전방향)이다.

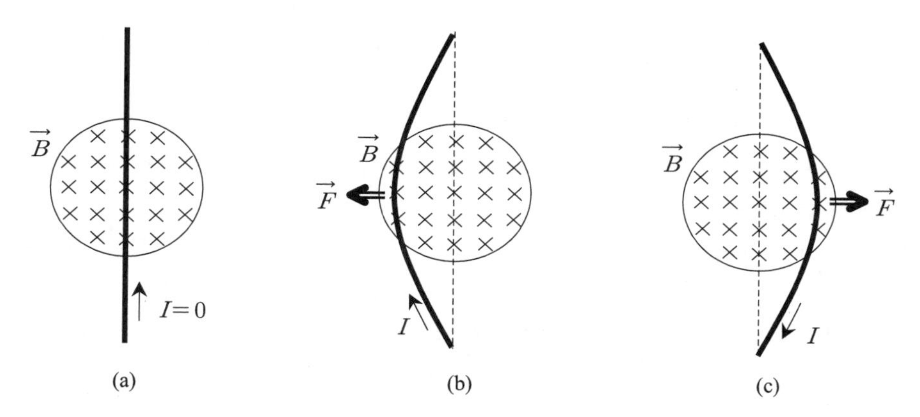

그림 3 잘 휘어지는 그러나 팽팽히 잡아당겨진 도선이 지면 속으로 향하는 자기장에 수직하게 놓여 있다. (a) 도선에 전류가 흐르지 않을 때, 도선은 아무런 힘(자기력)을 받지 않는다. (b) 도선에 전류가 위쪽으로 흐를 때, 도선은 왼쪽 방향으로 자기력을 받아 휜다. (c) 도선에 전류가 아래쪽으로 흐를 때, 도선은 오른쪽 방향으로 자기력을 받아 휜다.

[3] 솔레노이드 내부의 자기장

다음의 그림 4는 전류가 흐르는 도선이 그 주위에 형성하는 자기장을 그림으로 나타낸 것이다. 그 중에서 (a)는 직선 도선이 그리고 (b)는 5번 감은 나선형 코일이 그 주위에 형성하는 자기장을 역선으로 나타내었다. 여기서, 자기력선은 항상 연속적이라는 것을 알 수 있으며, (a)의 직선 도선의 경우는 원형의 모양이며 도선에 가까울수록 조밀하여 자기장이 세어짐을 알 수 있다. 한편, (b)의 나선형 코일의 경우는 코일의 내부에서는 각각의 원형 고리가 만드는 자기장이 나란한 성분을 가져 서로 보강되므로 자기장이 강해져 코일의 중심축 근처에서는 상당히 균일한 자기장이 형성됨을 알 수 있으며, 코일의 밖에서는 가까운 쪽과 맞은편의 전류 도선이 만드는 자기장이 반대 방향을 이루어 상쇄되어 0이 되는 경향이 있어 자기장이 많이 약해지게 된다. 특히, 코일 바깥에서의 자기장은 막대자석의 자기장과 비슷하다. 그 결과 코일의 한쪽 끝은 N극, 다른 쪽 끝은 S극과 같이 작용한다.

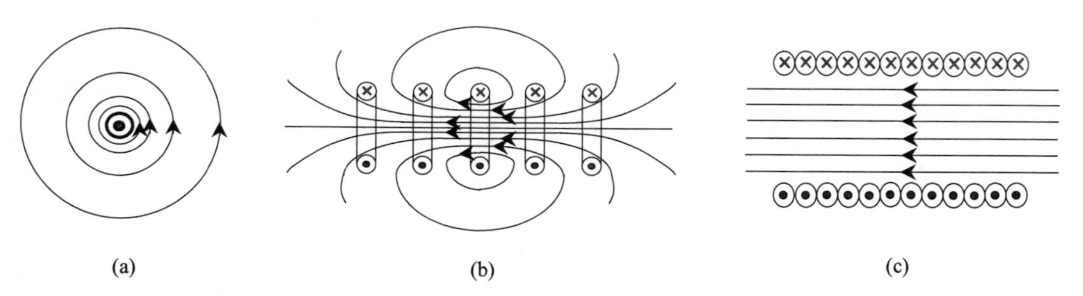

그림 4 전류가 흐르는 도선이 주위에 형성하는 자기장. (a) 직선 도선, (b) 5번 감은 코일, (c) 여러 번 감은 나선형 코일(솔레노이드). 그림에서 ⦿는 전류가 지면에서 나오는 방향을, ⊗는 전류가 지면으로 들어가는 방향을 나타낸다.

한편, (c)는 감은 수가 매우 크며 촘촘히 감긴 나선형 코일의 단면을 나타낸 것인데, 이와 같은 코일을 **솔레노이드**(solenoid)라고 한다. 이 솔레노이드에 전류를 흘리면 그 내부에는 자기장의 매우 큰 보강이 이루어져 중심축을 따라 자기력선이 거의 평행하고 균일하게 나타나며, 그 결과 세고 균일한 자기장이 형성된다. 그리고 외부에서는 매우 큰 상쇄로 인하여 자기장의 세기가 거의 0이 된다.

다음은 그림 4(c)의 솔레노이드 내부의 자기장을 구하여 보자. 솔레노이드는 반경이 R, 감긴 수는 N회, 길이가 L이라고 하자. 그리고 그 내부는 아무런 물질도 없는 진공상태라고 하자. 먼저, 그림 5(a)는 전류 I가 흐르는 반지름 R의 원형 도선 고리가 고리의 중심축을 따라 z만큼 떨어진 지점에 자기장을 형성하는 것을 나타낸 것이다.

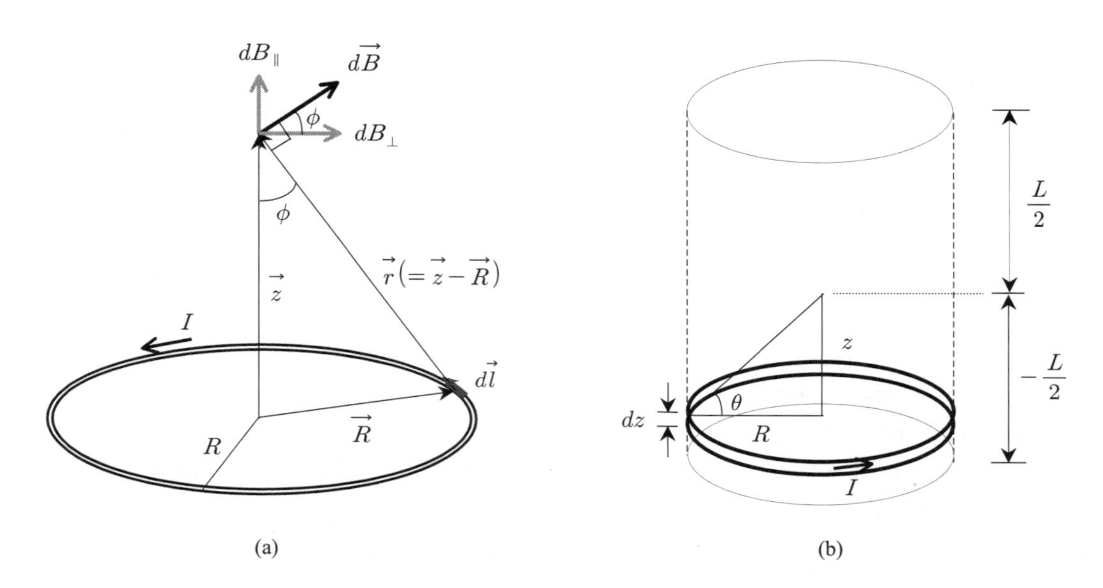

그림 5 (a) 원형 전류 고리의 중심축을 따라 거리가 z인 지점에서의 자기장. (b) 솔레노이드 내부의 자기장을 구하기 위해서, 솔레노이드를 무한히 폭(dz)이 작은 원형 고리가 층층이 쌓여 있는 것으로 간주한다.

전류 I가 흐르는 원형 도선 고리요소 $d\vec{l}$이 축 상의 z 지점에 형성하는 미소 자기장 $d\vec{B}$을 비오-사바르(Biot-Savart)의 법칙을 이용하여 기술하면

$$d\vec{B}=\frac{\mu_0}{4\pi}\frac{I}{r^3}(d\vec{l}\times\vec{r})=\frac{\mu_0}{4\pi}\frac{Id\vec{l}\times(\vec{z}-\vec{R})}{|\vec{z}-\vec{R}|^3} \tag{11}$$

이다. 여기서, $\mu_0=4\pi\times10^{-7}\ \mathrm{N\cdot s^2/C^2}$으로 진공에서의 투자율이다. 그런데, 미소 자기장의 성분 중 중심축에 수직한 성분($dB_{\perp}$)은 전류 고리의 대칭성에 의해 서로 상쇄되고, 중심축에 나란한 성분($dB_{\parallel}$)은 서로 보강하여 합 성분을 만든다. 그러므로 미소 자기장의 축 방향 성분

$dB_{\parallel}$ 는

$$dB = \frac{\mu_0}{4\pi}\frac{Idl|\vec{z}-\vec{R}|\sin 90°}{|\vec{z}-\vec{R}|^3} = \frac{\mu_0}{4\pi}\frac{Idl}{(z^2+R^2)} \tag{12}$$

$$\begin{aligned} dB_{\parallel} &= dB\sin\phi = \frac{\mu_0}{4\pi}\frac{Idl}{(z^2+R^2)}\sin\phi \\ &= \frac{\mu_0}{4\pi}\frac{Idl}{(z^2+R^2)}\frac{R}{\sqrt{z^2+R^2}} \end{aligned} \tag{13}$$

이다. 그러면, 전류 고리 전체가 만드는 자기장은 위의 고리 요소가 만드는 미소 자기장의 합이 되므로

$$\begin{aligned} B_{\parallel} &= \int dB_{\parallel} \\ &= \frac{\mu_0}{4\pi}\frac{I}{(z^2+R^2)}\frac{R}{\sqrt{z^2+R^2}}\int_0^{2\pi R} dl \\ &= \frac{\mu_0 IR^2}{2(z^2+R^2)^{3/2}} \end{aligned} \tag{14}$$

이 된다.

한편, 그림 5(b)는 그림 5(a)의 원형 전류 고리가 층층이 감겨져 길이 L의 솔레노이드가 되는 것을 나타낸 것인데, 이때 전류 고리의 두께를 매우 작은 폭 dz으로 가정하면, 폭이 dz이고 반경이 R인 원형 전류 고리가 중심축으로부터 z만큼 떨어진 지점에 만드는 자기장 $dB_{\parallel}$는 식 (14)를 고쳐 써서 다음과 같이 나타낼 수 있다.

$$dB_{\parallel} = \frac{\mu_0 IR^2 dN}{2(z^2+R^2)^{3/2}} \tag{15}$$

여기서, dN은 전류 고리의 폭 dz 만큼에 해당하는 코일의 감긴 수이다. 식 (15)는 '폭을 무시할 수 있는 이상적인 전류 고리가 N회 감겨져 있다면, 이 N회 감긴 전류 고리가 만드는 자기장의 세기는 감은 수 1회의 전류 고리가 만드는 자기장의 세기의 N배가 된다.'라는 증명 없이도 받아들일 수 있는 가정에 따른 것이다. 솔레노이드의 단위 길이 당 감은 수를 n이라고 하면,

$$n = \frac{N}{L} \tag{16}$$

이고, 이를 미소 폭 dz에 dN의 감긴 수가 있다는 것으로 나타내면,

$$n = \frac{dN}{dz} \tag{17}$$

으로도 쓸 수 있다. 식 (17)의 관계를 식 (15)에 대입하면,

$$dB_{\parallel} = \frac{\mu_0 n I R^2 dz}{2(z^2+R^2)^{3/2}} \tag{18}$$

이 된다. 이제, 식 (18)과 같이 폭이 dz인 원형 전류 고리가 만드는 자기장의 기여를 솔레노이드의 총 길이 L까지로 확장하여 합하면, 솔레노이드 **내부의 중앙(길이의 반이 되는 지점) 위치에서의** 자기장을 구할 수 있게 된다. 즉,

$$B = B_{\parallel} = \int_{-\frac{L}{2}}^{\frac{L}{2}} dB_{\parallel} = \int_{-\frac{L}{2}}^{\frac{L}{2}} \frac{\mu_0 n I R^2 dz}{2(z^2+R^2)^{3/2}} \tag{19}$$

이다. 식 (19)의 적분을 수행하기 위해서

$$\begin{gathered} z = R\tan\theta,\ dz = R\sec^2\theta\, d\theta \\ \tan\theta_m = \frac{L}{2R},\ \tan(-\theta_m) = -\frac{L}{2R} \end{gathered} \tag{20}$$

이라 하면, 식 (19)는

$$\begin{aligned} B &= \int_{-\theta_m}^{\theta_m} \frac{\mu_0 n I R^2 (R\sec^2\theta\, d\theta)}{2R^3\sec^3\theta} \\ &= \frac{1}{2}\mu_0 n I \int_{-\theta_m}^{\theta_m} \cos\theta\, d\theta \\ &= \mu_0 n I \sin\theta_m \\ &= \mu_0 n I \left(\frac{L}{2\sqrt{\left(\frac{L}{2}\right)^2 + R^2}} \right) \end{aligned} \tag{21}$$

이 된다. 이상의 논의로부터, 솔레노이드 내부의 자기장은 내부 공간 물질의 투자율(우리의 문제에서는 내부를 진공이라고 하였으므로 진공에서의 투자율) μ_0, 단위 길이 당 코일의 감은 수 $n(=N/L)$, 코일에 흘려준 전류 I, 그리고 솔레노이드의 기하학적 모양과 관련한 반경 R과 길이 L로써 나타낼 수 있다.

한편, **반경에 비해 길이가 매우 긴 솔레노이드를 이상적인 솔레노이드**라고 하는데, 식 (21)을 이용하여 이상적인 솔레노이드 내부의 자기장을 구하면,

$$\begin{gathered} B = \mu_0 n I \left(\frac{L}{2\sqrt{\left(\frac{L}{2}\right)^2 + R^2}} \right)_{R \ll L} \\ B = \mu_0 n I \end{gathered} \tag{22}$$

이 된다. 이러한 이상적인 솔레노이드는 그 내부에 매우 세고 균일한 자기장을 형성하며, 그

외부에는 자기장을 형성하지 않는다. 식 (22)의 **이상적인 솔레노이드 내부의 자기장은 앙페르 (Ampere)의 법칙($\oint_c \vec{B} \cdot d\vec{s} = \mu_0 \sum_i I_i$)을 이용하여서도** 매우 간단히 구할 수 있다.

[4] 전류천칭을 이용한 솔레노이드 내부의 자기장 측정

다음의 그림 6은 전류천칭을 이용하여 솔레노이드 내부의 자기장을 측정하는 장치를 그린 것이다. 이 장치를 이용하여 솔레노이드 내부의 자기장을 측정하는 방법을 기술하여 보자. 전류천칭은 회전축 OR에 대하여 최초 회전평형 상태에 있다고 하자.

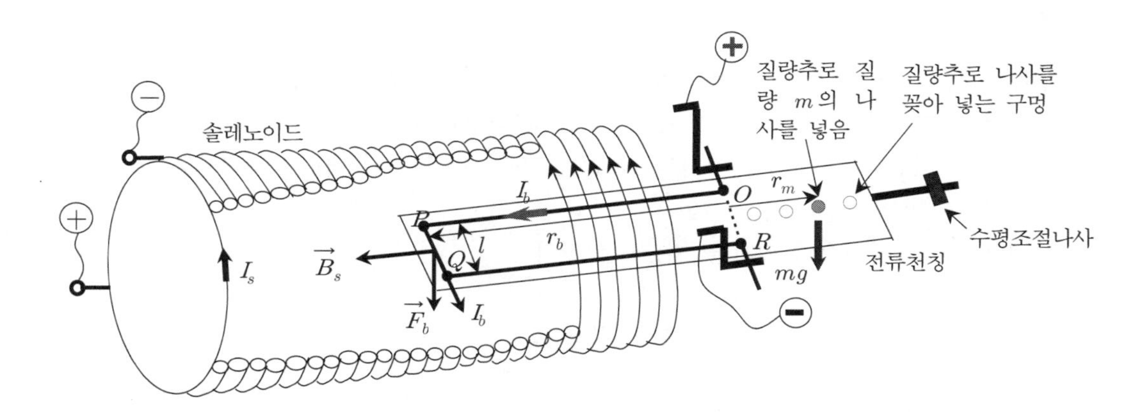

그림 6 전류천칭의 양쪽에 각각 작용하는 자기력에 의한 토크와 중력에 의한 토크가 회전평형을 이루게 한다.

먼저, 솔레노이드에 그림에서와 같은 방향으로 전류 I_s를 흘려주어 솔레노이드 내부에 점 O에서 P방향으로 균일한 자기장 $\vec{B}_s$를 발생시킨다. 이어, 선분 OR의 오른편 '질량추로 나사를 꽂아 넣는 구멍'에 질량 m의 나사를 넣어 전류천칭을 오른쪽으로 기울게 한다. 그리고 전류천칭의 도선에 $OPQR$을 따라서 전류 I_b를 흘려주면, OP와 QR의 도선요소는 자기장 ($\vec{B}$)의 방향과 나란하게 놓여 자기력을 받지 않지만, 자기장 $\vec{B}_s$에 수직하게 놓인 PQ 구간의 길이 l의 도선은 수직하게 아래 방향으로 힘을 받아 회전축인 선분 OR을 기준으로 전류천칭을 왼편으로 기울게 한다. 이때, 전류천칭에 흘려준 전류 I_b를 조절하면 특정한 전류값에서 전류천칭은 수평을 이루게 된다. 즉, 전류천칭의 오른편 나사에 작용하는 중력에 의한 토크와 왼편의 전류 도선에 작용하는 자기력에 의한 토크가 회전평형을 이루게 된 것이다. 이를 식으로 나타내면 다음과 같다.

$$\sum_i \tau_i = \vec{r}_b \times \vec{F}_b + \vec{r}_m \times \vec{F}_m = \vec{r}_b \times \left(I_b \vec{l} \times \vec{B}_s\right) + \vec{r}_m \times m\vec{g} = 0$$

$$r_b I_b l B_s = r_m m g \tag{23}$$

여기서 r_b는 회전축으로부터 길이 l의 도선요소 PQ까지의 거리이고, r_m은 회전축으로부터 질량추의 나사까지의 거리이다. 위 식 (23)으로부터 솔레노이드 내부의 전류천칭의 도선요소 PQ 부분이 놓인 위치에서의 자기장의 세기 B_s는

$$B_s = \frac{r_m mg}{r_b I_b l} \tag{24}$$

으로 나타내어진다.

4. 실험 기구

- ○ 솔레노이드: 감은 수 $N = 550$회, 길이 $L = 12$ cm, 반경 $R = 4$ cm.
- ○ 전류천칭: 자기력이 작용하는 도선요소의 길이 $l = 3.0$ cm,
  회전축으로부터 자기력이 작용하는 도선요소까지의 거리 $r_b = 11.55$ cm
- ○ 직류전원장치(Power Supply) (2)
- ○ Tesla Meter: 자기장의 세기를 측정하는 장치
- ○ 리드선 (4)
- ○ 질량추로 쓰는 나사: 0.1 g, 0.15 g, 0.22 g

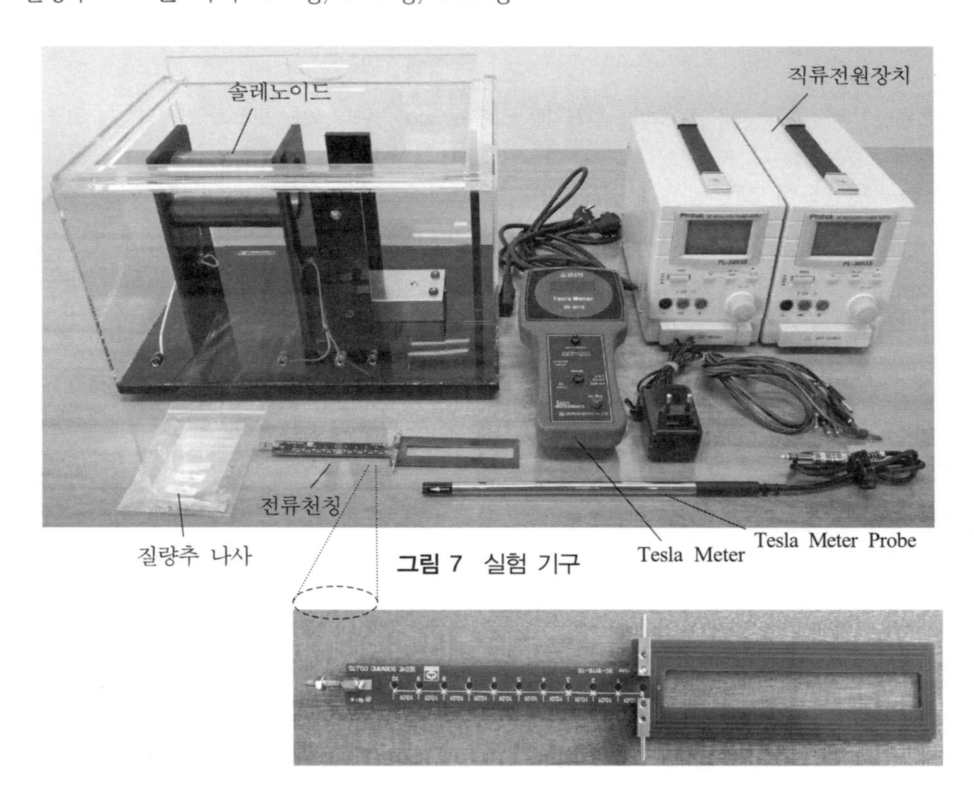

그림 7 실험 기구

5. 실험 정보

(1) 이 실험에서는 상당히 큰 전류를 사용하므로 각별히 안전에 유의하기 바랍니다.

(2) 전류천칭이 수평이 되게 하는 일이 매우 중요합니다. 그러므로 다소 시간이 걸리더라도 전류천칭의 수평을 잡기 위해 노력해 주기 바랍니다.

(3) 이 실험은 '자기장 측정'의 실험 제목을 갖고 있으나 주된 실험의 목적은 '자기력의 경험'에 있다. 그러므로 솔레노이드의 자기장 내에 놓인 전류가 흐르는 도선(전류천칭)이 자기력을 받아 움직이는 것을 주의 깊게 관찰해 주기 바랍니다. 그리고 이때, 전류천칭이 움직이는 방향이 $\vec{F}_B = I\vec{L} \times \vec{B}$의 벡터곱(vector product)의 결과를 따름을 확인하기 바랍니다.

(4) 이 실험에서는 2~3 A의 큰 전류를 사용하여 자기력을 만들어 내는데도 불구하고 이 자기력은 상당히 그 크기가 작다. 그런데 이에 반해, 상대적으로 원치 않게 발생하는 그러나 그 크기를 고려하기 곤란한 회전축에 대한 마찰력과 같은 여타의 외력은 상당한 크기로 기여하게 된다. 이에, 이 실험에서는 좋은 실험 결과를 위해 부득이하게 보정상수라는 값을 사용하기로 합니다. 이 보정상수는 약 '1.40'으로 무차원의 수로 다소 부정확하지만 여타의 외력에 의한 기여를 수치화하여 결정한 값입니다.

6. 실험 방법

(1) 식 (23)~(24)와 그림 6을 참조하여, 그림 8에서와 같이 전류천칭에서 자기력이 작용하는 도선 요소의 길이 l과 회전축로부터 길이 l의 도선요소까지의 거리 r_b를 측정하고 기록한다.

$$l = 3.0\ \text{cm},\ r_b = 11.55\ \text{cm}$$

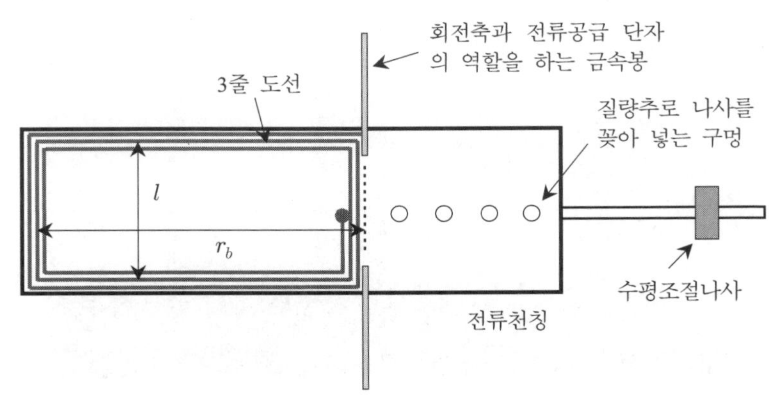

그림 8 전류천칭 내 도선의 길이 요소 l과 r_b를 측정한다.

★ 실험의 편의를 위해 제공한 위의 측정값을 그대로 사용하면 된다.

★ 측정하고자 한다면, 전류천칭은 '3줄 도선'으로 되어 있어 그 중 평균값에 해당하는 가운데 도선에 대한 길이를 측정하면 된다.

(2) 솔레노이드가 들어 있는 아크릴 상자 내의 금색의 금속 단자 위에 문자들이 새겨진 면이 위로 향하도록 전류천칭을 올려놓는다. [그림 9 참조]

★ 전류천칭을 올려놓을 금색의 금속 단자 면에 이물질이 묻어 있거나 그 표면이 거칠면 살짝 닦아 주는 것도 좋다.

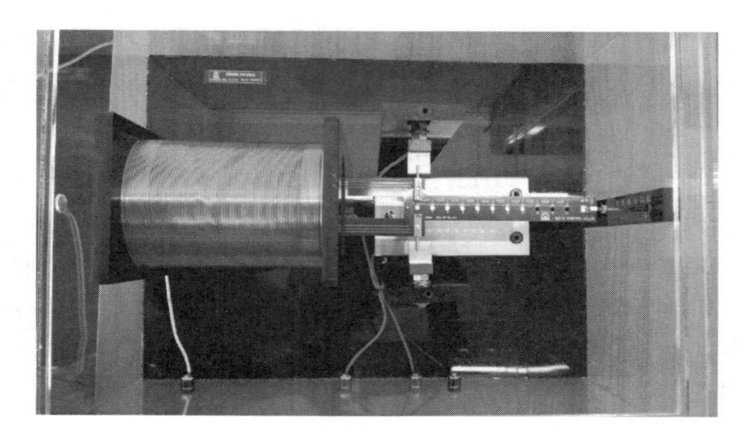

그림 9 전류천칭에 새겨진 문자들이 위로 향하게 하여 전류천칭을 금색의 금속 단자 위에 올려놓는다.

(3) 전류천칭에 부착된 수평조절나사를 조절하여 전류천칭이 수평이 되게 한다. 그리고 이때, 전류천칭의 수평조절나사 쪽 뾰족한 지시침이 가리키는 (아크릴상자 내 수직하게 부착되어 있는) 눈금자의 위치를 기억해 둔다. [그림 10 참조]

★ 이 실험에서 가장 중요한 과정이다. 전류천칭이 수평을 이루지 못하면 전류천칭의 무게중심이

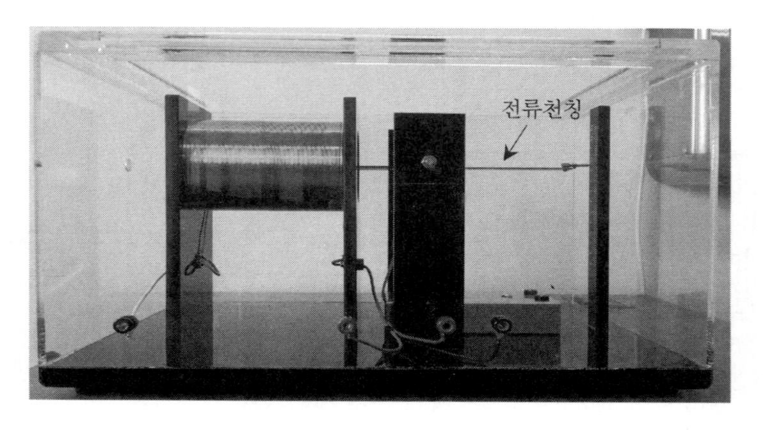

그림 10 수평조절나사를 조절하여 전류천칭이 수평이 되게 한다.

회전축에 있지 않게 되어 이후의 실험 과정에서 전류천칭에 작용하는 중력에 의한 토크를 고려해야 한다. 그러면, 식 (23)의 회전평형 식을 사용할 수 없게 되어 정상적인 실험 결과를 얻을 수가 없다.

★ 전류천칭이 수평이 되면, 지시침은 대략 눈금자의 9.2~9.4의 지점을 가리킨다.

(4) 직류전원장치(Power Supply)의 전원을 모두 off 상태로 두고, 그림 11과 같이 아크릴 상자의 왼쪽(솔레노이드) 두 단자를 직류전원장치 하나에, 그리고 오른쪽(전류천칭) 두 단자를 다른 직류전원장치에 각각 리드선으로 연결한다. 이때, 그림에서와 같이 **직류전원장치의 (+)단자와 아크릴상자의 빨간색의 단자가, 직류전원장치의 (−)단자와 아크릴 상자의 검정색의 단자가 연결되어야 한다.**

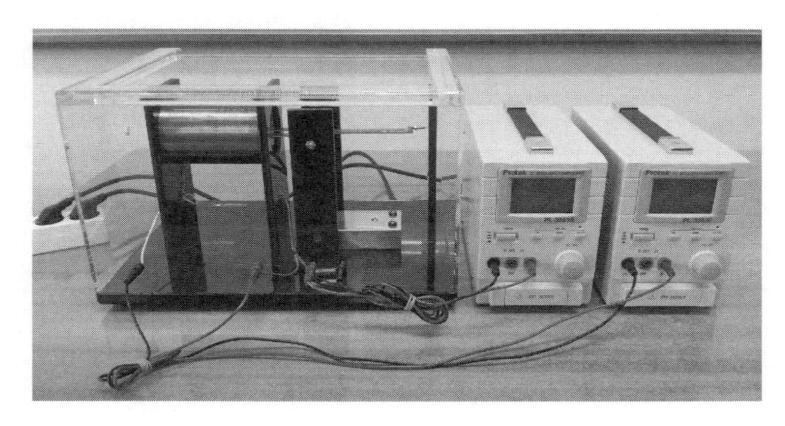

그림 11 직류전원장치와 아크릴상자의 외부 단자를 리드선으로 연결한다.

(5) 전류천칭의 '질량추로 나사를 꽂아 넣는 구멍' 중 임의의 구멍에 적당한 질량의 나사를 꽂아 넣고, 회전축으로부터 이 구멍까지의 거리를 읽어 r_m 이라 하고 기록한다. 그리고 이 나사의 질량은 m 이라 하고 기록한다. [그림 6, 8, 9 참조]

★ 우리의 실험에 사용하는 나사는 세 종류로 나사의 질량은 달리 측정할 필요 없이 '4. 실험 기구' 편에 기재되어 있는 나사의 질량 값을 그대로 사용하면 된다.

★ 어떤 질량의 나사를 어떤 구멍에 꽂느냐는 것은 다분히 실험자의 판단에 따른다. 이론적으로는 질량과 구멍 위치의 선택은 실험 결과에 영향을 미치지 않아야 하지만, 실제 실험에서는 적당한 선택이 불가피한 오차의 기여를 상대적으로 작게 하는 효과를 만들어 좋은 실험 결과를 낳게 할 수도 있다.

(6) 솔레노이드에 연결된 직류전원장치의 전원을 켜고 2 A 정도의 전류를 흘려주어 솔레노이드 내부에 자기장이 형성되게 한다. 그리고 이 때의 전류를 I_s 라 하고 기록한다. 아크릴 상자의 왼쪽 두 단자가 솔레노이드에 연결된 단자이다.

★ 직류전원장치로 전류를 조절하는 방법은 다음의 '직류전원장치의 사용법'을 참조한다.

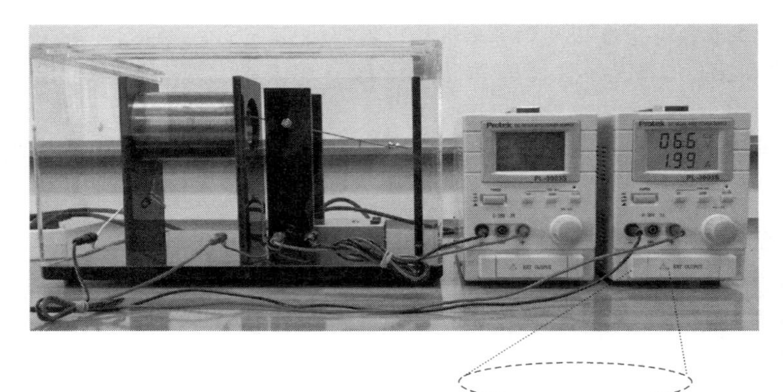

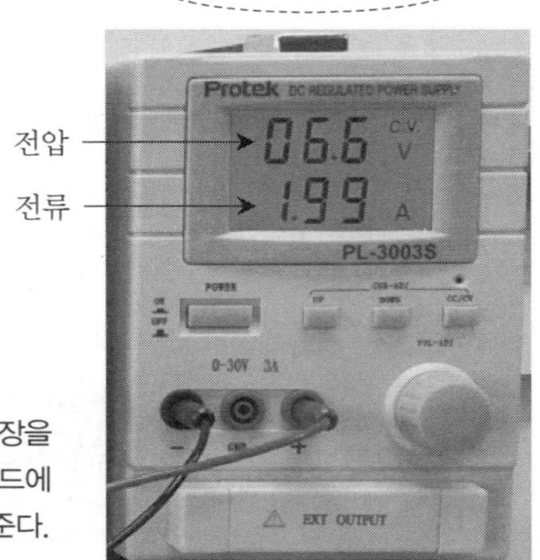

그림 12 솔레노이드 내부에 자기장을 만들기 위해서 솔레노이드에 2 A 정도의 전류를 흘려준다.

① 'POWER' 버튼을 눌러 전원을 켠다.

② 우측 하단에 있는 '**전압 조절 다이얼**'을 돌려 전류를 공급한다. 이때, 전원장치의 화면에는 두 줄의 숫자가 나타나는데, 위 값이 전압이고 아래 값이 전류가 된다.

③ 만일, '전압 조절 다이얼'을 돌려도 회로에 전류가 공급되지 않거나, 공급되던 전류가 더 이상 커지지 않으면, '전압 조절 다이얼' 바로 위에 있는 'CC/CV' 버튼을 눌러 바로 위 램프에 빨간불이 들어오게 한 상태에서 'UP'과 'DOWN' 버튼을 눌러가며 전류를 조절하면 한다.

④ 전원 장치의 사용을 마치려면, 먼저 '전압 조절 다이얼'을 반시계 방향으로 끝까지 돌려 전압을 낮추고, 이어 'POWER' 버튼을 눌러 전원을 끈다.

★ 실험에 매뉴얼 상의 제품과는 다른 직류전원장치가 제공될 수도 있다. 그러나 이 경우에도 작동법은 유사하니, 위의 작동법을 참조하여 다루면 될 것이다.

(7) 그림 13과 같이 전류천칭에 연결된 직류전원장치의 전원을 켜서 전류천칭에 전류를 흘려주고, 그 크기를 조절해가며 전류천칭이 수평이 되게 한다. 그리고 이때의 전류를 I_b라

하고 기록한다. 아크릴상자의 오른쪽 두 단자가 전류천칭에 연결된 단자이다.

★ 이 과정에서 전류천칭의 수평 여부 역시 과정 (3)과 더불어 실험 결과에 가장 큰 영향을 미치므로, 세심한 주의로 수평 조절에 힘쓴다.

★ 전류천칭이 수평을 이루게 되는 것은 질량추의 나사에 작용하는 중력에 의한 토크와 전류천칭의 길이 l 의 도선에 작용하는 자기력에 의한 토크가 그 크기는 같고 방향이 서로 반대를 이루어 전류천칭이 회전평형 상태가 된 것이다.

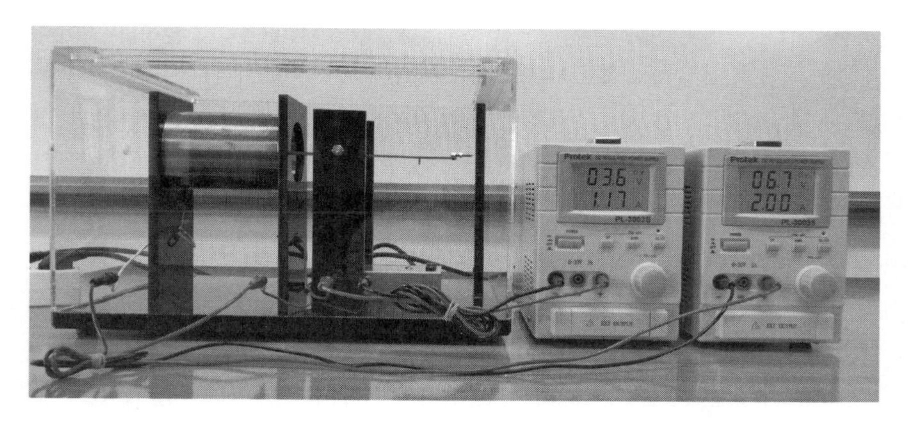

그림 13 전류천칭에 전류를 흘려주고 그 크기를 조절해가며 전류천칭이 수평이 되게 한다.

(8) 이상의 측정값들을 식 (24)를 약간 수정한 다음의 식 (25)에 대입하여 솔레노이드 내부의 자기장을 구한다. 그리고 그 값을 $B_s^{(실험)}$이라 하고 기록한다.

$$B_s^{(실험)} = 1.40 \times \frac{r_m mg}{6 r_b I_b l} \ \text{(mT)} \tag{25}$$

이 식에서 '**1.40**'의 수는 '5. 실험 정보, (4)번 글'에서 설명한 보정상수이다. 그리고 분모의 '**6**'은 실제 전류천칭의 도선에 흐른 전류가 직류전원장치로 공급한 전류 I_b 의 6배가 되기 때문에 사용하게 된 수이다. 이는 전류천칭의 도선이 위아래의 양면에 '3줄 도선'으로 되어 있어 합이 6개의 도선에 전류가 흐른 것이 되므로, 전류천칭에 흐른 전류를 $6I_b$ 로 하여야 한다.

★ 식 (25)의 각 측정값의 단위는 다음과 같이 쓴다. 그러면, 그 결과 자기장은 mT의 값을 갖게 된다.

- 길이: cm
- 질량: g
- 전류: A
- 중력가속도: g=980 cm/s^2

(9) 모든 세팅은 그대로 유지한 채 전류천칭에 연결한 전원만 껐다가 다시 켠 후 과정 (7)~(8)을 2회 더 수행한다.

★ 이 과정은 전류천칭의 정확한 수평여부를 다시 확인하는 것과 총 3회의 반복 실험을 하기 위함이다.

(10) 솔레노이드에 연결한 전원은 그대로 유지한 상태에서 전류천칭에 연결한 전원만 끄고, Tesla Meter(테슬라미터)를 이용하여 솔레노이드 내부의 자기장을 측정한다. 그리고 이 측정값을 $B_s^{(\mathrm{TM})}$이라 하고 기록한다. [그림 14 참조]

① Tesla Meter의 좌측 중단의 단자에 금속막대로 된 Probe를 연결한다.

★ Tesla Meter의 전원을 켠 상태에서 Probe를 Tesla Meter로부터 분리하면 Tesla Meter가 작동 오류를 일으킨다. **반드시 전원을 먼저 끄고** **Probe를 Tesla Meter로부터 분리한다.**

② Tesla Meter의 'POWER' 버튼을 눌러 전원을 켠 후, 'RANGE' 버튼을 눌러 측정 상한 값을 20 mT 모드에 둔다. 그림 14(a)에서와 같이 Tesla Meter의 화면의 가운데 지점에 소수점이 나타나면, 측정모드가 20 mT인 상태이다.

③ 'AUTO ZERO' 버튼을 **오랫동안** 눌러 Tesla Meter를 초기화 시킨다.

④ 그림 14(b)에서와 같이 아크릴상자의 옆면 구멍을 통해 Probe를 솔레노이드의 **축을 따라 평행하게** 삽입한다. 이때, Probe의 삽입 깊이는 Probe의 끝이 솔레노이드의 길이의 반이 되는 지점에 이르게 하면 된다. 이 깊이가 곧 전류천칭에서 자기력을 받는 도선 부위가 놓였던 위치가 된다.

(a)

(b)

그림 14 (a) Tesla Meter를 20 mT의 측정모드에 두고 'AUTO ZERO' 버튼을 오랫동안 눌러 Tesla Meter를 초기화 시킨 후, (b) Probe를 솔레노이드 내부의 중간 깊이에 삽입하여 자기장을 측정한다.

⑤ Tesla Meter 화면에 나타나 값을 읽어 $B_s^{(\mathrm{TM})}$이라 하고 기록한다.

★ 이때, Tesla Meter의 화면으로부터 읽은 측정값의 단위는 mT임에 유의하자.

★ 'RANGE' 버튼을 눌러 결정한 모드에 따라 자기장을 측정할 수 있는 상한 값이 2 mT, 20 mT, 200 mT로 달라지지만, 어느 모드에서든 즉, 소수점의 위치가 어디에 있든 화면의 값을 그대로 읽으면 된다.

(11) '4. 실험 기구'에 기재된 솔레노이드의 규격과 과정 (6)의 솔레노이드에 흘려준 전류 I_s의 값을 이용하여 솔레노이드 내부의 자기장을 구하고, 이를 $B_s^{(\text{이론})}$이라 하고 기록한다.

$$B_s^{(\text{이론})} = \mu_0 n I_s \left(\frac{L}{2\sqrt{\left(\frac{L}{2}\right)^2 + R^2}} \right) \times 1000 \quad (\text{mT}) \tag{21}$$

여기서, 진공에서의 투자율은 $\mu_0 = 4\pi \times 10^{-7}\ \text{N} \cdot \text{s}^2/\text{C}^2$이다.

★ 솔레노이드의 규격: 감은 수 N=550회, 길이 L=0.12 m, 코일의 반경 R=0.04 m.

★ $n = \frac{N}{L}$

★ '곱하기 1000'은 자기장의 단위를 mT로 만들기 위하여 취한 값이다.

(12) 과정 (8)의 $B_s^{(\text{실험})}$값을 실험값으로 하고, 과정 (10)의 $B_s^{(\text{TM})}$을 참값으로 하여 두 값을 비교하여 본다. 그리고 과정 (11)의 $B_s^{(\text{이론})}$를 이론값으로 하여 참고하는 선에서 $B_s^{(\text{TM})}$과 비교하여 본다.

★ $B_s^{(\text{실험})}$과 $B_s^{(\text{TM})}$을 비교하여 상당한 일치를 이루는 것이 확인되면, 이를 근거로 하여 실험 목적에 준하는 사실을 확인한 것으로 하면 된다.

★ 식 (21)의 $B_s^{(\text{이론})}$은 '3. 기본 원리'에서 기술하였으나 그 내용을 이해하기가 어려웠을 것이다. 이는 '일반물리학(2)' 강좌를 통해 배울 '비오-사바르의 법칙'의 응용에 해당하는데, 실험에서 다루기에는 다소 어렵고 부담스러운 내용이니 여기서는 그 결과식만으로 참값($B_s^{(\text{TM})}$)과 비교하여 보는 선에서 '비오-사바르의 법칙'을 접한 기회로 삼기 바랍니다.

(13) 과정 (6)의 솔레노이드에 흘려 준 전류 I_s는 그대로 유지한 채, 과정 (5)의 질량추로 쓰는 나사를 바꾸거나 아니면 다른 구멍에 꽂는 방법으로 하여 이상의 실험을 수행한다.

(14) 과정 (5)의 질량추로 쓰는 나사의 질량과 나사를 꽂은 구멍의 위치는 과정 (13)에서와 같이 둔 채, 과정 (6)의 솔레노이드에 흘려 준 전류 I_s만 바꿔서 이상의 실험을 수행한다.

7. 실험 전 학습에 대한 질문

실험 제목	솔레노이드 내부의 자기장 측정			실험일시	
학과 (요일/교시)		조		보고서 작성자 이름	

* 다음의 물음에 대하여 괄호 넣기나 번호를 써서, 또는 간단히 기술하는 방법으로 답하여라.

1. 균일한 자기장 $\vec{B}$ 내에서 속도 $\vec{v}$ 로 운동하는 전하량 q 의 입자가 받는 힘(자기력) $\vec{F}$를 옳게 나타낸 것은? Ans: ______

   ① $\vec{F}=q\vec{v}\times\vec{B}$ ② $\vec{F}=q\vec{B}\times\vec{v}$ ③ $\vec{F}=q\vec{v}\cdot\vec{B}$ ④ $\vec{F}=q\vec{B}\cdot\vec{v}$

2. 다음 중 자기장의 단위로 쓸 수 없는 것은? Ans: ______

   ① $\frac{\mathrm{N\cdot s}}{\mathrm{C\cdot m}}$ ② $\frac{\mathrm{N}}{\mathrm{A\cdot m}}$ ③ T ④ G ⑤ $\frac{\mathrm{N}}{\mathrm{A\cdot C}}$

3. 균일한 자기장 $\vec{B}$ 내에서 전류 I가 흐르는 길이 L 의 직선도선이 받는 힘(자기력) $\vec{F}$를 주어진 문자로 써 보아라.

   Ans: $\vec{F}=$ ______

4. 다음의 그림은 지면을 향하여 들어가는 균일한 자기장 내에 전류 I가 흐르는 직선도선이 놓여 있는 상황을 나타낸 것이다. 전류가 그림에서와 같이 y 방향으로 흐른다면, 도선은 어느 방향으로 자기력을 받을까? Ans: ______

   ① x ② y ③ z
   ④ $-x$ ⑤ $-y$ ⑥ $-z$

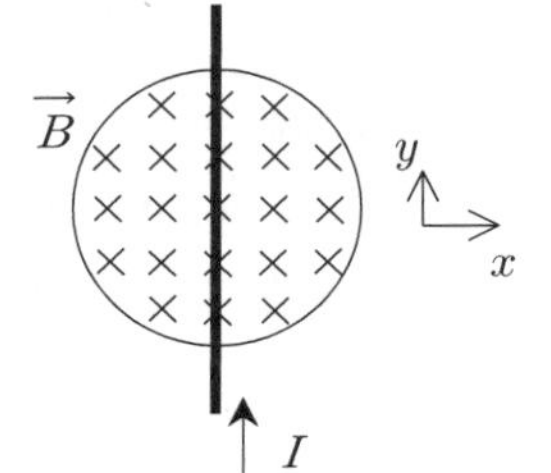

5. 다음은 솔레노이드(solenoid)에 대한 설명이다. 괄호에 알맞은 말을 써 넣어라.

감은 수가 매우 크며 촘촘히 감긴 나선형 코일을 솔레노이드라고 하는데, 이 솔레노이드에 전류를 흘려주면, 그 내부에는 중심축을 따라 매우 세고 (　　　　)한 자기장이 형성되며, 그 외부에서는 자기장의 세기가 거의 (　　)이 된다.

6. 길이는 L, 단면의 반경은 R, 감은 수는 N이고 내부는 진공(투자율 μ_0)인 솔레노이드가 있다. 이 솔레노이드에 전류 I를 흘려주었을 때, 이 솔레노이드 내부에 형성되는 자기장의 세기는 다음과 같이 나타내어진다. 문제에서 주어진 문자와 단위 길이 당 감은 수 n $(=N/L)$의 문자를 괄호에 적절히 써 넣어 식을 완성하여라.

$$B=\mu_0\times(\quad)\times(\quad)\times\left(\frac{(\quad)}{2\sqrt{\left(\frac{L}{2}\right)^2+(\quad)^2}}\right)$$

7. 교재의 식 (23)을 그대로 써 보아라. 그리고 이어지는 글의 괄호에 알맞은 말을 써 넣어라.

$$r_b \qquad\qquad = r_m$$

식 (23)은 전류천칭의 오른편 나사에 작용하는 (　　 력)에 의한 토크와 왼편의 전류 도선에 작용하는 (　　 력)에 의한 토크가 회전평형을 이루게 된 것을 기술한 것이다.

8. 다음 중 이 실험에서 사용하는 실험기구가 아닌 것은? Ans: ______

① 솔레노이드 ② 멀티미터 ③ 전류천칭 ④ 직류전원장치 ⑤ Tesla Meter

9. 다음은 이 실험의 '6. 실험 방법의 과정 (6)'에 기술된 '직류전원장치의 사용법'을 그대로 옮겨 적어 놓은 것이다. 괄호에 알맞은 말을 써 넣어라.

① 'POWER' 버튼을 눌러 전원을 켠다.
② 우측 하단에 있는 '(　　　　　　)'을 돌려 (　　)를 공급한다. 이때, 전원장치의 화면에는 두 줄의 숫자가 나타나는데, 위 값이 (　　)이고 아래 값이 (　　)가 된다.
③ 만일, '전압 조절 다이얼'을 돌려도 회로에 전류가 공급되지 않거나, 공급되던 전류가 더 이상 커지지 않으면, '전압 조절 다이얼' 바로 위에 있는 '(　　)' 버튼을 눌러 바로 위 램프에 빨간불이 들어오게 한 상태에서 '(　　)'과 '(　　)' 버튼을 눌러가며 전류를 조절하면 한다.
④ 전원 장치의 사용을 마치려면, 먼저 '(　　　　　　)'을 반시계 방향으로 끝까지 돌려 전압을 낮추고, 이어 'POWER' 버튼을 눌러 전원을 끈다.

8. 결과

실험 제목	솔레노이드 내부의 자기장 측정			실험일시	
학과 (요일/교시)		조		보고서 작성자 이름	

[1] 실험값

- 코일의 감은 수, $N=$ 회
- 솔레노이드의 길이, $L=$ cm
- 코일의 반경, $R=$ cm
- 자기력이 작용하는 도선 요소의 길이, $l=$ cm
- 회전축으로부터 도선 요소 PQ까지의 거리, $r_b=$ cm

(1) 실험 1

- 나사의 질량, $m=$ g
- 회전축으로부터 나사를 꽂은 구멍의 중심까지의 거리, $r_m=$ cm
- 솔레노이드의 전류, $I_s=$ A

※ 이 실험은 Tesla Meter의 측정값을 참값으로 삼는다.

회	I_b	$B_s^{(실험)}$	$B_s^{(TM)}$	$B_s^{(이론)}$	$\frac{B_s^{(TM)}-B_s^{(실험)}}{B_s^{(TM)}}\times 100$	$\frac{B_s^{(TM)}-B_s^{(이론)}}{B_s^{(TM)}}\times 100$
1	A	mT	mT	mT		
2	A	mT				
3	A	mT				
평균	A	mT				

(2) 실험 2

- 나사의 질량, $m=$ g
- 회전축으로부터 나사를 꽂은 구멍의 중심까지의 거리, $r_m=$ cm
- 솔레노이드의 전류, $I_s=$ A

※ 이 실험은 Tesla Meter의 측정값을 참값으로 삼는다.

회	I_b	$B_s^{(실험)}$	$B_s^{(TM)}$	$B_s^{(이론)}$	$\frac{B_s^{(TM)}-B_s^{(실험)}}{B_s^{(TM)}}\times 100$	$\frac{B_s^{(TM)}-B_s^{(이론)}}{B_s^{(TM)}}\times 100$
1	A	mT				
2	A	mT	mT	mT		
3	A	mT				
평균	A	mT				

(3) 실험 3

○ 나사의 질량, $m =$ g
○ 회전축으로부터 나사를 꽂은 구멍의 중심까지의 거리, $r_m =$ cm
○ 솔레노이드의 전류, $I_s =$ A

※ 이 실험은 Tesla Meter의 측정값을 참값으로 삼는다.

회	I_b	$B_s^{(실험)}$	$B_s^{(TM)}$	$B_s^{(이론)}$	$\frac{B_s^{(TM)}-B_s^{(실험)}}{B_s^{(TM)}}\times 100$	$\frac{B_s^{(TM)}-B_s^{(이론)}}{B_s^{(TM)}}\times 100$
1	A	mT				
2	A	mT	mT	mT		
3	A	mT				
평균	A	mT				

[2] 결과 분석

[3] 오차 논의 및 검토

[4] 결론

실험 08

기초 자기장 & 기초 전자기 유도 실험

1. 실험 목적

균일한 자기장 내에서의 전하의 운동, 전류 도선이 주위에 형성하는 자기장, 패러데이의 유도법칙, 맴돌이 전류, 강자성체의 성질 등과 관련하여 간단한 Demo 실험을 수행하고, 그 관찰 결과로부터 자기장과 전자기 유도에 대한 이해를 얻는다.

2. 실험 정보

(1) 이 실험은 내용이 다른 6가지의 실험을 각각 소제목을 붙여 구성하여 8개의 실험테이블에 1~2종목씩 실험 제목에 맞게 장치를 설치하고, 실험자가 실험 제목에 따라 각 실험테이블로 차례로 이동해가며 실험을 수행한다.

(2) 이 실험은 **매우 큰 전류와 강한 자석을 사용**하므로 실험자는 안전에 각별한 주의를 기울이기바라며, 이를 위하여 아래의 세부 유의 사항을 주의 깊게 읽고 이행해 주기 바랍니다.

① 자석을 쥔 상태에서 주위에 또 다른 자석이 가까이에(대략 15 cm 이내) 있으면 강한 자성 때문에 자석은 실험자의 의지하는 상관없이 달라 붙어버립니다. 이때, 손가락 등과 같이 신체의 일부가 자석 사이에 끼어 크게 다칠 수 있으니 이점에 유의하여 주의 또 주의 부탁드립니다.

② 실험 과정에서 3 A의 큰 전류를 사용하니, 감전 등의 안전사고에 유의하기 바랍니다.

③ 전기 감전 및 손의 부상을 방지하기 위하여 각 실험테이블에 비치된 절연 목장갑을 반드시 착용하고 실험에 임하기 바랍니다.

④ 자석이 너무너무 강하여 주위에 있는 쇠붙이를 무척 세게 끌어당깁니다. 칼이나 가위 같은 날카로운 물체가 주위에 있다면 반드시 멀리 치워 두기 바랍니다.

⑤ 귀중품(**각종 마그네틱 카드, 핸드폰, 시계, 각종 전자제품**)을 자석 가까이에 두면 강한

자성 때문에 크게 손상될 수 있으니, 이점에 유의하여 귀중품은 자석으로부터 멀리 떨어진 곳에 두기 바랍니다.

⑥ 전선의 피복이 없거나 매우 얇은 피복으로 이루어진 전선을 사용하는 실험이 있습니다. 특별히 감전 및 합선 등의 사고에 유의하기 바랍니다.

⑦ 실험 과정이 쉽게 이해가 되지 않을 수도 있습니다. 그럴 경우에는 담당교수님이나 조교선생님의 선행 지도 후에 실습을 해보는 것이 좋겠습니다. 3-

(3) 각 소제목 실험별로 '(3) 결과' 또는 '(5) 결과'에 물음이 있는데, 이 물음에 답하는 방식으로 결과보고서를 작성한다.

3. 실험

[1] 실험 1 – 균일한 자기장에 수직하게 입사한 하전입자의 운동 관찰

(1) 목적

자기장 내에서 운동하는 하전입자는 자기력을 받는다는 것을 확인한다.

(2) 기본 원리

다음의 그림 1은 속도 $\vec{v}$로 운동하는 전자가 균일한 자기장 $\vec{B}$에 수직하게 입사했을 때의 운동을 묘사하고 있다. 자기장 내에서 운동하는 전하는

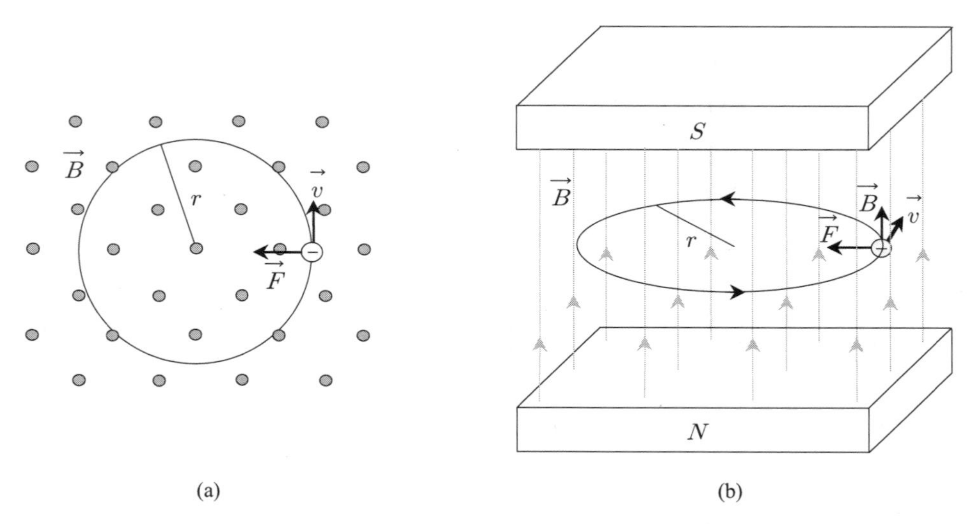

그림 1 균일한 자기장에 수직하게 입사한 전자는 등속 원운동을 한다. (a) 2차원 평면도. (b) 3차원 입체도. ◎ 는 자기장이 지면 위로 나오는 방향이다.

$$\vec{F}_B = q\vec{v} \times \vec{B} \tag{1}$$

의 자기력을 경험한다. 그런데, 전자를 자기장에 수직하게 입사시켰다 하였으므로 $\vec{v}$와 $\vec{B}$는 수직을 이루고 전자의 전하량은 $-e$이므로, 전자는 원궤도의 중심을 향하는 방향으로 $F_B = evB$의 크기의 일정한 자기력을 받는다. 그 결과, 전자에 작용하는 자기력은 구심력으로 작용하여 전자를 등속원운동 하게 한다.

$$\sum_i \vec{F}_i = -evB\hat{r} = -\frac{mv^2}{r}\hat{r}$$

$$evB = \frac{mv^2}{r} \tag{2}$$

여기서 r은 원궤도의 반경이고, m은 전자의 질량이다. 위 식 (2)로부터 전자의 원운동의 궤도 반경 r은

$$r = \frac{mv}{eB} \tag{3}$$

으로 나타내어진다.

(3) 실험 기구

○ 전자의 비전하 측정장치(e/m APPARATUS, 검정색 박스)

- 헬름홀츠 코일: 그림 2-(b)와 같이 두 원형 코일을 평행하게 배치한 형태. 두 원형 코일 사이의 중간 지점에 강하고 균일한 자기장을 발생시킴.
- 비전하 측정관: 그림 2-(c)~(e) 참조. 내부에 전자가속장치를 포함하고 있으며 헬륨가스로 채워져 있는 원형 전구.

○ 전원장치

- DC12 V 단자: 헬름홀츠 코일에 전류를 공급하여 자기장 발생시킴.
- H6.3 V 단자: 비전하 측정관 내부의 필라멘트에 전류를 공급하여 필라멘트를 가열시킴으로써 가열된 필라멘트로부터 전자를 방출시킴.
- K-P 단자: 비전하 측정관 내부의 전자가속장치에 전위차를 생성하여 전자를 가속시킴.

○ 리드선 (6)

(4) 실험 방법

① 그림 2와 같이 비전하 측정장치(e/m APPARATUS, 검정색 박스)의 전면에 있는 6개의 단자와 전원장치(e/m POWER SUPPLY)의 6개의 단자를 각각 리드선으로 연결한다.

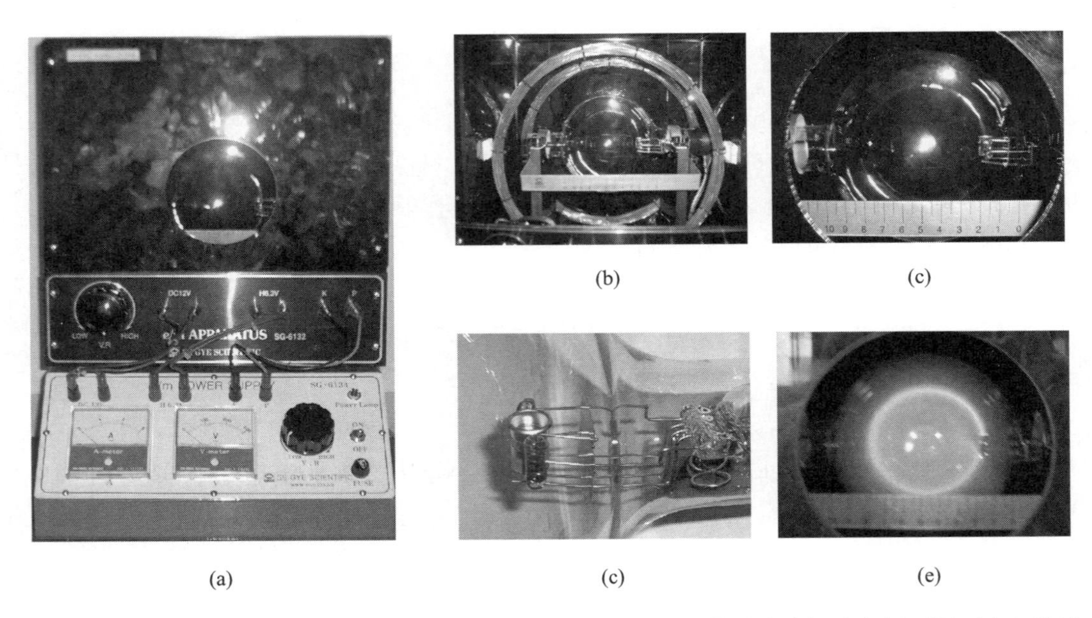

그림 2 (a) 전자의 비전하 측정장치. (b) 헬름홀츠 코일. (c) 비전하 측정관. (d) 전자가속장치. (e) 녹색의 띠는 전자의 원운동의 궤적이다. (b)~(d)는 전자의 비전하 측정장치인 (a)의 검은색 상자 내부에 있는 장치들이다.

② 전원장치의 전원을 켜고, 비전하 측정관 내부의 필라멘트가 빨갛게 충분히 가열될 때까지 약 1분 정도 기다린다.

③ 전원장치에 있는 '전압조절 다이얼'을 돌려 전자가속장치에 인가되는 전압이 약 200 V가 되게 한다. 이때, 전압을 높여줄수록 전자의 운동 궤적이 선명해진다.

④ 비전하 측정장치에 있는 '전류조절 다이얼'로 비전하 측정장치 내부의 헬름홀츠 코일에 전류를 흐르게 하여 비전하 측정관의 위치에 균일한 자기장을 발생시킨다.

⑤ 전원장치의 '전압조절 다이얼'과 비전하 측정장치의 '전류조절 다이얼'을 적절히 조절해가며 그림 2-(e)와 같이 비전하 측정관에 원운동하는 전자의 띠를 만들고 이를 관찰한다. 이때, 전압을 증가시키면 식 (3)의 전자의 속력(v)을 증가시키는 기능을 하고, 전류를 증가시키면 식 (3)의 자기장의 세기(B)를 증가시키는 기능을 한다.

★ 만일, 전자의 궤적이 비전하 측정관의 오른쪽으로 원을 그리려 하면, 전원장치의 DC12 V 단자에 연결한 두 리드선을 서로 바꾸어 연결한다.

★ 만일, 전자의 운동 궤적이 원이 되지 않고 나선 모양이 되면, 측정장치의 전면의 구멍을 통해 손을 넣어 비전하 측정관을 조금씩 돌려가며 전자의 운동 궤적이 원을 이루게 한다.

⑥ 이 실험을 통해 균일한 자기장에 수직하게 입사한 하전입자는 원운동을 함을 관찰하고, 이를 통해 자기장 내에서 운동하는 하전입자는 자기력을 받는다는 것을 이해한다.

(5) 결과

★물음에 답하는 것으로 결과 보고서를 대신한다.

- **물음 1**: 자기장 내에 수직하게 입사한 하전입자는 원궤도 운동을 하는가?
- **물음 2**: 전류를 증가시켜 자기장을 크게 하면, 원궤도의 반경은 이전에 비해 어떠한가?
- **물음 3**: 전압을 증가시켜 전자의 속력을 크게 하면, 원궤도의 반경은 이전에 비해 어떠한가?

[2] 실험 2 – (a) 전류가 흐르는 도선이 그 주위에 자기장을 형성하는 것을 관찰하고 이를 이용하여 지구 자기장의 수평성분 값 측정

(1) 목적

전류가 흐르는 도선이 그 주위 공간에 형성하는 자기장의 방향과 크기를 알아보고, 이것으로부터 비오-사바르의 법칙과 앙페르의 법칙을 이해한다. 그리고 이 법칙을 이용하여 지구 자기장의 수평성분 값을 측정한다.

(2) 기본 원리

그림 3(a)와 같이 긴 직선 도선 둘레에 수직하게 나침반을 배열하고 이 도선에 큰(지구 자기장의 영향을 무시할 정도로 큰) 전류를 흘려주면, 나침반의 바늘은 그림 3(b)와 같이 도선에 수직인 단면상의 원의 접선 방향을 따라 편향된다.

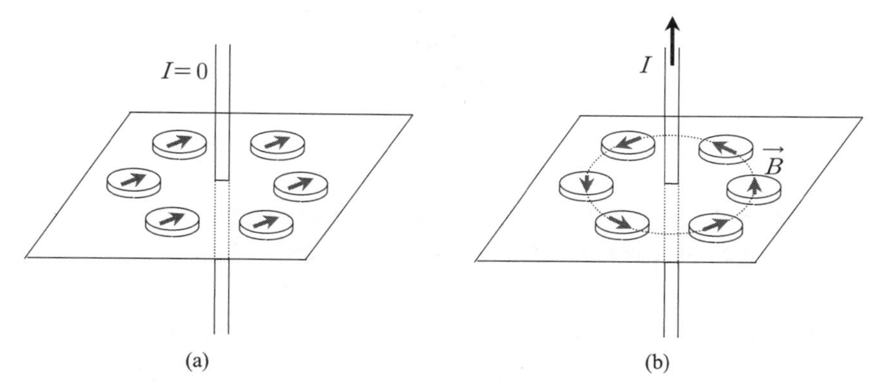

그림 3 (a) 도선에 전류가 흐르지 않을 때, 나침반의 바늘은 모두 지구 자기장의 방향을 향하여 같은 방향으로 배열한다. (b) 도선에 강한 전류를 흘려주었을 때, 나침반의 바늘은 도선에 수직한 원의 접선 방향으로 편향된다.

이와 같이 전류가 흐르는 도선은 주위에 자기장을 형성한다. 이 전류 도선이 만드는 자기장은 비오-사바르(Biot-Savart)의 법칙 또는 앙페르(Ampere)의 법칙을 이용하여 구할 수 있다. 특히, 그림 3에서와 같은 긴 직선 전류 도선이 주위에 만드는 자기장은 앙페르의 법칙을 이용하면 쉽게 구할 수 있는데, 그 크기는

$$\oint_c \vec{B} \cdot d\vec{s} = \mu_0 \sum_i I_i \quad \Rightarrow \quad 2\pi r B = \mu_0 I$$

$$B = \frac{\mu_0 I}{2\pi r} \tag{4}$$

이다. 여기서, $\mu_0 = 4\pi \times 10^{-7} \mathrm{N \cdot s^2/C^2}$으로 진공에서의 투자율이고 I는 도선에 흘려준 전류, 그리고 r은 직선 도선으로부터 자기장을 구하는 지점까지의 수직거리이다. 한편, 직선 전류도선이 만드는 자기장의 방향은 전류의 방향으로 엄지손가락을 향하게 하며 도선을 감아쥘 때 네 손가락의 감아쥐는 방향을 따라 이루는 원의 접선 방향이 그 지점에서의 자기장의 방향이 된다.

다음은 직선 전류 도선이 그 주위 공간에 형성하는 자기장을 이용하여 간단히 지구 자기장의 수평 성분 값을 측정하는 방법을 나타내었다. 실험테이블 위에 지구 자기장의 방향(나침반의 바늘)과 나란하게 직선 도선을 배치하고 그 위에 나침반을 올려놓고 도선에 전류 I를 가하면, 나침반의 바늘은 전류 도선이 만드는 자기장에 의해 그림 4와 같이 전류 도선 위에서 오른쪽으로 편향될 것이다.

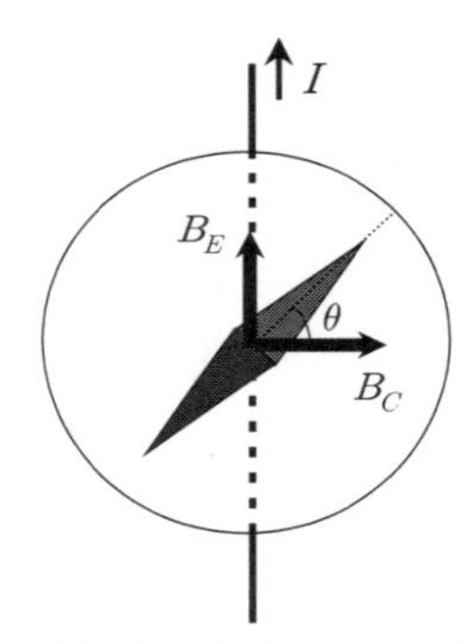

그림 4 전류 도선 위에 있는 나침반의 바늘은 오른쪽으로 편향된다. 이 바늘의 편향각을 이용하여 지구 자기장의 수평성분 값을 측정한다.

만일, 나침반의 바늘이 도선에 수직인 축(전류 도선이 만드는 자기장의 방향)과 θ의 각을 이루었다면, 전류 도선에 의한 자기장 B_C와 지구 자기장의 수평성분 값 B_E는

$$\tan\theta = \frac{B_E}{B_C} \tag{5}$$

의 관계를 갖게 된다. 이 식 (5)의 관계를 이용하면, 지구자기장의 수평성분 값의 크기는 전류

도선이 만드는 자기장의 크기를 측정함으로써 구할 수 있다. 즉, 식 (4)와 (5)로부터

$$B_E = B_C \tan\theta = \frac{\mu_0 I}{2\pi r}\tan\theta \tag{6}$$

이다. 여기서, r은 도선으로부터 나침반의 바늘까지의 수직거리이다. 특별히, 전류의 어떤 값에서 나침반의 바늘이 도선과 45°를 이루었다면, 이 경우는 나침반 바늘이 있는 지점에 전류도선이 만든 자기장과 그 지점의 지구 자기장의 수평성분 값의 크기가 같은 경우이다.

(3) 실험 기구

- ○ 막대도선과 나침반의 거치대: 아크릴판과 나무토막으로 구성. [그림 5 참조]
- ○ 직류전원장치(Power Supply)
- ○ 막대도선: 구리 소재의 봉으로 직선 도선의 역할
- ○ 나침반
- ○ 리드선 (2)

(4) 실험 방법

① 그림 5(a)와 같이 나침반을 막대도선 바로 위(또는 아래)에 놓고, 막대도선이 포함된 장치를 회전시켜 막대도선과 나침반의 바늘이 나란한 상태가 되게 한다.

★ 이렇게 막대도선을 지구 자기장 방향으로 두면, 실험에서 나침반의 편향은 순전히 전류 도선이 만든 자기장에 의한 것임을 확인할 수 있다.

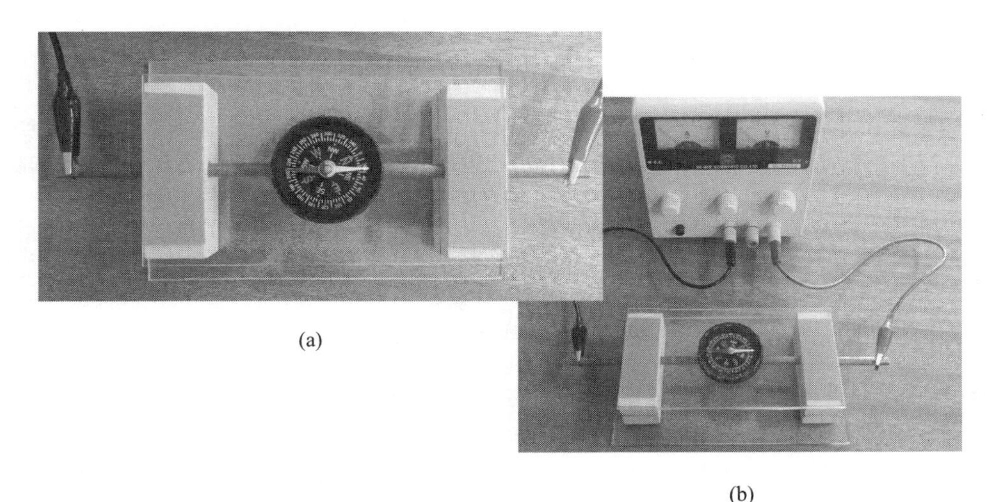

(a)

(b)

그림 5 (a) 막대도선을 나침반과 나란하게 배치하고, (b) 막대도선 양단에 직류전원을 연결한다.

② 악어 클립의 리드선으로 직류전원장치와 막대도선을 연결한다. [그림 5(b)참조]

③ 직류전원장치의 전원을 켜고, 전류를 세기를 조절해가며 나침반 바늘의 편향 정도를 관찰한다. 이를 통해서 자기장의 세기는 전류의 세기에 비례한다는 것을 확인한다.

④ 막대도선에 가한 전류를 일정하게 한 상태에서, 나침반을 막대도선으로부터 수직하게 조금씩 멀리 이동시켜가며 나침반 바늘의 편향 정도를 관찰한다. 이를 통해서 자기장의 세기는 도선으로부터의 수직거리에 반비례한다는 것을 확인한다.

⑤ 과정 ③~④의 관찰 결과가 식 (4)의 직선 도선이 만드는 자기장의 식을 따름을 확인한다.

⑥ 그림 6(b)와 같이 나침반을 막대도선의 위에 두고도 전류를 가하여 보고, 그림 6(c)와 같이 막대도선의 아래에 두고도 전류를 가하여 보며 나침반 바늘의 편향 방향이 반대가 됨을 관찰한다. 그리고 이러한 관찰 결과를 근거로 하여 전류 도선 주위에 형성되는 자기장의 방향을 추정해본다.

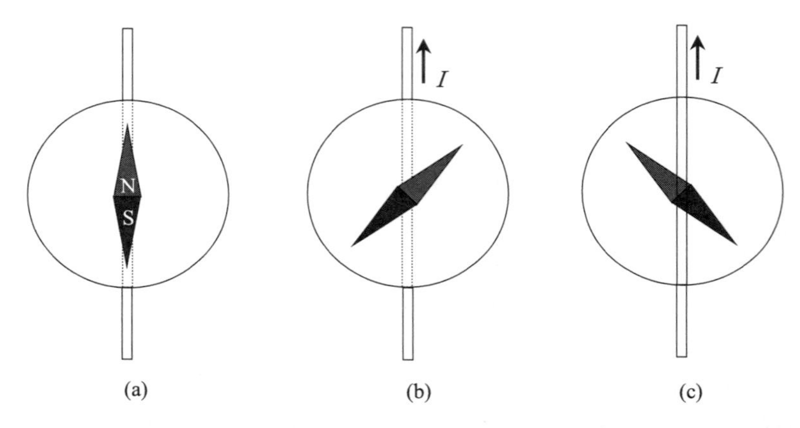

그림 6 전류 도선 근방에서의 자기장의 방향. (a) 도선에 전류가 흐르지 않을 때. (b) 전류가 흐를 때 도선 위에 있는 나침반은 시계 방향으로 편향된다. (c) 전류가 흐를 때 도선 아래에 있는 나침반은 반시계 방향으로 편향된다.

⑦ 나침반을 막대도선의 위나 아래에 두고 나침반의 바늘이 막대도선과 45°를 이루도록 막대도선에 전류를 가한다. 그리고 이때의 전류를 I_c라 하고 기록한다.

⑧ 막대도선의 중심으로부터 나침반의 바늘까지의 수직거리 r을 측정한다.

★ 실험상의 편의를 위해 수직거리 r은 직접 측정하지 않고 아래에 주어진 값을 사용하여도 좋다.

- 막대도선으로부터 막대도선 위쪽 나침반의 바늘까지의 수직거리 r: 1.6 cm
- 막대도선으로부터 막대도선 아래쪽 나침반의 바늘까지의 수직거리 r: 2.0 cm

⑨ 과정 ⑦과 ⑧에서 측정한 전류 I_c와 수직거리 r을 식 (6)에 대입하여 지구 자기장의 수평성분 값을 구한다.

$$B_E = B_C \tan 45° = \frac{\mu_0 I_c}{2\pi r} \tan 45° = \frac{\mu_0 I_c}{2\pi r} \tag{7}$$

(5) 결과

★물음에 답하는 것으로 결과 보고서를 대신한다.

- **물음 5**: 실험 과정 ⑥의 관찰 결과를 근거로 하여 전류 도선이 그 주위에 만드는 자기장의 방향을 추정해 보아라.

- **물음 5**: 지구 자기장의 수평성분의 측정값은 얼마인가? 그리고 이 측정값을 우리나라 지표면에서의 대략적인 자기장 값인 $0.3 \sim 0.6$ G(1 G $= 10^{-4}$ T)의 참값과 비교하여 본다.

[3] 실험 2 – (b) 전류 고리가 만드는 자기장 관찰

(1) 목적

전류 고리의 양 단면이 각각 서로 다른 자극(N극과 S극)을 띄어 하나의 자석과 같이 행동함을 확인한다.

(2) 실험 방법 및 원리

그림 7과 같이 회전축에 대칭으로 놓인 두 개의 원형 도선 고리에 전원 스위치를 켜서 전류를 공급한 뒤, 원판 모양의 자석을 이 전류가 흐르는 원형 도선 고리(이하 전류 고리라고 함) 중 하나에 가까이 가져가 본다. 이때, 자석의 극성에 따라 전류 고리가 가까이 끌려오거나 멀어져 감을 관찰한다. 이어서, 자석을 전류 고리의 뒷면(반대쪽 면)에도 가까이 가져가 보며 전류 고리의 운동을 관찰한다. 이로써, 전류가 흐르는 도선 고리는 단면에 수직한 방향으로 자기장을 형성함을 이해하고, 이 자기장의 방향에 따라 전류 고리의 양 단면은 각기 다른 자극(N극과 S극)을 가지게 됨을 이해한다.

그림 7 전류가 흐르는 도선고리에 자석을 가까이 가져가 보며 전류 고리가 자성을 가졌음을 확인한다.

(3) 결과

★ 물음에 답하는 것으로 결과 보고서를 대신한다.

- **물음 6**: 전류가 흐르는 도선 고리의 양 단면은 서로 같은 자극(N극과 S극)을 띠는가? 아니면 다른 자극을 띠는가?

[4] 실험 3 – 자기장 내에 놓인 전류가 흐르는 도선에 작용하는 자기력 관찰

(1) 목적

자기장 내에 놓인 전류가 흐르는 도선에 작용하는 자기력을 알아본다.

(2) 기본 원리

전류가 흐르는 도선이 자기장 $\vec{B}$ 내에 놓여 있을 때, 이 도선의 선분 요소 $d\vec{l}$ 이 받는 힘은

$$d\vec{F} = I\,d\vec{l} \times \vec{B} \tag{8}$$

으로 나타내어진다. 이 힘을 자기력이라고 한다. 식 (8)에 따라서 단위 길이당 전류 도선이 받는 힘은 자기장의 세기가 클수록, 도선에 흐르는 전류가 클수록, 도선이 놓인 방향과 자기장의 방향이 수직에 가까울수록 커진다. 만일 도선의 양끝이 고정되어 있다면, 자기력은 그림 8과 같이 작용하여 도선이 휘는 것을 관측할 수 있다.

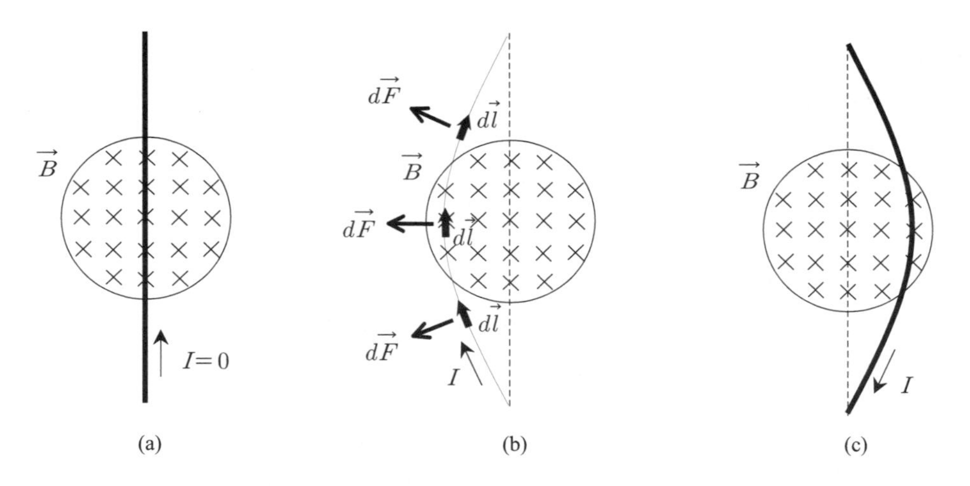

그림 8 잘 휘어지는 그러나 팽팽히 잡아당겨진 도선이 지면 속으로 향하는 자기장에 수직하게 놓여 있다. (a) 도선에 전류가 흐르지 않을 때, 도선은 아무런 힘(자기력)을 받지 않는다. (b) 도선에 전류가 위쪽으로 흐를 때, 도선은 왼쪽 방향으로 자기력을 받아 휜다. (c) 도선에 전류가 아래쪽으로 흐를 때, 도선은 오른쪽 방향으로 자기력을 받아 휜다.

도선의 휘는 방향 즉, 자기력의 방향은 식 (8)의 벡터 곱의 결과를 따르는데, 그 결과는 엄지를 세우고 오른 손바닥을 편 상태에서 엄지를 제외한 네 손가락을 이용하여 전류의 흐름 방향(도선의 미소길이 벡터 $\vec{dl}$의 방향)에서 자기장 $\vec{B}$의 방향으로 감아쥘 때 엄지가 가리키는 방향(오른나사의 회전방향)이 된다. 한편, 전류 도선에 작용하는 자기력의 방향은 다음의 그림 9로 해석되는 플레밍의 왼손법칙으로도 쉽게 설명될 수 있다.

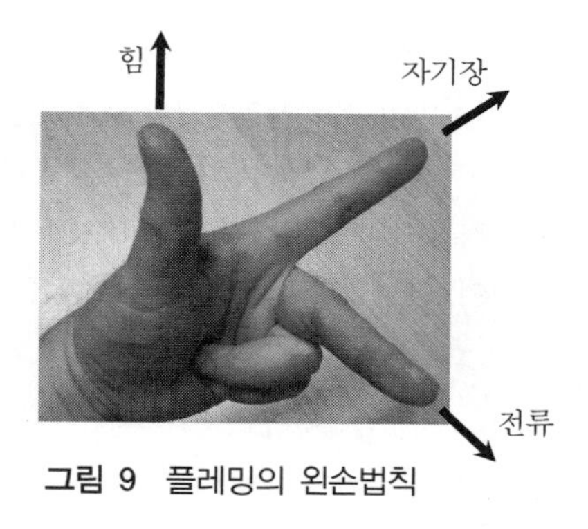

그림 9 플레밍의 왼손법칙

(3) 실험 기구

- ○ 직류전원장치(Power Supply)
- ○ 자기력 실험장치
  - 2500 G 자석 (2)
  - 에나멜선
- ○ 나침반
- ○ 리드선 (2)

(4) 실험 방법

① 그림 10과 같이 자기력 실험장치의 도선(에나멜선) 양 끝의 리드선을 직류전원장치에 연결한다.

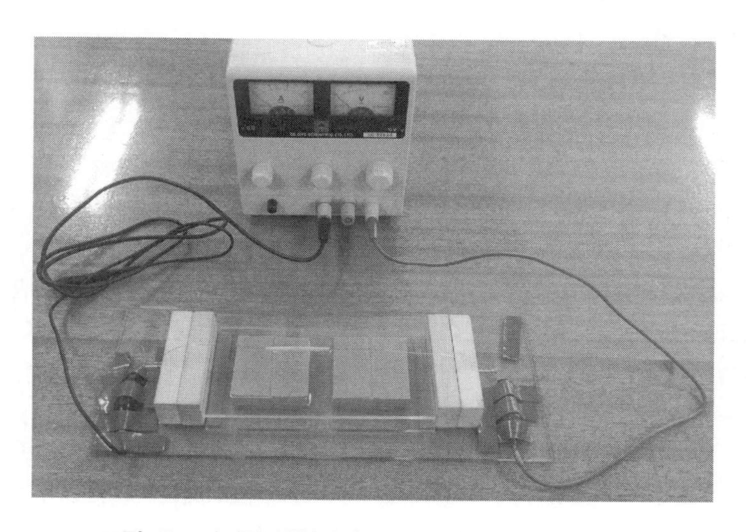

그림 10 자기력 실험장치를 직류전원장치에 연결한다.

② 직류전원장치의 전원을 켜고, 전류를 조절해가며 도선의 변화(휨)를 관찰한다.

★만일, 직류전원장치의 전류 조절 다이얼을 돌려도 전류가 증가하지 않는다면, 이 경우에는 리드선과 에나멜선의 접촉이 불량한 경우이므로 접촉 상태를 확인해 본다.

③ 직류전원장치의 전원을 끄고, 직류전원장치의 +, − 단자에 연결된 리드선을 서로 바꾸어 연결한다. 그리고 다시 직류전원장치의 전원을 켜고, 전류를 조절해가며 도선의 변화(휨)를 관찰한다.

(5) 결과

★물음에 답하는 것으로 결과 보고서를 대신한다.

- **물음 7**: 도선에 흐르는 전류의 세기와 도선이 휘는 정도(도선이 받는 힘)와의 상관관계는 어떠한가?

- **물음 8**: 도선에 흐르는 전류의 방향을 바꾸어 실험하였을 때, 도선이 휘는 방향은 전류의 방향을 바꾸기 전과 비교하여 어떻게 되는가?

- **물음 9**: 이상의 실험 결과로부터 '자기력 실험장치'의 자석의 윗면은 무슨 극이라고 할 수 있겠는가?

[5] 실험 4 − (a) 유도 전류의 발생 1: 패러데이의 유도법칙

(1) 목적

유도전류의 발생 원리를 알아보고, 이것으로부터 패러데이의 유도법칙을 이해한다.

(2) 기본원리

그림 11과 같이 검류계에 연결된 도선 고리를 생각해 보자. 자석을 도선 고리에 접근시키면 검류계의 바늘은 한쪽 방향으로 치우치고, 자석을 도선 고리에서 멀어지게 하면 바늘은 반대 방향으로 치우치게 된다. 또한, 반대로 자석을 고정시킨 상태에서 도선 고리를 가까이 하였다 멀어지게 하였다 해도 역시 검류계 바늘의 편향을 관찰할 수 있다. 이러한 관찰 결과로부터 '**자석과 도선 고리 사이에 상대적인 운동이 있으면 도선 고리에는 전류가 발생한다.**'는 결론을 얻을 수 있다. 이런 현상은 도선 고리의 회로가 전원에 직접 연결되어 있지 않았는데도 전류가 발생한다는 놀랄 만한 사실을 보여준다. 이와 같이 발생한 전류는 유도기전력에 의해 발생되었다고 해서 이 전류를 유도전류(induced current)라고 부른다. 이러한 유도기전력의 생성 원리는 영국의 물리학자이자 화학자인 패러데이(Faraday)에 의해 밝혀졌으며, 그 원리는 '도선 고리에 유도되는 기전력은 도선 고리를 통과하는 자기선속의 시간에 대한 변화율과 같다.'라는

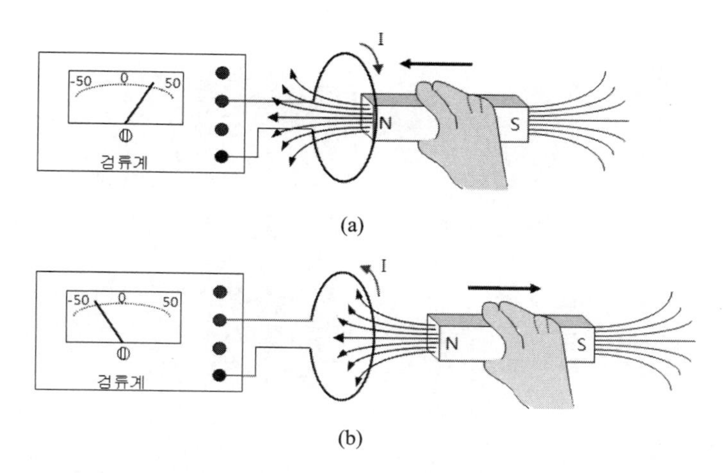

그림 11 닫힌 도선 고리에 대하여 자석을 가까이 하거나 멀리하면 도선 고리에는 유도전류가 발생한다.

것이다. 즉, 다음과 같이 기술할 수 있다.

$$\varepsilon = -N\frac{\Delta \Phi_B}{\Delta t} \tag{9}$$

이를 자기유도에 관한 '패러데이의 유도법칙'이라고 한다. 여기서, ε는 기전력, N은 코일의 감은 수, $\Delta\Phi_B$는 자기선속의 변화(자기선속은 $\Phi_B = \vec{B} \cdot \vec{A}$ 로 코일을 통과하는 자기장의 세기와 코일의 단면적의 스칼라 곱으로 나타내어진다.), Δt는 시간 변화이다. 그리고 음의 부호는 유도된 기전력의 극성을 나타내며, 이는 코일을 지나는 자기선속이 변할 때 이 코일에 유도되는 유도전류는 자기장의 변화를 거부(방해)하려는 방향으로 생성된다는 렌츠의 법칙을 따르는 부호 규칙이다.

(3) 실험 기구

- 코일 (3): 원형 코일, 솔레노이드, 사각 코일
- 원기둥형 자석 (6)
- 검류계
- 리드선 (2)

(4) 실험 방법

① 그림 12와 같이 사각 코일을 검류계의 50 μA 단자에 연결한다.

★발생하는 유도전류의 크기에 따라 25 μA 또는 500 μA 단자에 연결하여도 좋다.

② 사각 코일 입구에 원기둥형 자석을 넣었다 뺐다하며 사각 코일에 유도전류가 발생하는 것을 관찰한다.

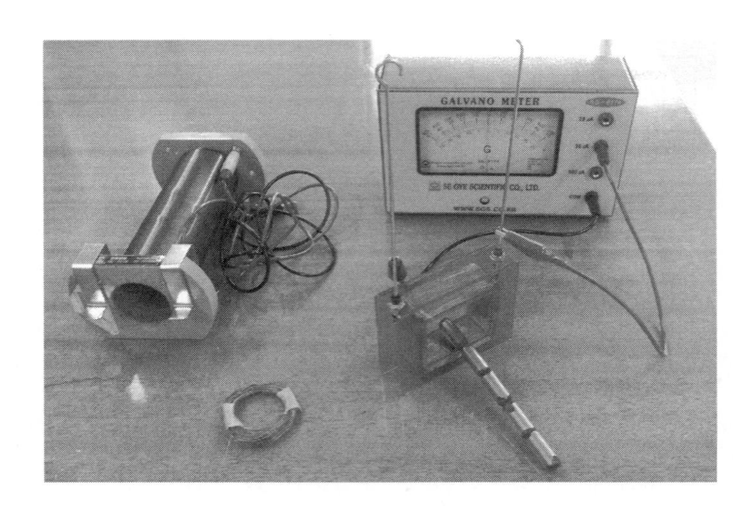

그림 12 유도전류 발생 실험 장치

③ 자석을 넣었다 뺐다하는 속력에 변화를 주어가며 발생하는 유도전류의 크기 변화를 관찰한다.

④ 추가의 원기둥형 자석을 직렬로 가감하여 자기장의 세기에 변화를 주어가며 발생하는 유도전류의 크기 변화를 관찰한다.

⑤ 사각 코일의 단면으로부터 일정한 거리에 자석을 두고 자기장의 방향이 코일을 향하였다가 코일과 수직을 이루었다가 하도록 90°의 각으로 흔들어주며 사각 코일에 유도전류가 발생하는 것을 관찰한다. 이것으로부터 사각 코일의 단면과 자석이 만드는 자기장이 이루는 각의 변화가 유도전류를 발생시키는 것을 확인한다.

⑥ 사각코일에 비해 감은 수가 상대적으로 적은 원형코일과 솔레노이드에 대해서도 과정 ②를 수행하여 코일의 감은 수와 유도전류의 크기와의 상관관계를 알아본다.

⑦ 과정 ②~⑥의 관찰 결과들이 식 (9)의 패러데이의 유도법칙을 따르는 것을 확인한다.

(5) 결과

★물음에 답하는 것으로 결과 보고서를 대신한다.

- **물음 10**: 실험 과정 ②~④의 관찰 내용을 기술하여라.

- **물음 11**: 실험 과정 ⑤~⑥의 관찰 내용을 기술하여라.

- **물음 12**: 실험 과정 ⑦의 확인 사항을 기술하여라.

[6] 실험 4 – (b) 유도 전류의 발생 2

(1) 목적

코일을 통과하는 자기선속의 변화가 유도전류를 발생시킴을 확인한다.

(2) 실험 방법 및 원리

그림 13과 같이 발광 다이오드를 장착한 세 개의 원통형 코일을 각각 수직으로 세워진 유리관의 적당한 위치에 배치하고 위쪽 구멍에 자석을 넣어 낙하시켜 본다. 이때, 자석이 유리관 내에서 낙하하며 각 원통형 코일을 통과하면, 이 코일을 통과하는 자기선속이 발생하게 되어 코일에는 이 자기선속의 변화를 거부하도록 유도전류가 흐르고, 이 전류에 의해 발광 다이오드가 점등됨을 확인한다. 특히, 자석의 낙하 속력이 커서 자기선속의 시간 변화가 큰 아래 코일에 더 큰 유도전류가 발생하여 발광 다이오드가 더 밝게 빛남을 주의 깊게 관찰한다.

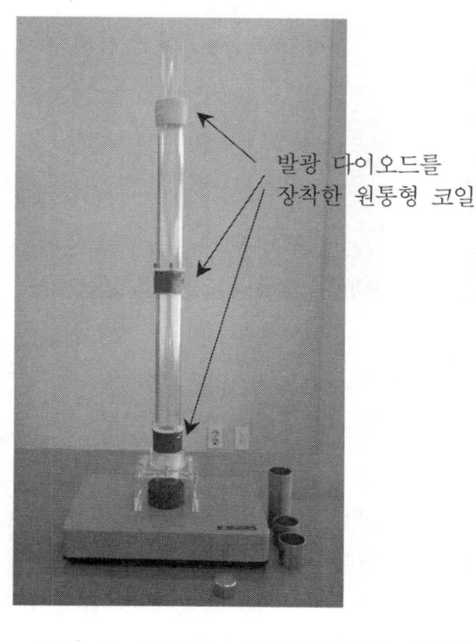

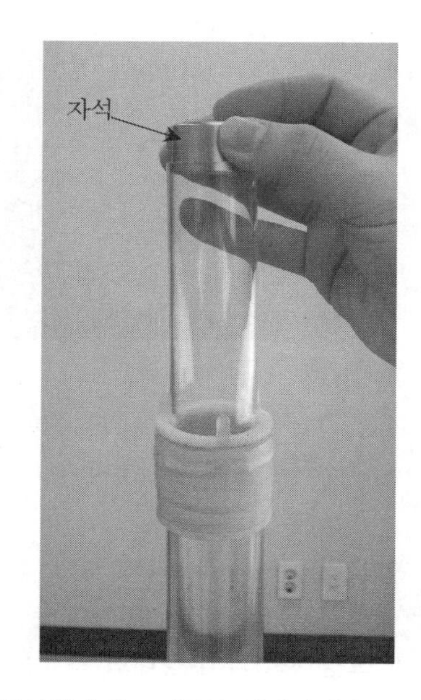

그림 13 낙하하는 자석이 원통형 코일을 통과하며 유도전류를 발생시킨다.

(3) 결과

★물음에 답하는 것으로 결과 보고서를 대신한다.

- **물음 13**: 3개의 발광 다이오드 중 어느 높이의 발광 다이오드가 가장 밝게 빛을 내는가? 그리고 왜 그럴까?

[7] 실험 4 - (c) 전자기 유도에 의한 두 진자 간의 진동 운동 관찰

(1) 목적

도선 고리를 통과하는 자기선속의 변화는 유도전류를 발생시키고, 자기장 내에 놓인 전류가 흐르는 도선은 자기력을 받는다는 것을 확인한다.

(2) 실험 방법 및 원리

① 먼저, 진자 운동 장치의 뒤쪽에 있는 4개의 단자를 그림 14와 같이 리드선으로 연결한다.

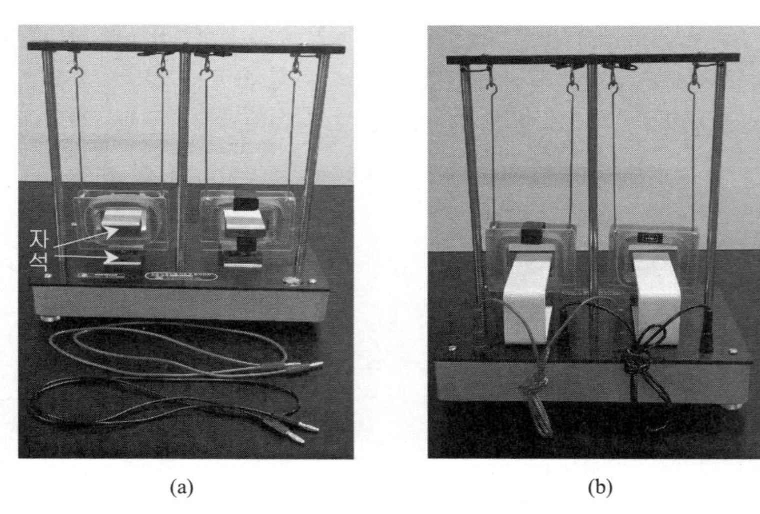

그림 14 진자 운동 장치의 (a) 앞쪽, (b) 뒤쪽. 리드선으로 연결된 사각 코일의 두 진자는 하나의 진자가 진동 운동을 하면, 이웃하는 진자도 같이 진동 운동을 하게 된다.

② 진자 형태로 매달린 두 사각 코일 중 하나만 살짝 잡아 당겼다 놓아 진동 운동시키고, 이웃한 진자가 따라서 진동 운동하는 것을 관찰한다. 이때, 진자의 진동 운동에 따른 사각 코일과 고정 자석과의 상대적 운동은 사각 코일에 자기선속의 변화를 발생시키고 그 결과 사각 코일에는 교류의 유도전류가 발생한다. 그리고 이 교류의 유도전류는 리드선을 통해 이웃한 진자의 사각 코일로 흐르게 되는데, 이 이웃한 진자의 사각 코일의 하단 부분은 고정 자석에 의한 자기장 내에 놓인 전류가 흐르는 도선이 되어 자기력을 경험하게 된다. 그 결과

$$\vec{F} = I\vec{l} \times \vec{B} \tag{10}$$

또는 플레밍의 왼손 법칙에 따라 자기장과 전류 도선에 수직한 방향(진동 운동의 최하단에서의 경로의 접선 방향)으로 운동함을 볼 수 있다. ['[4] 실험 3 - 자기장 내에 놓인 전

류가 흐르는 도선에 작용하는 자기력 관찰'과 동일한 현상 관찰] 한편, 도선에는 주기적인 교류 전류가 흐르므로, 바뀌는 전류의 방향에 따라 사각 코일의 하단 부분이 받는 자기력의 방향도 앞뒤로 주기적으로 바뀐다. 이런 현상이 진자를 진동 운동시킨다.

③ 진자의 진동 운동 중에 두 진자에 연결된 리드선을 서로 바꿔 연결하고 두 진자의 운동을 관찰한다. 그 결과 두 진자의 운동 양상이 엇갈림에서 함께 또는 함께에서 엇갈림으로 바뀌는 것을 확인한다.

(3) 결과

★ 물음 없음. 실험만 해보면 됩니다.

[8] 실험 4 – (d) 닫힌 도선 고리에만 유도전류 발생

(1) 목적

도선 고리를 통과하는 자기선속을 발생시킬 때 닫힌 도선 고리에서만 유도전류가 발생하는 것을 확인한다. 그리고 이때 발생하는 유도전류는 고리를 통과하는 자기선속의 변화를 거부하는 방향으로 생성됨을 이해한다.

(2) 실험 방법 및 원리

① 그림 15와 같이 '열린' 도선 고리와 '닫힌' 도선 고리가 회전축에 대하여 대칭으로 놓여 있는 실험 장치에서 자석을 이용하여 열린 도선 고리를 통과시켜 보며 고리의 움직임을 관찰한다. 이 경우 열린 도선 고리는 움직이지 않음을 확인할 수 있을 것이다.

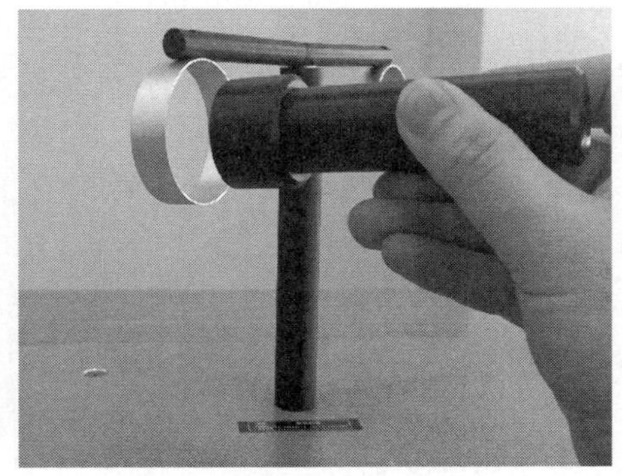

그림 15 자석을 이용하여 열린 도선 고리와 닫힌 도선 고리를 각각 통과시켜 보며 도선 고리의 움직임을 관찰한다.

이것으로부터 도선 고리가 열려 있으면, 도선 고리를 통과하는 자기선속의 변화가 발생하더라도 도선 고리에는 유도전류가 발생하지 않아 유도자기장이 생기지 않음을 이해한다.

★ 그런데, 장치 제작 상의 결함(고리가 두꺼움)으로 열린 도선 고리의 단면에 발생한 맴돌이 전류(유도전류의 일종)에 의해 유도자기장이 생기므로 실제는 고리가 살짝 움직인다. 이점은 실험자가 이해해 주기 바랍니다.

② 자석을 이용하여 '닫힌' 도선 고리를 통과시켜 보며 고리의 움직임을 관찰한다. 이때, 닫힌 도선 고리가 자석에 대해 뒤로 밀림을 관찰한다. 이번에는 도선 고리 내에 자석을 넣은 상태에서 자석을 빼내어 보며 고리가 자석을 따라옴을 관찰한다. 이것으로부터 닫힌 도선 고리에서만 고리를 통과하는 자기선속의 변화에 따른 유도전류가 발생하여 고리에 유도자기장이 생성됨을 이해한다. 한편, 자석을 코일에 가까이 할 때는 코일이 자석과 같은 극으로 유도되어 밀리고, 코일에서 자석을 빼낼 때는 다른 극으로 유도되어 끌리는 현상을 통해 유도전류는 고리를 통과하는 자기선속의 변화를 거부하는 방향으로 생성됨을 이해한다.

(3) 결과

★ 물음 없음. 실험만 해보면 됩니다.

[9] 실험 4 – (e) 운동기전력(motional emf) 발생

(1) 목적

자기장 내에서 운동하는 도체 막대에는 운동기전력이 발생함을 확인한다.

(2) 기본 원리 – 운동기전력이란?

균일한 자기장 내에서 운동하는 도체에는 기전력이 유도된다. 이와 같은 현상을 로렌츠의 힘의 관점에서 해석하여 보자.

그림 16은 길이 l 의 직선 도체(금속) 막대가 지면(紙面)을 향해 들어가는 균일한 자기장 내에서 자기장과 수직하게 속도 $\vec{v}$로 등속운동하고 있는 것을 나타내었다. 도체 막대의 운동은 곧, 도체를 이루는 양이온과 전자가 막대의 운동 속도로 운동하는 것으로 생각할 수 있으므로, 이 전하들이 자기장 내에서 운동하는 셈이 된다. 그런데, 도체는 자유전자가 양의 이온에 아주 약하게 구속된 상태라 거의 자유롭게 도체 내를 이동할 수 있으므로, 위와 같이 자기장 내에서 운동하는 셈인 전자는 $\vec{F}_B = -e\vec{v} \times \vec{B}$ 의 자기력을 받아 막대의 아래쪽$(-y)$ 방향으로 이동하여 쌓이게 된다. 이 과정에서 양이온도 역시 자기력을 경험한다. 그러나 양이온은 구속되어 움직일 수 없으므로 전자만이 이동한다.

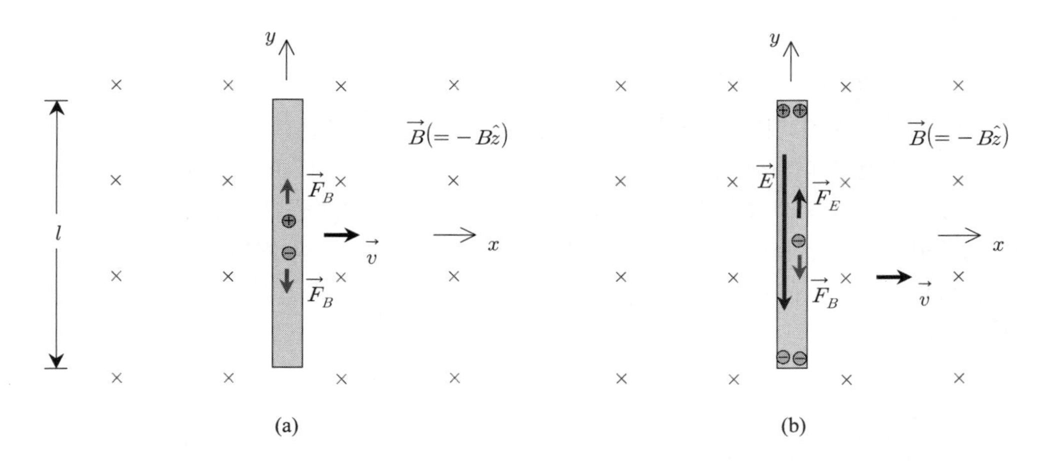

그림 16 균일한 자기장 내에서 길이 l의 도체(금속) 막대를 자기장과 수직한 방향으로 속도 $\vec{v}$로 운동시켰을 때, (a) 도체 막대 내의 전자는 자기력을 받아 막대의 끝으로 이동한다. (b) 전자의 이동에 의해 막대의 양 끝은 반대 부호로 대전되며 막대 내부에는 전기장이 형성된다. 전자에 작용하는 전기력과 자기력이 평형을 이루면 전자의 알짜 이동은 멈춘다.

이러한 막대 내 전자의 이동에 의해 그림 15(b)와 같이 막대의 위쪽과 아래쪽은 각각 양과 음으로 대전되며, 이로 인해 막대 내에는 막대를 따라 전기장 $\vec{E}$가 형성된다. 이 전기장에 의해 전자는 위쪽 방향으로 전기력 또한 받게 된다. 도체 막대가 일정한 속도로 운동한다면 전자들이 받는 자기력은 일정하나, 자기력을 받아 이동하여 막대의 끝에 쌓이는 전자들이 많아질수록 전기력은 증가하게 된다. 어느 시점에선가 전기력과 자기력은 평형에 도달하고, 이때 도체 내 전하의 알짜 이동은 멈추게 될 것이다. 이러한 평형상태의 조건은

$$\sum_i \vec{F}_i = \vec{F}_E + \vec{F}_B = q\vec{E} + q\vec{v}\times\vec{B} = -e(-E\hat{y}) + (-evB\hat{y}) = 0$$

$$eE = evB \qquad \text{또는} \qquad E = vB \tag{11}$$

이다. 평형상태에 이른 도체 막대의 양단에는 전기장에 의한

$$\Delta V = -\int_0^l \vec{E}\cdot d\vec{s} = El$$

$$El = vBl$$

$$\mathcal{E} = \Delta V = Blv \tag{12}$$

의 전위차가 발생한다. 이 전위차는 균일한 자기장 내에서 운동하는 도체에 의해 생성된 것으로 이를 운동기전력($\mathcal{E}$)이라고 한다. 이 기전력은 도체가 자기장 내를 운동하는 동안 계속 유지된다.

(3) 실험 방법

다음의 그림 17(a)와 같이 경사진 레일의 상단에 알루미늄의 금속봉을 올려놓고 살며시 놓은 후, 금속봉이 경사진 레일을 따라 굴러 내려가는 것을 관찰한다. 그러면, 이 금속봉은 중력의 경사면 방향 분력에 의해 등가속 운동을 한다. 이번에는, 그림 17(b)와 같이 금속 레일 사이에 자석을 놓고 이 자석과 레일 위의 금속봉이 닿지 않도록 위치를 조정한 후, 금속봉을 경사진 레일 상단에서 살며시 놓아 본다. 그러면, 급속봉은 처음 운동할 때는 가속되어 내려오다가 자석 위를 지날 때에는 급격히 감속되고 자석을 벗어나서는 다시 가속 운동을 하는 것을 관측하게 될 것이다.

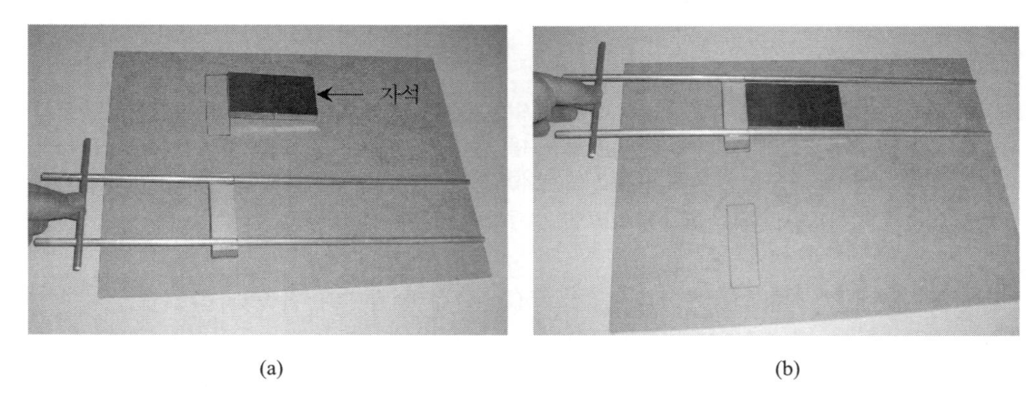

그림 17 경사진 레일 위에서 금속봉을 굴러내려 오게 한다. (a) 금속봉은 가속 운동을 한다. (b) 금속봉이 가속되다가 자석 위를 지날 때 감속되고 자석을 벗어나면 다시 가속 운동을 한다.

이는 자기장 내에서 운동하는 도체의 금속봉 내에 운동기전력에 의한 유도전류가 발생하고 이 유도전류가 흐르는 금속봉이 다시 자기장 내에서

$$\vec{F}_B = I\vec{l} \times \vec{B} \tag{10}$$

의 자기력을 경험하기 때문이다. [그림 9 플레밍의 왼손법칙 참조] 한편, 알루미늄의 금속봉을 자석에 갖다 대어 보아라. 이 금속봉은 알루미늄 재질이라 자석에 전혀 끌리지 않는 것을 확인할 수 있을 것이다.

(4) 결과

★물음에 답하는 것으로 결과 보고서를 대신한다.

- **물음 14**: 자석 위를 지나는 금속봉 내에 발생하는 유도전류는 어느 방향으로 흐르는 것일까?

[10] 실험 5 – 맴돌이(Eddy) 전류의 발생

(1) 목적

전자기유도 현상으로서 덩어리 물체에서 발생하는 맴돌이 전류를 이해한다.

(2) 기본원리

그림 18(a)는 자석의 N극이 도체 판을 향하여 접근하고 있는 것을 보여주고 있다. 이러한 경우에 판을 통과하는 자기선속은 점차 증가하므로 도체 판은 이와 같은 자기선속의 증가를 거부하려고 판의 위쪽에 N극의 자기장을 형성한다. 이와 같은 자기장은 도체 판에서 반시계 방향으로 유도되는 전류에 의해 발생한다. 다시 말해서, 도체 판에 자기선속의 변화가 생기면 이와 같은 자기선속의 변화를 거부하려는 방향으로 도체 판에 유도전류가 발생한다는 것이다. 이번에는 자석을 그림 18(b)와 같이 도체 판에 평행하게 움직인다면 장의 불균일성에 의해서 운동하는 자석의 앞쪽으로는 증가하는 자기선속을, 뒤쪽으로는 감소하는 자기선속을 만든다.

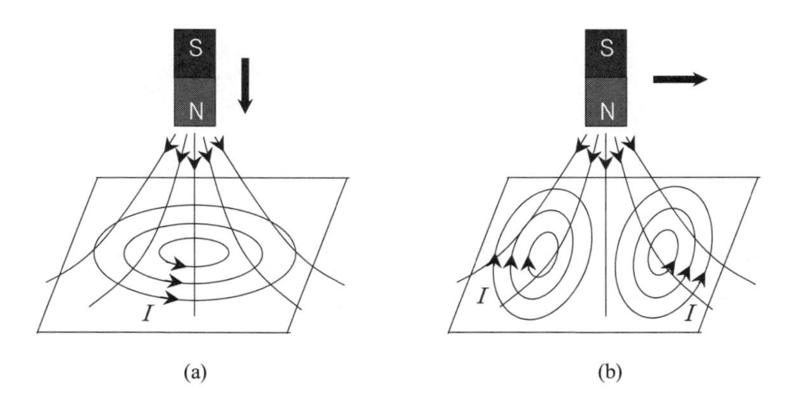

그림 18 자석이 도체 판에 대해서 상대적으로 움직일 때에 도체 판에는 맴돌이 전류가 생긴다.

그 결과 자석의 앞쪽으로는 반시계 방향의 전류가, 뒤쪽으로는 시계 방향의 유도전류가 판에 흐르게 된다. 이와 같이 자기선속의 변화에 의해 고리가 아닌 덩어리(부피를 갖는) 물체에 유도되는 전류는 유체의 소용돌이 모양과 유사하다고해서 **맴돌이 전류(eddy current)**라고 부른다.

그림 19는 도체 판이 균일한 자기장을 가로질러 운동할 때의 현상을 나타낸 것으로, 이 경우 도체 판에는 자기선속의 변화가 생겨 유도전류가 판 전체에 발생하게 된다. 특히, 그림에서와 같은 이동에 따라 판의 일부가 균일한 자기장의 영역을 벗어나게 된다면, 판을 통과하는 자기선속은 줄어들게 되므로 도체 판은 이와 같은 자기선속의 줄어듦을 거부하려고 외부의 자기장과 같은 방향의 자기장을 도체 판에 형성하기 위해 시계방향의 유도전류를 생성한다.

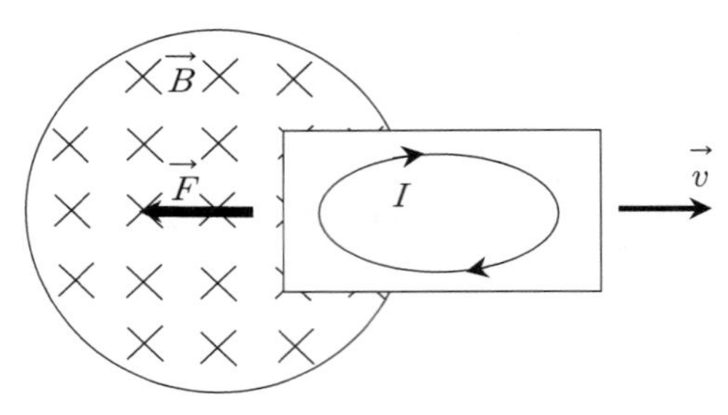

그림 19 자기장을 가로질러 운동하는 도체 판은 맴돌이 전류에 의해 운동 방향과 반대방향의 자기력을 경험한다.

그리고 이러한 **유도전류에 의해 자기장 내에 있는 판은 운동방향과 반대방향의 힘을 겪는다.** 이와 같이 운동을 방해하는 힘은 화학천칭이나 검류계의 진동을 줄이는 데에 사용되며, 열차나 자이로드롭의 제동장치에도 사용될 수 있다. 또한, 도체에 맴돌이 전류가 흐를 때에 도체에는 열에너지가 발생하므로, 이러한 열에너지를 가열방법으로 이용하는 인덕션렌지와 같은 요리기구 등에도 응용되어진다.

(3) 실험 기구

○ 맴돌이 전류에 의한 반발력 경험 도구:
- 자석(1): 5000 G
- 아연판

○ 맴돌이 전류를 응용한 제동장치 ❶ - 자이로드롭 장치

○ 맴돌이 전류를 응용한 제동장치 ❷
- 판형과 포크형 금속 진자
- 자기장 제공 장치: 두 자석의 다른 극을 간격을 두고 마주보게 설치하여 두 자석 사이에 강한 자기장을 형성하는 장치.

(4) 실험 방법

주의를 요합니다. 이 실험에서 사용하는 자석은 너무나 세서 주의를 하지 않으면 크게 다칩니다. '3. 실험 정보' 부분을 다시 주의 깊게 읽어 보고 안전사고에 유의하기 바랍니다.

① 그림 20의 도구를 이용하여 실험한다. 먼저, 아연판을 자석에 갖다 대어 보고 아연판이 자석에 붙지 않는 물질임을 확인한다.
  ★ 참고로 아연은 반자성체이다.

② 자석을 테이블에 올려놓고, 자석 바로 위 가까운 거리에서 아연판의 끝을 잡고 위아래로 부채질 하듯 부드럽게 움직여본다.

★ 이때, 아연판이 자석에 가까워지면 밀치는 힘을, 자석에서 멀어지면 끌리는 힘을 경험하게 될 것이다. 이 힘 때문에 부채질의 움직임은 부자연스러워(또는 부드러워)진다.

그림 20 맴돌이 전류 실험 기구. 자석과 아연판

③ 자석을 테이블에 올려놓고, 자석 바로 위 5~10 cm 높이에서 아연판을 자석 면과 평행하게 떨어뜨리며 아연판의 운동을 관찰한다.

★ 이때, 낙하하는 아연판이 자석에 가까워지면서 급속히 낙하 속도가 줄어드는 것을 볼 수 있다. 이 현상은 놀이기구 자이로드롭에서 경험되는 현상과 유사하다.

④ 아연판을 실험 테이블에 올려놓고, 아연판 위 1 cm 정도 높이에서 아연판에 평행하게 그리고 **갑작스럽게** 자석을 움직여본다. [그림 18(b) 참조]

★ 이때, 아연판이 자석의 운동 방향으로 밀려나가는 것을 볼 수 있을 것이다.

⑤ 자석을 테이블에 올려놓고, 그림 21과 같이 자석 바로 위 1 cm 정도 높이에서 아연판을 자석 면과 평행하게 좌우로 움직여본다.

★ 이때, 아연판이 기우뚱 기우뚱 흔들리는 것을 경험하게 될 것이다.

그림 21 자석 바로 위에서 아연판을 자석 면과 평행하게 좌우로 움직여보면 아연판의 일부분은 자석에 끌림을, 일부분은 자석으로부터 밀림을 경험하게 된다.

⑥ 그림 22의 '맴돌이 전류를 응용한 제동장치 ❶ - 자이로드롭 장치'를 이용하여 실험한다. 그림 22와 같이 길이가 다른 3개의 원통형 금속관을 수직으로 세워진 유리관의 적당한 위치에 배치하고 위쪽 구멍에 자석을 넣어 낙하시키며 낙하하는 자석의 운동을 관찰한다.

★ 자석이 유리관 내에서 낙하하며 가속되다가 금속관을 지날 때는 속도가 느려지는 것을 볼 수 있을 것이다. 이는 금속관을 지나는 자석에 의해 금속관을 통과하는 자기선속의 변화가 발생하고, 도선 고리 형태는 아닌 덩어리 물체지만, 이 금속관에는 자기선속의 변화를 거부하는 유도전류인 맴돌이 전류가 발생하게 된다. 이 맴돌이 전류에 의한 유도자기장이 자석의 극과 같거나(자석이 금속관에 진입할 때) 반대를 이뤄(자석이 금속관을 빠져 나갈 때) 자석의 낙하 운동을 방해한다.

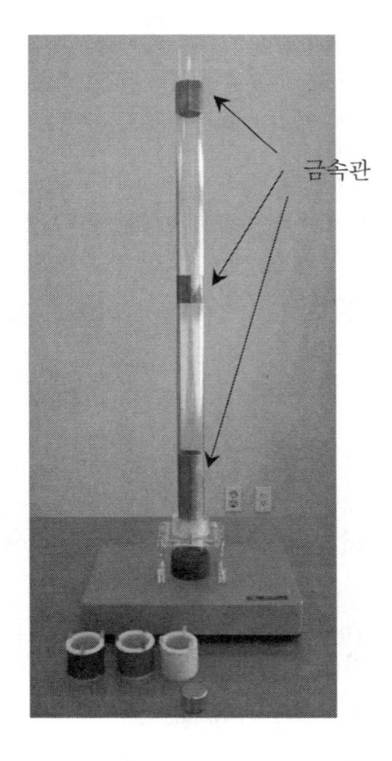

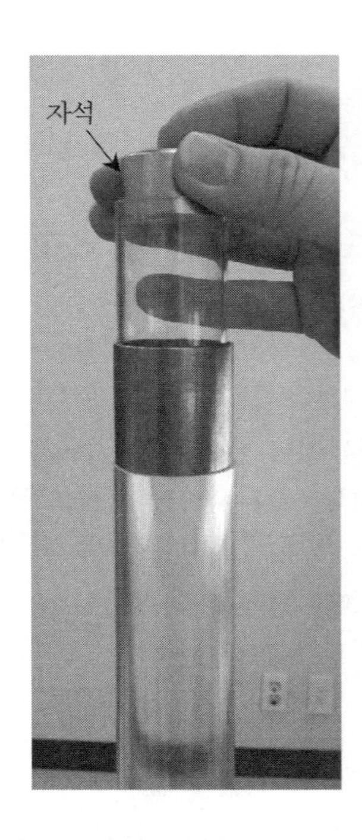

그림 22 '맴돌이 전류를 응용한 제동장치 ❶ – 자이로드롭 장치'를 이용하여 낙하하는 자석이 제동됨을 확인한다.

⑦ 그림 23의 '맴돌이 전류를 응용한 제동장치 ❷'를 이용하여 실험한다.
그림 23과 같이 판의 크기는 같으나 모양이 다른 3개의 금속판 진자를 번갈아가며 스탠드에 장치한 후 진자 하단의 자석 사이를 지나도록 진자를 들었다가 놓아 운동시키며 진자의 운동을 관찰한다.

★ 3개의 금속판 진자는 자석 사이를 지나며 그 운동이 제동되는 것을 볼 수 있을 것이다. 그리고 3개의 진자 중 홈이 없는 판, 홈이 있지만 닫혀 있는 판, 그리고 홈이 있어 열려 있는 포크 모양의 판의 순서대로 제동 효과가 큼을 볼 수 있을 것이다. 이러한 현상은 금속판에 발생하는 맴돌

이 전류에 의해 생기는 유도자기장이 자석의 극과 같거나(자석 사이를 들어갈 때) 반대(자석 사이를 지나 나갈 때)를 이뤄 진자의 진동 운동을 방해하기 때문에 발생하며 보다 큰 원의 맴돌이 전류를 형성할 수 있는 모양을 가진 금속판에서 더 큰 맴돌이 전류가 발생하므로 큰 제동이 발생한다.

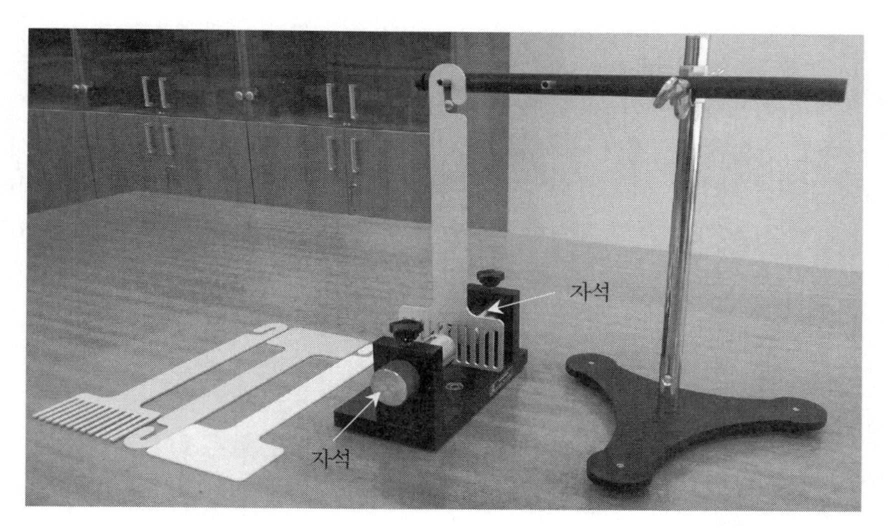

그림 23 '맴돌이 전류를 응용한 제동장치 ❷'를 이용하여 여러 모양의 판형 물체가 각기 모양에 따라 제동 효과가 달라짐을 확인한다.

(5) 결과

★물음에 답하는 것으로 결과 보고서를 대신한다.

- **물음 15**: 실험 과정 ③에서 관찰되는 아연판의 운동 양상을 기술하여라. 만일, 아연판을 향하는 쪽의 자석의 극을 N극이라고 하면, 아연판에 발생하는 맴돌이 전류의 방향은 시계 방향일까? 아니면, 반시계 방향일까? 낙하하는 아연판을 위에서 바라봤을 때로 하여 방향을 논하여라. 그리고 이러한 맴돌이 전류가 발생하는 이유를 간단히 기술하여라.

- **물음 16**: 실험 과정 ⑦에서 3개의 판형 진자 중 가장 지연이 덜 되는 진자는 어떤 모양의 진자일까? 그리고 왜 그럴까?

[11] 실험 6 – 강자성체의 성질

(1) 목적

자화되지 않은 강자성체 시료에 외부 자기장을 가했을 때 시료 내부의 자기장이 크게 증가하는 현상을 관찰하고, 이것으로부터 강자성체의 성질을 이해한다.

(2) 기본 원리

철, 니켈, 코발트와 같은 강자성체의 원자들은 한 개 또는 두 개의 전자의 스핀에 의한 영구적인 자기 모멘트를 가지고 있으며, 외부 자기장의 영향이 없는 상태에서도 자기 모멘트 사이에 작용하는 교환결합(exchange coupling)이라는 고전적으로는 설명되지 않는 양자역학적 상호작용에 의해 인접한 원자들의 자기 모멘트들이 동일한 방향으로 정렬되는 현상이 일어난다. 실제로는 이러한 완전한 정렬은 1 mm정도 크기의 자기구역(magnetic domain)내에서만 일어나며 각각의 구역은 10^{16}개 정도의 원자로 구성된다. 각각의 구역은 완전히 정렬될지라도, 전체적으로는 그림 24(a)에서 보인 것처럼 불규칙한 방향을 가지게 된다. 이들이 나누어져 있는 벽은 단 몇 개의 원자들로 구성되어 있고 자화의 방향은 한 방향에서 다른 방향으로 서서히 변한다.

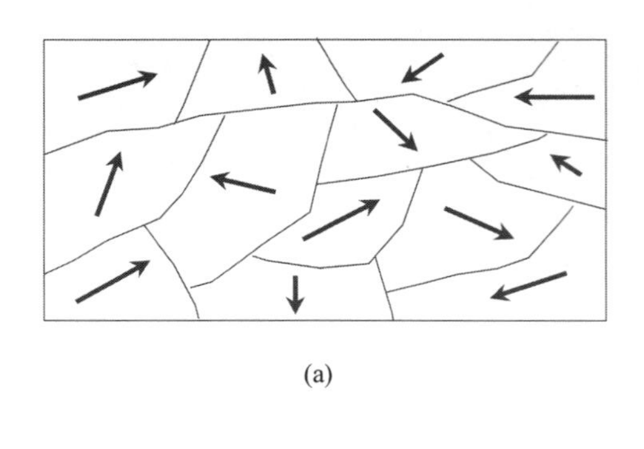

(a)

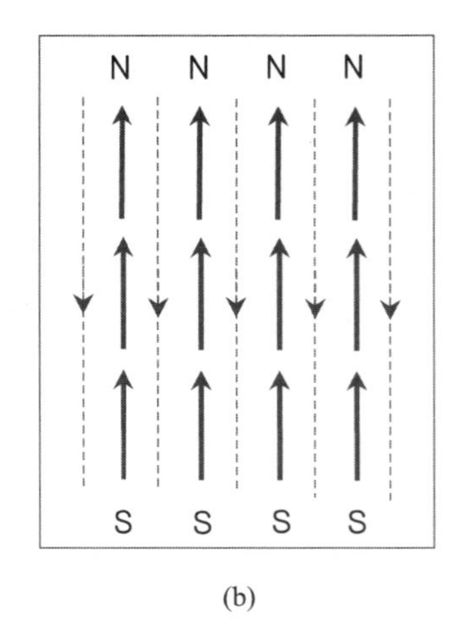

(b)

그림 24 (a) 자화되지 않은 시료의 자기구역들은 임의의 방향을 향한다. (b) 자기구역들의 완전한 정렬이 일어나면 자기모멘트와 반대방향의 자기장이 형성된다.

자기구역의 형성은 관련된 에너지를 생각함으로써 정성적으로 이해할 수 있다. 만일, 어떤 강자성체 시료의 모든 자기구역들이 그림 24(b)에서처럼 동일한 방향으로 정렬되었다고 가정하면, 양쪽 끝 부분은 각각 N극과 S극만으로 구성된다. 이러한 극들은 N극에서 S극으로 향하는 자기장을 만들게 된다. 이때 시료내의 자기 모멘트들은 이러한 자기장에 반대방향으로 정렬하게 되므로, $U = -\vec{\mu} \cdot \vec{B}$에 의해 최대의 퍼텐셜 에너지를 가지는 상태가 된다. 즉, 자기구역들이 동일한 방향으로 정렬된 상태는 퍼텐셜 에너지 측면에서 매우 불안정하다. 따라서 자기구역들은 불규칙한 방향으로 형성된 상태를 선호한다. 한편, 강자성체에 외부 자기장이 가해지면 자기구역들은 다음의 두 가지 방법으로 반응한다. 약한 자기장에서는 외부 자기장과 같은 방향의 자기 모멘트를 갖고 있는 구역들의 크기가 증가하는 반면에, 반대 방향으로 놓여 있는 구역들의 크기는 감소한다. 외부 자기장이 더 강해지면 자기구역들이 자기장의 방향으로 회전하는 현상도 같이 일어난다.

영구자석의 자화는 자석을 떨어뜨리거나 세게 치면 없어질 수 있다. 이때 자기구역은 흔들려서 정렬의 상태에서 벗어나게 된다. 또한, 일반적으로 온도가 올라가면 강자성체의 포화자기화는 감소하게 되며, 퀴리온도(Curie temperature) 이상이 되면 강자성의 성질은 없어지고 물질은 상자성체로의 자기적 상전이가 일어난다. 예로, 철(Fe)의 퀴리온도는 1043 K이다.

(3) 실험 기구

- ○ 코일: 솔레노이드
- ○ 금속 시료: (원기둥형 추 모양의) 철 막대 (1), 알루미늄 막대 (1)
- ○ 나침반
- ○ 직류전원장치(Power Supply)
- ○ 리드선 2개

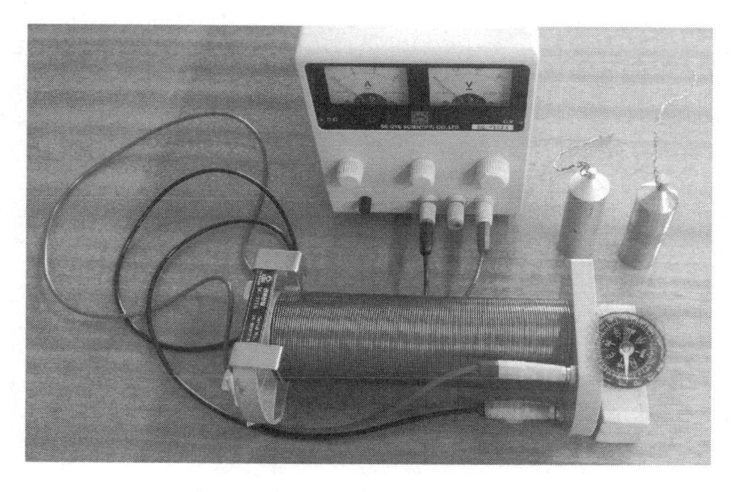

그림 25 강자성체의 성질 실험 장치도

(4) 실험 방법

① 그림 25와 같이 나침반을 솔레노이드의 입구에 설치한다. 이때, 나침반 아래에 나무토막을 두어 나침반이 솔레노이드의 입구 중앙의 높이에 오게 한다.

② 나침반의 바늘이 솔레노이드 입구의 단면과 평행(솔레노이드의 축과 수직)이 되게 나침반과 솔레노이드를 돌려놓는다. [그림 25 참조]

③ 리드선을 이용하여 솔레노이드를 직류전원장치에 연결한다.

④ 직류전원장치의 전원을 켜고, 솔레노이드에 전류를 가하여 나침반의 바늘을 약 30° 정도로 편향시킨다.

⑤ 나침반이 있는 곳과는 반대편의 솔레노이드의 입구에 알루미늄 막대를 넣고, 알루미늄 막대를 나침반 가까이까지 밀어보며 나침반 바늘의 편향 정도를 확인한다.

⑥ 알루미늄 막대를 나침반 가까이에 둔 과정 ⑤의 상태에서 직류전원장치의 전원을 끈다. 그리고 나침반 바늘의 편향 변화를 살펴본다.

⑦ 솔레노이드로부터 알루미늄 막대를 제거한다.

⑧ 다시 직류전원장치의 전원을 켜고, 솔레노이드에 전류를 가하여 나침반의 바늘을 약 30° 정도로 편향시킨다.

⑨ 이번에는 솔레노이드에 철 막대를 넣고, 나침반 가까이까지 밀어보며 나침반 바늘의 편향 정도를 확인한다.

★ 철 막대는 이전 실험에 의해 이미 자화되었을 수도 있다. 그런데, 금번 실험에서 철 막대를 솔레노이드의 내부에 넣을 때에 이전 실험과는 다른 면이 나침반 쪽을 향하도록 밀어 넣는다면, 철 막대의 자화는 상쇄되어 정상적인 실험 결과가 나타나지 않는다. 또한, 철 막대가 자화된 상태에서 솔레노이드에 흘려준 전류가 반대가 되어도 철 막대의 자화는 상쇄된다. 이 경우 철 막대를 솔레노이드에 넣은 상태에서 큰 전류로 조금 긴 시간동안 흘려주면, 철 막대의 자화는 실험자가 원하는 방향대로 되며 정상적인 실험 결과를 얻을 수 있다.

⑩ 철 막대를 나침반 가까이에 둔 과정 ⑨의 상태에서 직류전원장치의 전원을 끈다. 그리고 나침반 바늘의 편향 변화를 살펴본다.

(5) 결과

★ 물음에 답하는 것으로 결과 보고서를 대신한다.

- **물음 17**: 실험 과정 ⑤~⑥의 관찰 결과를 기술하여라.
- **물음 18**: 실험 과정 ⑨~⑩의 관찰 결과를 기술하여라.
- **물음 19**: 위 실험 결과로부터 알루미늄과 철 중 어떤 물질을 강자성체라고 할 수 있겠는가? 이 실험 결과로부터 강자성체의 성질을 이해할 수 있겠는가?

4. 실험 전 학습에 대한 질문

실험 제목	기초 자기장 & 기초 전자기 유도 실험				실험일시	
학과 (요일/교시)		조		보고서 작성자 이름		

* 다음의 물음에 대하여 괄호 넣기나 번호를 써서, 또는 간단히 기술하는 방법으로 답하여라.

1. 본문의 '2. 실험 정보'를 보고 다음 문장의 괄호에 알맞은 말을 써 넣어라.

> 이 실험은 <u>매우 큰 (　　　　)와 강한 (　　　　)을 사용</u>하므로 <u>실험자는 안전에 각별한 주의를 기울이기 바라며</u>, 이를 위하여 아래의 세부 유의 사항을 주의 깊게 읽고 이행해 주기 바랍니다.

2. 다음의 그림과 같이 지면에서 나오는 방향의 균일한 자기장 $\vec{B}$가 형성되어 있는 공간에 이 자기장에 수직하게 질량 m, 전하량 $-e$의 전자를 속도 $\vec{v}$로 입사시키면 전자는 자기력을 받아 등속원운동을 하게 된다. 다음 중 이 전자의 원운동의 반지름을 r을 옳게 나타낸 것은? Ans: ________

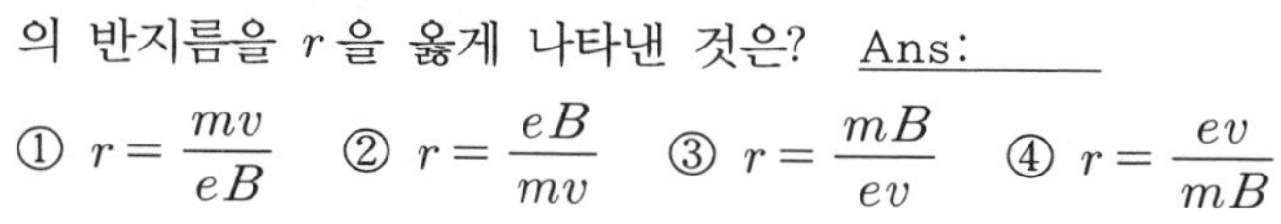

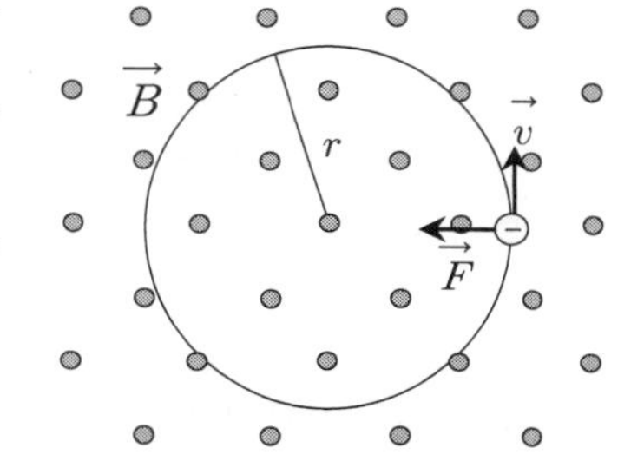

3. 전류 I가 흐르는 매우 긴 직선 전류 도선이 이 도선으로부터 수직거리 r인 지점에 형성하는 자기장의 세기 B를 옳게 나타낸 것은? 단, 도선 주위 공간은 진공이며, 진공에서의 투자율은 μ_0 이다. Ans: ________

① $B=\frac{\mu_0 I}{r}$ ② $B=\frac{\mu_0 I}{2r}$ ③ $B=\frac{\mu_0 I}{\pi r}$ ④ $B=\frac{\mu_0 I}{2\pi r}$ ⑤ $B=\frac{I}{2\pi \mu_0 r}$

4. '[3] 실험 2 - (b) 전류 고리가 만드는 자기장 관찰' 실험의 목적을 써 보아라.
Ans:

5. 플레밍의 왼손법칙이 옳게 나타내어지도록 그림의 세 손가락이 가리키는 방향에 대해 힘, 자기장, 전류를 각각 알맞은 곳에 써 넣어라.

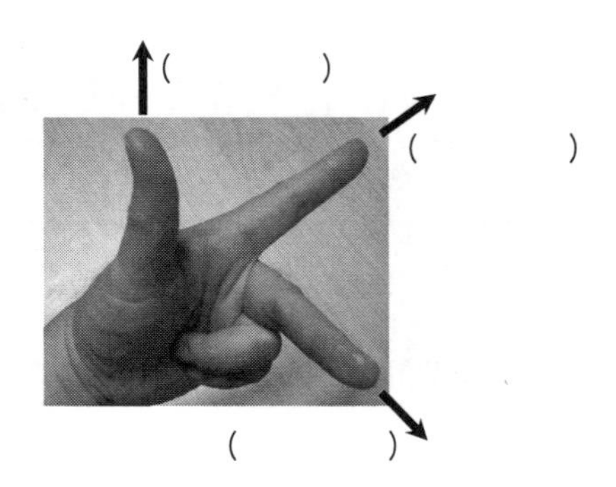

6. 다음의 그림은 전류가 흐르는 양끝이 고정된 도선이 자기장 내에서 자기력을 받아 휘는 것을 나타낸 것이다. 그림에서와 같이 전류 도선이 휜다면, 이 도선 근방(그림에서 점선의 원으로 나타낸 영역)에서의 자기장의 방향은 어느 쪽일까? 단, 쇄선은 도선에 전류가 흐르지 않을 때의 도선이 놓인 위치이다. Ans:______

① x ② $-x$ ③ y ④ $-y$

⑤ z(지면에서 나오는 방향) ⑥ $-z$

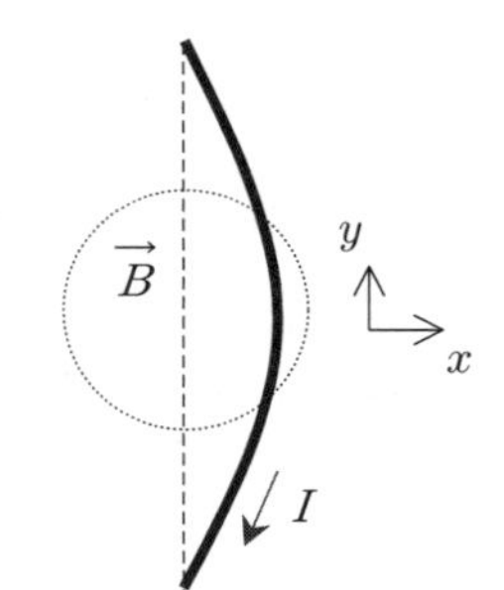

7. 패러데이의 유도법칙에 의하면 유도기전력의 생성 원리는 '회로에 유도된 기전력은 회로를 통과하는 (　　　　　)속의 (　　　　)변화율과 같다.'라는 것이다.

8. 다음 중 전자기유도 현상에 대한 설명으로 옳은 것은? Ans:______

① 도선 고리를 통과하는 자기선속을 발생시킬 때 닫힌 도선 고리뿐만 아니라 열린 도선 고리에도 유도전류가 발생한다.

② 코일을 통과하는 자기선속의 변화에 의해 코일에 유도되는 유도기전력은 코일의 감은 수에 반비례한다.

③ 자석을 가지고 도선 고리를 통과시켜 고리에 유도기전력을 발생시킬 때, 자석의 운동 속도에 상관없이 고리에는 일정한 유도기전력이 발생한다.

④ 자기선속의 변화는 고리가 아닌 덩어리(부피를 갖는) 물체에도 유도전류를 발생시킨다.

⑤ 운동기전력은 도체가 자기장 내를 운동하다 멈추어도 발생한다.

9. 다음 중 강자성체가 아닌 물질은? Ans:______

① 철 ② 니켈 ③ 코발트 ④ 알루미늄

5. 결과

실험 제목	기초 자기장 & 기초 전자기 유도 실험			실험일시	
학과 (요일/교시)		조		보고서 작성자 이름	

[1] 실험값

○ '3. 실험'의 과정 중에 주어진 물음에 대한 답을 기술하시오.

- **물음 1**: 자기장 내에 수직하게 입사한 하전입자는 원궤도 운동을 하는가?

- **물음 2**: 전류를 증가시켜 자기장을 크게 하면, 원궤도의 반경은 이전에 비해 어떠한가?

- **물음 3**: 전압을 증가시켜 전자의 속력을 크게 하면, 원궤도의 반경은 이전에 비해 어떠한가?

- **물음 4**: 실험 과정 ⑥의 관찰 결과를 근거로 하여 전류 도선이 그 주위에 만드는 자기장의 방향을 추정해 보아라.

- **물음 5**: 지구 자기장의 수평성분의 측정값은 얼마인가? 그리고 이 측정값을 우리나라 지

표면에서의 대략적인 자기장 값인 $0.3 \sim 0.6\,\mathrm{G}\,(1\mathrm{G} = 10^{-4}\mathrm{T})$의 참값과 비교하여 본다.

• **물음 6**: 전류가 흐르는 도선 고리의 양 단면은 서로 같은 자극(N극과 S극)을 띄는가? 아니면 다른 자극을 띄는가?

• **물음 7**: 도선에 흐르는 전류의 세기와 도선이 휘는 정도(도선이 받는 힘)와의 상관관계는 어떠한가?

• **물음 8**: 도선에 흐르는 전류의 방향을 바꾸어 실험하였을 때, 도선이 휘는 방향은 전류의 방향을 바꾸기 전과 비교하여 어떻게 되는가?

• **물음 9**: 이상의 실험결과로부터 '자기력 실험장치'의 자석의 윗면은 무슨 극이라고 할 수 있겠는가?

• **물음 10**: 실험 과정 ②~④의 관찰 내용을 기술하여라.

• **물음 11**: 실험 과정 ⑤~⑥의 관찰 내용을 기술하여라.

• **물음 12**: 실험 과정 ⑦의 확인 사항을 기술하여라.

• **물음 13**: 3개의 발광 다이오드 중 어느 높이의 발광 다이오드가 가장 밝게 빛을 내는가? 그리고 왜 그럴까?

• **물음 14**: 자석 위를 지나는 금속봉 내에 발생하는 유도전류는 어느 방향으로 흐르는 것일까?

• **물음 15**: 실험 과정 ③에서 관찰되는 아연판의 운동 양상을 기술하여라. 만일, 아연판을 향하는 쪽의 자석의 극을 N극이라고 하면, 아연판에 발생하는 맴돌이 전류의 방향은 시계 방향일까? 아니면, 반시계 방향일까? 낙하하는 아연판을 위에서 바라봤을 때로 하여 방향을 논하여라. 그리고 이러한 맴돌이 전류가 발생하는 이유를 간단히 기술하여라.

• **물음 16**: 실험 과정 ⑦에서 3개의 판형 진자 중 가장 지연이 덜 되는 진자는 어떤 모양의 진자일까? 그리고 왜 그럴까?

• **물음 17**: 실험 과정 ⑤~⑥의 관찰 결과를 기술하여라.

• **물음 18**: 실험 과정 ⑨~⑩의 관찰 결과를 기술하여라.

• **물음 19**: 위 실험 결과로부터 알루미늄과 철 중 어떤 물질을 강자성체라고 할 수 있겠는가? 이 실험 결과로부터 강자성체의 성질을 이해할 수 있겠는가?

[2] 결론

실험 09

유도기전력 측정

1. 실험 목적

코일을 통과하는 자기선속의 변화가 코일에 유도기전력을 생성함을 확인한다. 그리고 이를 통해 패러데이(Faraday)의 유도 법칙을 이해한다.

2. 실험 개요

감은 수가 많고 상당히 긴 솔레노이드(이하 1차(외부) 코일이라고 함) 내부에 1차(외부) 코일보다 길이와 반경이 조금 작은 또 다른 솔레노이드(이하 2차(내부) 코일이라고 함)를 넣고, 1차(외부) 코일에 함수 발생기를 이용하여 시간에 따라 주기적으로 변하는 전류를 흘려준다. 그러면, 1차(외부) 코일의 내부에는 균일하나 시간에 따라 변하는 자기장이 생성되고, 이 변화하는 자기장은 내부의 2차(내부) 코일을 통과하는 자기선속의 변화를 만들어 2차 코일에 유도기전력을 발생시킨다. 이 과정에서 자기선속의 변화를 주는 방법으로, 1차 코일에 흘려주는 전류의 크기와 주파수를 변화시켜 자기장을 변화시키거나 2차 코일의 감은 수와 반경을 변화시켜가며 실험하며, 이러한 변화 요인이 2차 코일에 유도되는 유도기전력에 어떠한 영향을 미치는지를 알아본다.

3. 기본 원리

[1] 패러데이의 유도 법칙(Faraday's law of Induction)

(1) 자기선속(magnetic flux), Φ_B

다음의 그림 1은 균일한 자기장 $\vec{B}$ 내에 크기가 A 인 평평한 면을 자기장과 θ의 각을 이루도록 배치하고 이 면을 통과하는 자기력선의 수를 알아보기 위한 것이다. 이러한 배치에서 균

일한 자기장 내에 놓인 면적벡터 $\vec{A}$의 면을 통과하는 자기력선의 수 N은

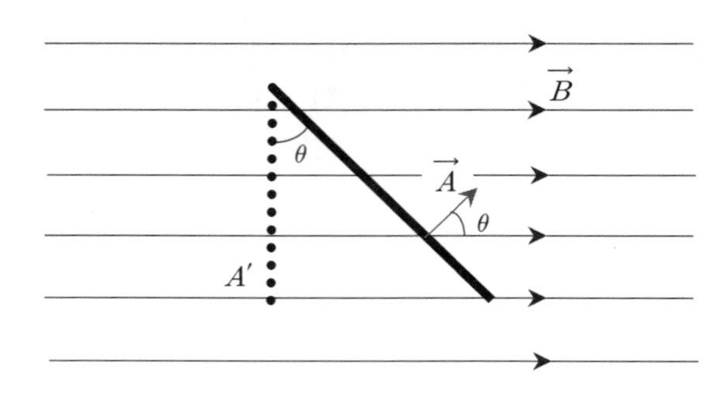

그림 1 균일한 자기장 내에 놓인 면적벡터 $\vec{A}$의 면을 통과하는 자기력선의 수는 공간의 자기력선의 밀도와 유효면적의 곱으로 나타낼 수 있다.

$$N \propto BA' = BA\cos\theta = \vec{B} \cdot \vec{A} \tag{1}$$

으로 나타낼 수 있다. 여기서, 자기장의 세기 B는 자기력선의 밀도, 즉 단위 면적 당 자기력선의 수의 기하학적 의미를 가지며, A'은 면적벡터 $\vec{A}$의 자기장 벡터와 나란한 성분으로, 실제 자기력선이 통과하는데 기여하는 유효면적이다. 이상의 임의의 면을 통과하는 자기력선의 수에 물리적인 양을 부여하여 이를 자기선속(magnetic flux)이라 하고

$$\Phi_B = \vec{B} \cdot \vec{A} \tag{2}$$

로 쓴다. 그런데, 자기장 내에 놓인 면이 곡면을 포함하는 보다 일반적인 기하학적 형태의 면이라면, 자기선속은

$$d\Phi_B = \vec{B} \cdot d\vec{A},$$

$$\Phi_B = \int \vec{B} \cdot d\vec{A} \tag{3}$$

으로 쓴다. 한편, 자기선속의 단위는 $\mathrm{T \cdot m^2}$이고, 이를 웨버(Wb)라고 부른다.

$$1\ \mathrm{Wb} = 1\ \mathrm{T \cdot m^2} \tag{4}$$

(2) 유도전류(induced current)의 발생 원리

그림과 같이 도선 고리를 검류계에 연결시켜 폐회로를 이룬 상태에서 자석을 고리에 가까이 하였다 멀리하였다 하여 보자. 자석을 도선 고리에 가까이하면 검류계의 바늘은 한쪽 방향으로 움직이고, 자석을 고리에서 멀어지게 하면 바늘은 반대 방향으로 움직인다. 또한, 반대로 자석을 고정시킨 상태에서 고리를 가까이하였다 멀리하였다 하여도 역시 동일하게 검류계 바늘의 편향을 관찰할 수 있다. 이러한 관찰 결과로부터 '**자석과 도선 고리 사이에 상대적인 운동**

이 있으면 고리에는 전류가 발생한다.'는 결론을 얻을 수 있다. 이러한 현상은 도선 고리의 회로가 전원에 직접 연결되어 있지 않았는데도 전류가 발생한다는 놀랄만한 사실을 보여준다. 이와 같은 전류를 **유도기전력에 의해 발생되는 유도전류(induced current)**라고 한다. 이와 같은 유도전류의 발생 원리는 영국의 물리학자이자 화학자인 패러데이(Faraday)에 의해 밝혀졌다.

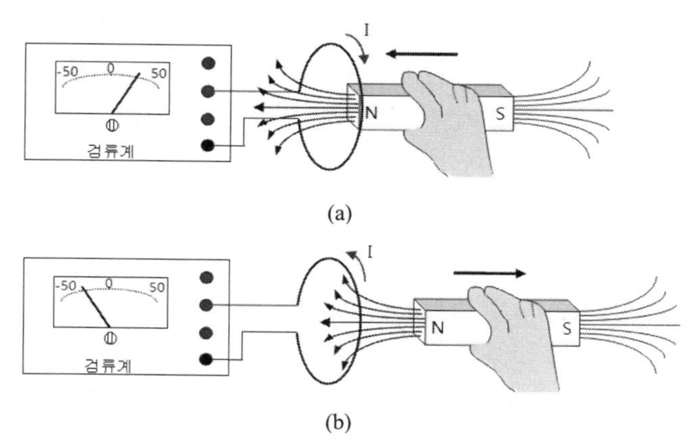

(a)

(b)

그림 2 닫힌 도선 고리에 대하여 자석을 가까이하거나 멀리하거나 하면 도선 고리에는 유도전류가 발생한다.

이상의 도선 고리에 유도되는 유도전류를 조금 더 구체적으로 기술하면, 유도전류는 다음과 같이 제시된 각각의 방법이나 이들의 조합에 의해 발생된다고 할 수 있다.

- 자석과 도선 고리의 상대적인 운동
- 자기장의 세기의 시간에 대한 변화
- 도선 고리의 단면적의 시간에 대한 변화
- 자기장 벡터와 도선 고리의 면적 벡터의 사이각의 시간에 대한 변화

⇒ 도선 고리를 통과하는 자기력선의 수의 시간에 대한 변화 ⇒ 도선 고리를 통과하는 자기선속의 시간에 대한 변화

그런데, 이상에서와 같이 도선 고리에 유도되는 유도전류를 동일한 방법과 동일한 운동 조건으로 발생시킨다고 하여도, 도선 고리의 재료를 바꾸면 도선의 저항에 따라 각기 다른 크기의 유도전류가 발생한다. 하지만, 유도전류를 발생시키는 방법과 운동 조건이 같다면, 도선 고리의 재료에 상관없이 고리에 유도되는 전류 (I)와 고리의 저항(R)을 곱한 값인 기전력(전압, $\varepsilon = IR$)은 동일하다. 그러므로 도선 고리를 통과하는 자기선속의 시간에 대한 변화는 유도전류를 발생시킨다는 표현보다는 **유도기전력을 발생시킨다고 표현하는 것이 더 적합하다.**

(3) 패러데이의 유도 법칙

패러데이(Faraday)는 '도선 고리에 유도되는 기전력은 도선 고리를 통과하는 자기선속의 시간에 대한 변화율과 같다.'라고 하여 유도기전력을

$$|\varepsilon| = \frac{d\Phi_B}{dt} \tag{5}$$

와 같이 기술하였다. 그런데, 역사적으로 패러데이는 유도기전력의 크기는 설명하였으나 유도전류의 방향은 만족스럽게 설명하지 못하였다. 이러한 유도전류의 방향은 러시아의 과학자 렌츠(H. F. Lenz)에 의해 설명되었는데, 그 내용은 '**도선 고리를 통과하는 자기선속이 변할 때, 고리에는 자기선속의 변화를 거부(방해)하는 방향으로 유도기전력이 발생한다.**'는 것이다. 이를 렌츠의 법칙이라고 한다. 패러데이는 이러한 렌츠의 법칙을 적용하여 '자기선속의 변화를 거부(방해)'하는 의미로, 유도기전력의 크기에 음(−)의 부호를 붙여 유도기전력을

$$\varepsilon = -\frac{d\Phi_B}{dt} \tag{6}$$

라 하였다. 이것을 **패러데이의 유도 법칙**(Faraday's law of Induction)이라고 한다.

한편, 이상에서 논의한 도선 고리가 감은 수 N회의 코일이었다고 하면, 감은 수 N회의 코일은 도선 고리 N개가 직렬로 연결한 것으로 볼 수 있을 것이다. 또한 각각의 고리 내에서 자기선속은 같은 시간 비율로 변화할 것이므로, 각각의 고리에 유도되는 기전력은 같다고 할 수 있다. 따라서 감은 수 N회의 코일에 유도되는 기전력은 각 고리에 유도되는 기전력의 합, 즉 감은 수 1회의 고리에 유도되는 기전력의 N배와 같다. 그러므로 감은 수 N회의 코일에 유도되는 유도기전력은

$$\varepsilon = -N\frac{d\Phi_B}{dt} \tag{7}$$

이다.

[2] 1차(외부) 코일의 변하는 전류에 의해 2차(내부) 코일에 유도되는 유도기전력

다음의 그림 3은 단면의 반경이 r_1이고 길이는 L_1, 감은 수는 N_1인 이상적인 솔레노이드

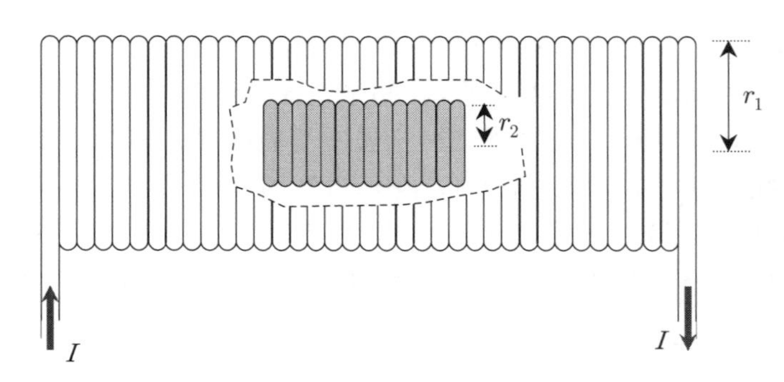

그림 3 1차(외부) 코일에 시간에 따라 $I = I_m \cos\omega t$로 변하는 전류를 흘려주면, 2차(내부) 코일에는 유도전류가 발생한다.

의 1차 코일과 그 내부에 동축으로 놓인 단면의 반경이 r_2, 길이는 L_2, 감은 수는 N_2인 2차 코일을 나타내고 있다. 이와 같은 코일의 배치에서 외부의 1차 코일에 $I = I_m \cos\omega t$ (I_m은 교류전원의 최대 전류이고 ω는 각진동수)의 시간에 따라 변하는 전류를 흘려준다고 하자. 그러면, 이 변하는 전류는 1차 코일의 내부에 시간에 따라 변하는 자기장을 생성하고 이 변하는 자기장은 2차 코일을 통과하는 자기선속의 변화를 만들어 2차 코일에는 유도기전력이 발생하게 된다. 이 유도기전력은 패러데이의 법칙에 의해 다음과 같이 기술된다.

$$\varepsilon = -N\frac{d\Phi_B}{dt} \quad \Rightarrow \quad \varepsilon_2 = -N_2\frac{d\Phi_{B_2}}{dt} \tag{8}$$

여기서, Φ_{B_2}는 2차 코일을 통과하는 자기선속을 의미한다. 먼저, 2차 코일을 통과하는 자기선속을 구하면

$$\begin{aligned}\Phi_{B_2} &= \vec{B}_1 \cdot \vec{A}_2 = B_1 A_2 \cos 0^\circ \\ &= \left(\mu_0 \frac{N_1}{L_1} I\right)\left(\pi r_2^2\right) = \frac{\mu_0 N_1 \pi r_2^2 I_m \cos\omega t}{L_1}\end{aligned} \tag{9}$$

이다. 여기서, 자기장 B_1은 이상적인 솔레노이드의 1차 코일이 만드는 자기장으로

$$\oint_c \vec{B} \cdot d\vec{s} = \mu_0 \sum_i I_i \tag{10}$$

의 앙페르의 법칙을 이용하여 구한 값이다. 그러므로 2차 코일에 유도되는 유도기전력은

$$\begin{aligned}\varepsilon_2 &= -N_2\frac{d\Phi_{B_2}}{dt} \\ &= -N_2\frac{d}{dt}\left(\frac{\mu_0 N_1 \pi r_2^2 I_m \cos\omega t}{L_1}\right) \\ &= \frac{\mu_0 N_1 N_2 \pi r_2^2 \omega I_m \sin\omega t}{L_1} \\ &= \frac{2\pi^2 \mu_0 N_1 N_2 r_2^2 f I_m \sin\omega t}{L_1} \qquad \text{『}\omega = 2\pi f,\ f\text{는 선진동수』}\end{aligned} \tag{11}$$

가 된다.

한편, 위 식 (11)의 유도기전력은 시간에 대해 변하는 교류 전압이다. 이 교류 전압의 평균값, 즉 **rms(root-mean-square, 제곱-평균-제곱근) 전압**을 구하면 다음과 같다.

$$\varepsilon_{2,\,\mathrm{rms}} = \sqrt{\left\langle \left(\frac{2\pi^2 \mu_0 N_1 N_2 r_2^2 f I_m \sin\omega t}{L_1}\right)^2 \right\rangle}$$

$$= \frac{2\pi^2 \mu_0 N_1 N_2 r_2^2 f I_m}{L_1} \sqrt{\langle \sin^2 \omega t \rangle}$$

$$\sqrt{\langle \sin^2 \omega t \rangle} = \left(\frac{\int_0^T \sin^2 \omega t \, dt}{T} \right)^{\frac{1}{2}} \quad 『\ T = \frac{2\pi}{\omega},\ T\text{는 주기}\ 』$$

$$= \left(\frac{1}{T} \times \int_0^T \frac{1 - \cos 2\omega t}{2} dt \right)^{\frac{1}{2}} = \left(\frac{1}{T} \times \left[\frac{1}{2} t - \frac{1}{4} \sin 2\omega t \right]_0^T \right)^{\frac{1}{2}} = \frac{1}{\sqrt{2}}$$

$$= \frac{2\pi^2 \mu_0 N_1 N_2 r_2^2 f I_m}{L_1} \times \frac{1}{\sqrt{2}}$$

$$= \frac{2\pi^2 \mu_0 N_1 N_2 r_2^2 f I_{\mathrm{rms}}}{L_1} \quad 『\ I_{\mathrm{rms}} = \frac{I_m}{\sqrt{2}}\ 』 \tag{12}$$

여기서, <...>는 평균을 나타내는 기호이다. 그리고 T는 교류 전류의 주기이며, I_{rms}는 교류 전류의 **rms 전류**이다. 이와 같이 **rms 전류**와 **rms 전압**을 알아 본 이유는 실험에서 사용하는 멀티미터의 교류 전류와 교류 전압의 측정값이 rms 값이기 때문에, 이러한 측정값과 비교해보기 위해서는 식 (12)와 같이 이론값 역시 rms 값이 필요해서이다.

이상의 식 (12)로부터 2차 코일에 유도되는 유도기전력은 1차 코일에 인가되는 교류 전류의 선진동수(주파수) f와 크기 I_{rms}에 비례하며, 또 2차 코일의 감은 수 N_2와 단면적의 크기 πr_2^2에 비례함을 알 수 있다. 여기서 선진동수(주파수) f가 크다는 것은 2차 코일을 통과하는 자기선속의 시간에 대한 변화가 크다는 것이고, 교류 전류 I_{rms}가 크다는 것은 2차 코일을 통과하는 자기장의 세기가 크다는 것을 의미한다. 그리고 2차 코일의 단면적 πr_2^2이 크다는 것은 2차 코일을 통과하는 자기선속이 크다는 것을 의미하며, 2차 코일의 감은 수 N_2는 감은 수 1회의 도선 고리에 유도되는 기전력의 N_2배에 해당하는 기전력이 코일에 유도됨을 의미한다. 그러므로 이상의 4개 요소 f, I_{rms}, N_2, πr_2^2는 2차 코일을 통과하는 자기선속의 시간 변화와 관련하여 유도기전력을 발생시키는 요소들인 것이다. 다음의 실험에서는 이 4개의 요소들이 각각 유도기전력의 크기에 비례함을 확인하는 과정을 다룬다.

4. 실험 기구

○ 코일 (6)

■ 1차 코일 (1): 길이 약 580 mm, 반지름 31.5 mm, 감은 수 1400±α회

■ 2차 코일 (5)

- 1번 코일: 길이 약 285 mm, 반지름 19.7 mm, 감은 수 1500±α회
- 2번 코일: 길이 약 285 mm, 반지름 19.7 mm, 감은 수 1000±α회
- 3번 코일: 길이 약 285 mm, 반지름 19.7 mm, 감은 수 500±α회
- 4번 코일: 길이 약 285 mm, 반지름 16.5 mm, 감은 수 1000±α회
- 5번 코일: 길이 약 285 mm, 반지름 13.5 mm, 감은 수 1000±α회

○ 함수발생기(Function Generator): 출력: 0.02 Hz~2 MHz, 1~20 Vp-p(무부하시)
○ 멀티미터 (2): 교류 전압, 교류 전류 측정
○ 연결선 (3) : 바나나-BNC 케이블 (1), 리드선 (2)
○ 줄자
○ 버니어 캘리퍼스

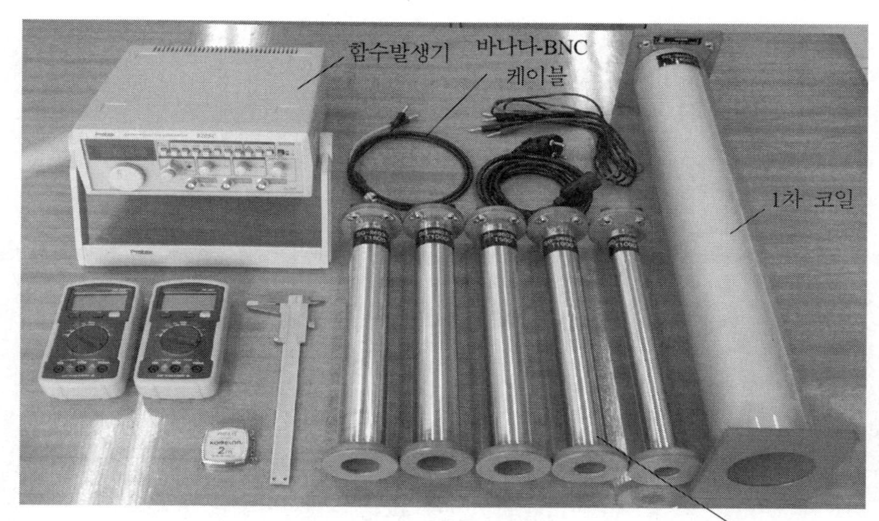

그림 4 유도기전력 측정 실험 기구

5. 실험 정보

(1) 이 실험은 다음과 같이 4가지의 측정 항목에 대해 실험한다. 그러므로 이점을 미리 인지해 둔다.

① 1차 코일의 인가 전류 변화(자기장의 세기 변화)에 따른 2차 코일의 유도기전력 측정

② 1차 코일의 인가 주파수 변화에 따른 2차 코일의 유도기전력 측정

③ 2차 코일의 감은 수 변화에 따른 2차 코일의 유도기전력 측정

④ 2차 코일의 단면적 변화에 따른 2차 코일의 유도기전력 측정

(2) 전류계(멀티미터의 전류 측정모드)는 회로에 직렬연결 한다는 것을 유념한다.

(3) 멀티미터가 측정하는 교류 전류와 교류 전압의 값은 **rms(root–mean–square, 제곱–평균–제곱근)** 값이라는 것을 이해한다.

(4) 함수발생기(Function Generator)가 만들어 내고 이를 계기화면에 나타내는 주파수는 다음과 같은 정확도와 안정도를 갖는다.

- 정확도 - 20 kHz 이하: ±5%
  2 MHz 이하: ±8%
- 안정도 – 30분 예열 후 ±0.1%

6. 실험 방법

(1) 그림 5의 함수발생기(function generator)의 각 스위치와 조절기, 그리고 입출력 단자들의 명칭과 기능을 살펴본다.

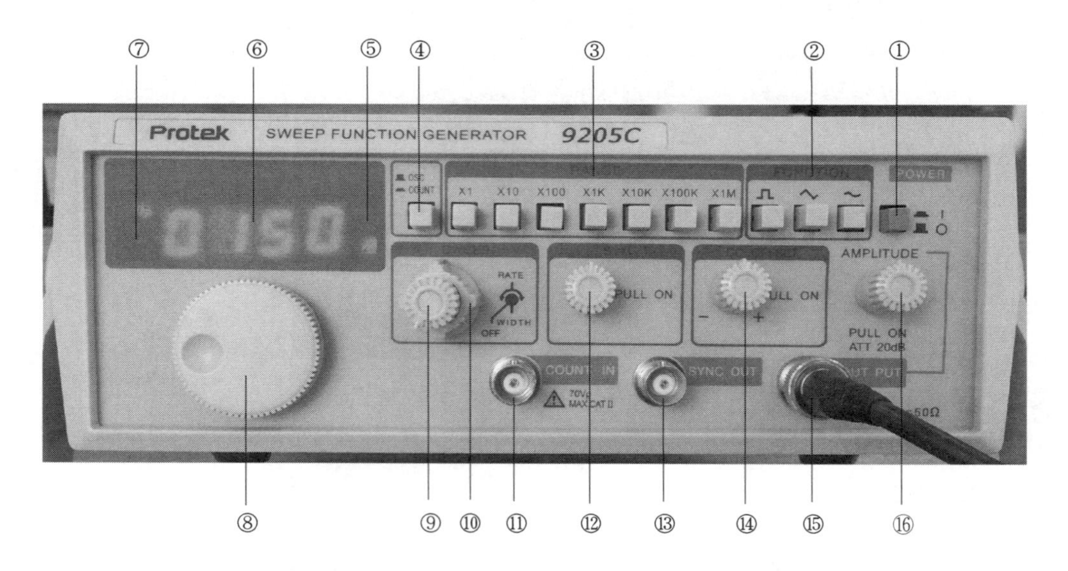

그림 5 함수발생기(Function Generator)의 전면 판넬부

① POWER : AC 전원 연결용 스위치
② FUNCTION : 출력 파형 선택 스위치 (왼쪽에서부터 구형파, 삼각파, 사인파)
③ RANGE : 주파수 범위 선택
④ OSC/COUNT : Oscillator 또는 Counter 기능 설정용 스위치
⑤ Hz/kHz : Hz와 kHz의 주파수 단위 표시 램프

⑥ DISPLAY : 입 · 출력 주파수 표시
⑦ O. F LED : 과도 입력 주파수 표시 램프
⑧ FREQUENCY DIAL : 'RANGE'의 선택된 주파수 범위 내에서 출력 주파수 조절
⑨ SWEEP WIDTH : 스위프 발생기(Sweep Generator)의 스위프 폭 조절
⑩ SWEEP RATE : 스위프 발생기(Sweep Generator)의 스위프 비율 조절
⑪ COUNT IN : 주파수 측정기로 사용시 외부 신호 입력 단자
⑫ SYMMETRY : 출력 파형의 좌우 대칭 비율을 1:1에서 1:4까지 조절
⑬ SYNC OUT : TTL LEVEL의 구형파 출력 단자
⑭ DC OFFSET : 출력 파형에 + 또는 − 의 직류전압을 가변
⑮ OUTPUT : 구형파, 삼각파, 사인파의 출력 단자
⑯ AMPLITUDE : 출력레벨 가변 조절기 (0~20 dB).
손잡이를 잡아당기면 감쇠기로 동작(-20 dB)

(2) 1차(외부) 코일의 길이를 측정하여 L_1 이라고 하고 기록한다. 이때 코일의 길이는 원통의 길이가 아니라 코일 양끝 간의 길이이다.

★'4. 실험 기구'에서 1차 코일의 길이를 약 580 mm라고 하였다. 그런데, 이 값은 제조사에서 제공한 값으로, 코일의 양끝 마감처리에 따라 약간의 차이가 있을 수도 있으니 실험자가 코일의 길이를 직접 재서 그 값을 사용하는 것도 좋겠다.

(3) 그림 6과 같이 바나나-BNC 케이블과 리드선을 이용하여 함수발생기의 'OUTPUT' 단자와 멀티미터, 그리고 1차(외부) 코일을 직렬 연결한다. 그리고 2차(내부) 코일은 '**1번 코일**'을 선택하여 리드선으로 멀티미터와 연결한다.

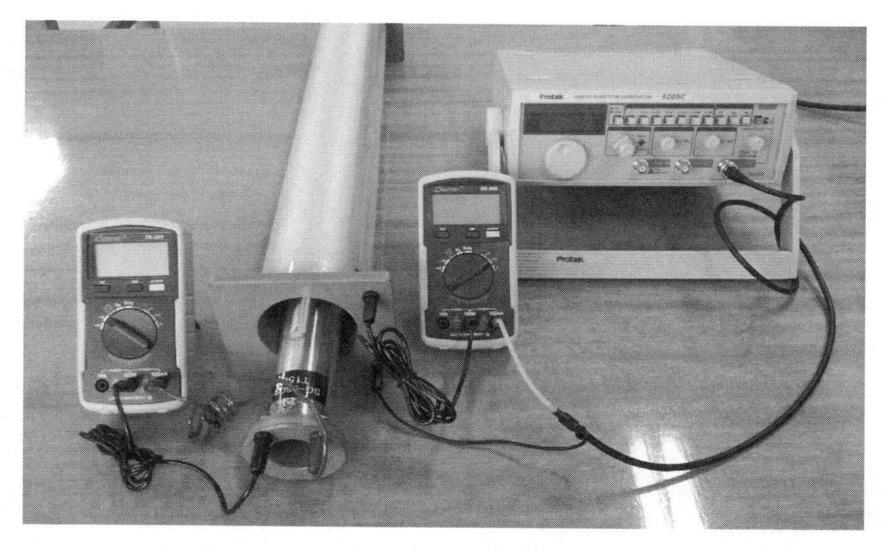

그림 6 1차(외부) 코일은 함수발생기와 멀티미터에 연결하고, 2차 코일(내부)은 멀티미터에 연결한다.

(4) 그림 7과 같이 2차(내부) 코일이 1차(외부) 코일의 중간에 위치하도록 밀어 넣는다.

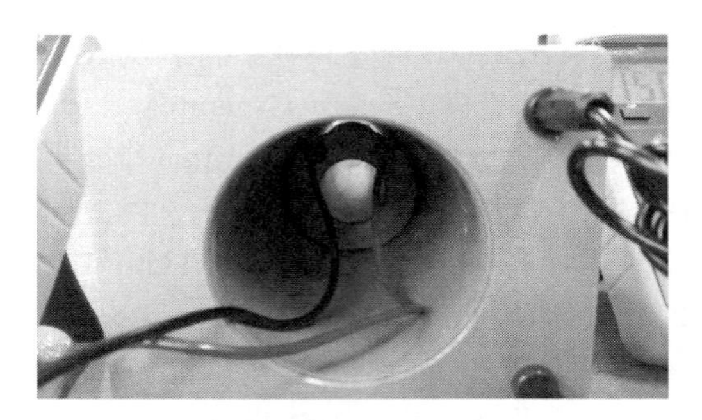

그림 7 2차 코일을 1차 코일의 중간쯤에 위치하도록 밀어 넣는다.

(5) 함수발생기의 전원(그림 5-①)을 켜고 각 스위치와 조절기를 다음과 같이 놓는다.

- FUNCTION - 출력 파형을 '사인파'로 설정. (그림 5-②)
- OSC/COUNT - 'OSC' 모드로 설정. (그림 5-④)
- SWEEP WIDTH - '반시계 방향'으로 끝까지 돌려놓는다.

(6) 1차(외부) 코일의 인가 전류와 2차(내부) 코일의 유도기전력을 측정하기 위해 각각의 멀티미터의 측정모드를 선택한다. 이때, 2차 코일에 연결한 멀티미터는 측정모드를 그림 8(a)와 같이 '**~V**'에 두어 교류 전압을 측정한다. 그리고 1차 코일(또는 함수발생기)에 연결한 멀티미터는 측정모드를 '**mA**'에 두고 '**sel**' 버튼을 눌러 그림 8(b)와 같이 디지털 화면 좌측에 '~' 무늬가 나오게 하여 교류 전류를 측정한다.

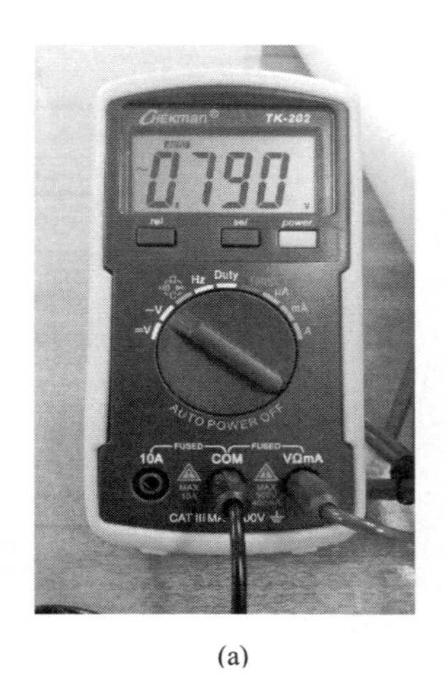

(a)

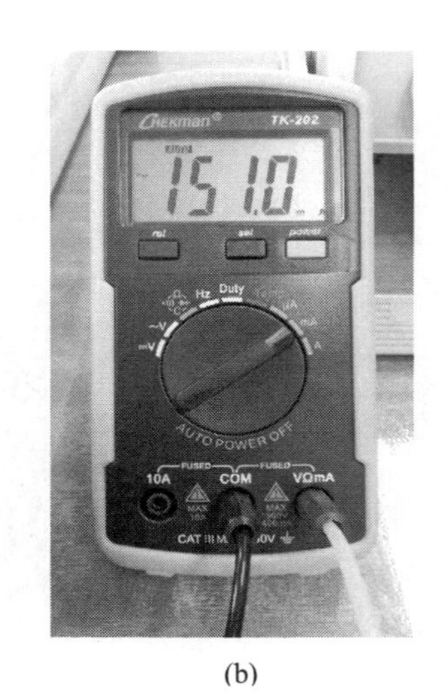

(b)

그림 8 (a) 2차(내부) 코일에 연결한 멀티미터는 '~V'의 교류 전압 측정모드에 두고, (b) 1차(외부) 코일(또는 함수발생기)에 연결한 멀티미터는 'mA'의 전류 측정모드에 두고 이어, 'sel' 버튼을 눌러 교류 측정모드가 되게 한다.

(7) [실험1] 1차 코일의 인가 전류 변화(자기장의 세기 변화)에 따른 2차 코일의 유도기전력을 측정한다.

① 1차 코일에 인가할 교류 전류의 주파수를 약 50 Hz~200 kHz 범위 내에서 임의로 선택한다. 주파수는 함수발생기의 'RANGE' 상의 주파수 영역 선택 버튼(그림 5-③)과 'FREQUENCY DIAL'(그림 5-⑧)을 돌려 결정한다. 그리고 이때, 계기화면에 나타나는 주파수(또는 (선)진동수)를 f라 하고 기록한다. [그림 9 참조]

★'RANGE' 상의 주파수 영역 선택 버튼의 'X100'과 같은 표기는 <u>계기화면에 표시되는 주파수에 곱하기 100을 하라는 뜻이 아니다.</u> 다만, 100 Hz 영역대의 주파수를 인가하게 할 수 있다는 의미다. 모든 영역대는 버튼에 표기된 영역대의 최대 2.2배까지 인가 주파수를 설정할 수 있다. 즉, 주파수 영역 'X100'의 경우는 최대 220 Hz까지 주파수를 설정할 수 있다.

★계기화면의 오른쪽 끝에 주파수의 단위로 'Hz'와 'kHz'를 가리키는 '등'이 점등되는데, 이를 잘 보고 단위에 맞게 주파수의 값을 읽도록 한다.

★멀티미터를 사용하는 경우 인가 주파수에 따라 측정 정밀도에 변화가 있다. 높은 주파수의 경우 정밀도가 떨어지고, 너무 낮은 주파수의 경우 거의 쇼트 상태가 되므로 측정이 용의하지 않음에 유의한다.

★멀티미터의 주파수 측정 기능으로 함수발생기의 발생 주파수를 측정해 볼 수도 있다.

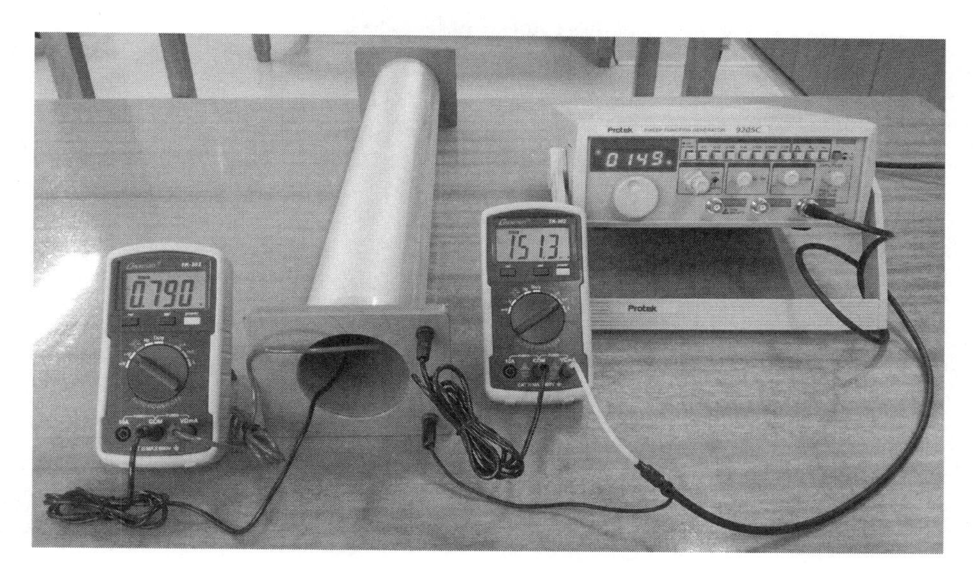

그림 9 함수발생기를 이용하여 1차(외부) 코일에 인가 전류를 흘려주고, 이때 2차(내부) 코일에 유도되는 기전력을 측정한다.

② 'AMPLITUDE'(그림 5-⑯) 다이얼은 1차 코일에 인가되는 전류의 크기를 결정하는 조절기이다. 최초, 이 다이얼을 반시계 방향으로 끝까지 돌린 상태(최소 전류)로부터 다이얼을 조금씩 시계 방향으로 돌려 전류를 크게 하며 <u>총 5단계에 걸쳐</u> 인가 전

류를 흘려준다. 그리고 각 단계에 대해 멀티미터를 이용하여 1차 코일의 인가 전류와 2차 코일의 유도기전력을 측정하고, 이를 I_{rms}와 $\varepsilon_{2,\,\mathrm{rms}}$(실험)이라 하고 기록한다. [그림 9 참조]

★ 멀티미터가 측정하는 교류 전류와 교류 전압의 값은 rms(root-mean-square, 제곱-평균-제곱근) 값이다.

③ (이 과정은 이 실험에서 측정값을 얻는데 필요한 과정은 아니나 확인해 볼 필요가 있어서 실험한다.) 2차(내부) 코일에 연결된 멀티미터의 측정모드를 그림 (10)과 같이 주파수 측정모드인 'Hz'에 두고 2차 코일에 유도되는 교류 전압(유도기전력)의 진동수를 측정해 본다. 그리고 측정 결과로부터, 1차 코일(함수발생기)의 교류 전류의 진동수와 2차 코일의 유도기전력의 진동수가 같음을 확인해 본다.

★ 각각 함수발생기와 멀티미터의 정밀도 때문에 두 진동수가 조금의 차이를 보일 수도 있다.

그림 10 멀티미터를 이용하여 2차(내부) 코일에 유도되는 교류 전압(유도기전력)의 진동수를 측정한다.

④ 식 (12)를 이용하여 2차 코일에 유도되는 유도기전력의 이론값을 계산한다. 그리고 그 값을 $\varepsilon_{2,\,\mathrm{rms}}$(이론)이라고 한다.

$$\varepsilon_{2,\,\mathrm{rms}}(\text{이론}) = \frac{2\pi^2 \mu_0 N_1 N_2 r_2^2 f I_{\mathrm{rms}}}{L_1} \quad (\mathrm{V}) \tag{12}$$

이 식에서 문자들의 의미와 그에 해당하는 값은 각각 다음과 같다.

- $\mu_0 = 4\pi \times 10^{-7}\ \mathrm{N \cdot s^2/C^2}$ (진공에서의 투자율)

- N_1 : 1차(외부) 코일의 감은 수. 코일에 표기된 값을 사용.
- N_2 : 2차(내부) 코일의 감은 수. 코일에 표기된 값을 사용.
- r_2 : 2차(내부) 코일의 반지름. '4. 실험 기구'에 기재된 값 사용.
- f : 1차 코일에 인가되는 교류 전류의 주파수((선)진동수). 과정 (7)-①의 측정값 사용.
- I_{rms} : 1차 코일에 인가되는 교류 전류의 rms 값. 과정 (7)-②의 측정값 사용.
- L_1 : 1차 코일의 길이. 과정 (2)의 측정값 사용.

⑤ 과정 ②의 $\mathcal{E}_{2,\mathrm{rms}}$(실험)을 실험값으로 하고, 과정 ④의 $\mathcal{E}_{2,\mathrm{rms}}$(이론)을 이론값으로 하여 두 유도기전력을 비교하여 본다.

⑥ 과정 ②의 측정 결과로부터, 2차 코일에 유도되는 유도기전력 $\mathcal{E}_{2,\mathrm{rms}}$(실험)이 1차 코일에 인가되는 교류 전류의 크기(자기장의 세기) I_{rms}에 비례함을 확인하여 본다.

(8) **[실험2] 1차 코일의 인가 주파수 변화에 따른 2차 코일의 유도기전력을 측정한다.**

① 전류의 크기를 결정하는 'AMPLITUDE'(그림 5-⑯) 다이얼을 임의의 위치에 두어 1차 코일에 일정한 크기의 전류를 인가한다. 그리고 이 전류를 I_{rms}라 하고 기록한다.

★전류의 크기는 중간 레벨 정도가 적당하다.

② 1차 코일에 인가할 교류 전류의 주파수를 약 50 Hz~200 kHz 범위 내에서 5단계로 바꿔가며 전류를 흘려주고, 이때의 주파수를 각각 f라 하고 기록한다. 그리고 주파수의 각 단계에 대해 멀티미터를 이용하여 2차 코일의 유도기전력을 측정하고, 이를 $\mathcal{E}_{2,\mathrm{rms}}$(실험)이라 하고 기록한다. [그림 9 참조] 그런데, 이 과정에서 교류 전류의 주파수를 바꿔주면 전류의 크기도 변한다. 이때는 과정 ①의 'AMPLITUDE'(그림 5-⑯) 다이얼로 인가 전류를 조절하여 과정 ①의 전류와 동일하게 유지시킨다.

★솔레노이드 형태의 1차 코일과 같은 인덕터(inductor)에 교류 전류를 인가하면 저항에 해당하는 유도 리액턴스(inductive reactance)가 발생한다. 그런데, 이 유도 리액턴스는 교류 전류의 주파수에 비례한다. 그러므로 주파수가 커지면 유도 리액턴스가 커져 저항이 커지는 셈이 되어 코일(1차 코일)에 흐르는 전류는 작아진다.

③ 과정 (7)의 ③~⑤와 동일한 과정을 수행한다.

⑥ 과정 ②의 측정 결과로부터, 2차 코일에 유도되는 유도기전력 $\mathcal{E}_{2,\mathrm{rms}}$(실험)이 1차 코일에 인가되는 교류 전류의 주파수 f에 비례함을 확인하여 본다.

(9) **[실험3] 2차 코일의 감은 수 변화에 따른 2차 코일의 유도기전력을 측정한다.**

① 1차 코일에 인가되는 전류의 크기와 주파수를 과정 (8)의 한 단계에 둔다. 그리고 이 전류와 주파수를 각각 I_{rms}와 f라 하고 기록한다.

② '4. 실험 기구' 편을 보고, 2차 코일의 단면의 반지름(r_2)은 같으나 감은 수(N_2)가 다른 **1~3번**의 3개의 코일을 선택하여 이를 바꿔가며 실험한다. 그리고 각 단계에 대해 멀티미터를 이용하여 2차 코일의 유도기전력을 측정하고, 이를 $\varepsilon_{2,\,\mathrm{rms}}$(실험)이라 하고 기록한다. [그림 9 참조]

★ 이미 1번 코일은 실험했으니 2, 3번 코일만 실험하면 된다.

③ 과정 (7)의 ③~⑤와 동일한 과정을 수행한다.

⑥ 과정 ②의 측정 결과로부터, 2차 코일에 유도되는 유도기전력 $\varepsilon_{2,\,\mathrm{rms}}$(실험)이 2차 코일의 감은 수 N_2에 비례함을 확인하여 본다.

(10) **[실험4] 2차 코일의 단면적 변화에 따른 2차 코일의 유도기전력을 측정한다.**

① 1차 코일에 인가되는 전류의 크기와 주파수를 과정 (8)(또는 (9))의 한 단계에 둔다. 그리고 이 전류와 주파수를 각각 I_{rms}와 f라 하고 기록한다.

② '4. 실험 기구' 편을 보고, 2차 코일의 감은 수(N_2)는 같으나 단면의 반지름(r_2)이 다른 **2, 4, 5번**의 3개의 코일을 바꿔가며 실험한다. 그리고 각 단계에 대해 멀티미터를 이용하여 2차 코일의 유도기전력을 측정하고, 이를 $\varepsilon_{2,\,\mathrm{rms}}$(실험)이라 하고 기록한다. [그림 9 참조]

★ 이미 2번 코일은 실험했으니 4, 5번 코일만 실험하면 된다.

③ 과정 (7)의 ③~⑤와 동일한 과정을 수행한다.

⑥ 과정 ②의 측정 결과로부터, 2차 코일에 유도되는 유도기전력 $\varepsilon_{2,\,\mathrm{rms}}$(실험)이 2차 코일의 단면적 πr_2^2에 비례함을 확인하여 본다.

(11) 이상의 과정 (7)~(10)의 네 경우의 실험을 통해서 코일(2차 코일)을 통과하는 자기 선속의 시간에 따른 변화가 코일(2차 코일)에 유도기전력을 생성함을 이해하고, 또한 이 실험 결과가 식 (12)를 만족함을 논의하여 본다.

7. 실험 전 학습에 대한 질문

실험 제목	유도기전력 측정			실험일시	
학과 (요일/교시)		조		보고서 작성자 이름	

* 다음의 물음에 대하여 괄호 넣기나 번호를 써서, 또는 간단히 기술하는 방법으로 답하여라.

1. 이 실험의 목적을 써 보아라.

Ans:

2. 이 실험은 다음과 같이 4가지의 측정 항목에 대해 실험한다. 다음의 괄호에 알맞은 말을 써 넣어라.

① 1차 코일의 인가 (　　　) 변화(자기장의 세기 변화)에 따른 2차 코일의 유도기전력 측정
② 1차 코일의 인가 (　　　) 변화에 따른 2차 코일의 유도기전력 측정
③ 2차 코일의 (　　　) 변화에 따른 2차 코일의 유도기전력 측정
④ 2차 코일의 (　　　) 변화에 따른 2차 코일의 유도기전력 측정

3. 감은 수 N회의 코일을 통과하는 자기선속 Φ_B가 시간에 따라 변한다고 하자. 이 코일에 유도되는 유도기전력을 기술하여 보아라. [패러데이의 유도법칙을 쓰면 됩니다.]

Ans: $\mathcal{E} =$

4. 다음의 그림은 감은 수 N_1, 길이 L_1의 이상적인 솔레노이드로 취급할 수 있는 1차(외부) 코일 내부 중앙에 감은 수 N_2, 반지름 r_2의 솔레노이드형 2차(내부) 코일을 넣은 것을 그린 그림이다. 외부의 1차 코일에 $I = I_m \cos \omega t$ 의 시간에 따라 변하는 전류를 흘려주었을 때, 내부의 2차 코일에 유도되는 유도기전력을 주어진 문자로 기술하여 보아라. 단, 코일 내부는 진공 상태이며, 각진동수 ω는 선진동수 $f(= \omega/2\pi)$로 대체하여 쓴다.

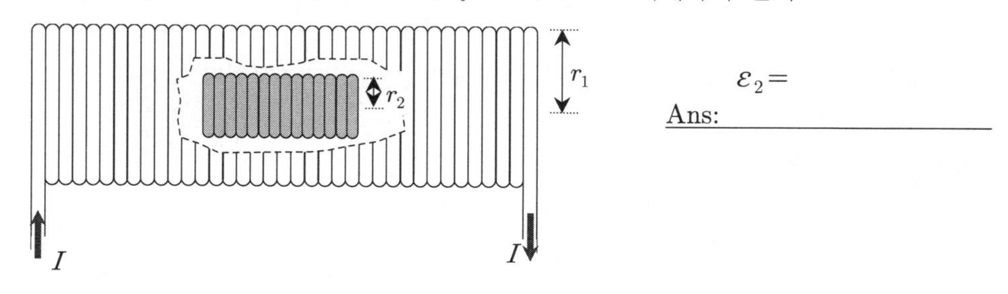

Ans: $\mathcal{E}_2 =$

5. 문제 4의 답(유도기전력)은 시간에 따라 변하는 교류 전압이다. 이 교류 전압의 **rms (root-mean-square, 제곱-평균-제곱근) 전압**을 써 보아라.

Ans: $\mathcal{E}_{2,\,\mathrm{rms}} =$ ____________________

6. 이 실험에서는 멀티미터로 교류 전류와 교류 전압을 측정한다. 이와 같이 교류를 측정하기 위해서는 멀티미터를 교류 측정모드로 두게 되는데, 이때 멀티미터 디지털 화면의 좌측에는 교류를 나타내는 특수문자가 나타난다. 이 특수문자는 무엇일까?

Ans: ____________

7. 이 실험에서 사용하는 2차 코일은 총 몇 개인가? Ans: ______ 개

8. 이 실험에서 1차(외부) 코일(문제 4의 그림 참조)에 교류 전류를 인가해 줄 때 사용하는 기기로, 실험자가 원하는 주파수(진동수)와 크기(세기)의 교류 전류를 발생시킬 수 있는 이 기기의 이름은?

Ans: ______________

9. 다음의 그림은 함수발생기(function generator)의 전면 판넬부이다. 그림을 보고 다음의 여러 스위치와 조절기들에 대한 설명에 해당하는 조작부의 번호를 써 보아라.

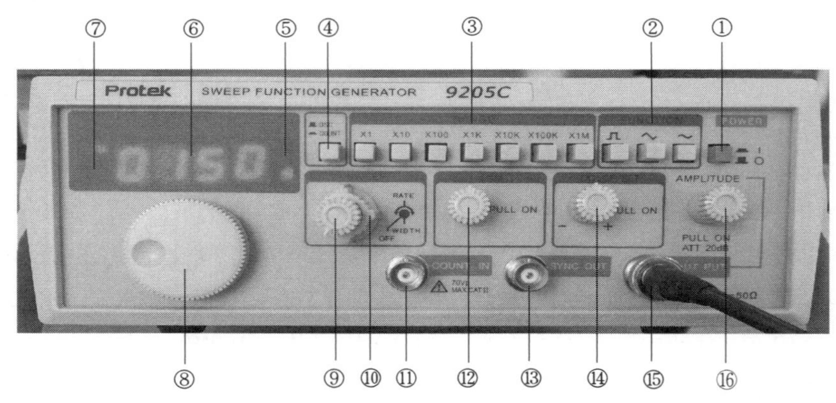

(1) 출력 파형 선택 스위치 (왼쪽에서부터 구형파, 삼각파, 사인파) → (   )
(2) 주파수 범위 선택 → (   )
(3) 'RANGE'의 선택된 주파수 범위 내에서 출력 주파수 조절 → (   )
(4) 구형파, 삼각파, 사인파의 출력 단자 → (   )
(5) 출력레벨 가변 조절기 (0~20 dB) → (   )

8. 결과

실험 제목	유도기전력 측정			실험일시	
학과 (요일/교시)		조		보고서 작성자 이름	

[1] 실험값

○ 1차(외부) 코일의

- 길이, $L_1 =$ mm
- 감은 수, $N_1 =$ 회

(1) 실험 1 - 과정 (7)의 1차 코일의 인가 전류 변화(자기장의 세기 변화)에 따른 2차 코일의 유도기전력 측정

○ 2차(내부) 코일의

- 감은 수, $N_2 =$ 회
- 단면의 반지름, $r_2 =$ mm

○ 인가 주파수, $f =$ Hz

※ 유도기전력 $\varepsilon_{2,\,\mathrm{rms}}$(이론)을 계산할 때는 길이 측정값은 m로, 전류 측정값은 A로 변환하여 계산한다.

회	1차 코일의 인가 전류(I_{rms})	2차 코일의 유도기전력 ($\varepsilon_{2,\,\mathrm{rms}}$(실험))	2차 코일의 유도기전력 ($\varepsilon_{2,\,\mathrm{rms}}$(이론))	$\frac{\varepsilon_{2,\,\mathrm{rms}}(\text{실험}) - \varepsilon_{2,\,\mathrm{rms}}(\text{이론})}{\varepsilon_{2,\,\mathrm{rms}}(\text{실험})} \times 100$
1	mA	V	V	
2	mA	V	V	
3	mA	V	V	
4	mA	V	V	
5	mA	V	V	
평균				

(2) 실험 2 - 과정 (8)의 1차 코일의 인가 주파수 변화에 따른 2차 코일의 유도기전력 측정

○ 2차(내부) 코일의

- 감은 수, $N_2 =$ 회
- 단면의 반지름, $r_2 =$ mm

○ 인가 전류, $I_{\mathrm{rms}} =$ mA

※ 유도기전력 $\varepsilon_{2,\,\mathrm{rms}}$(이론)을 계산할 때는 길이 측정값은 **m**로, 전류 측정값은 **A**로 변환하여 계산한다.

회	1차 코일의 인가 주파수(f)	2차 코일의 유도기전력 ($\varepsilon_{2,\,\mathrm{rms}}$(실험))	2차 코일의 유도기전력 ($\varepsilon_{2,\,\mathrm{rms}}$(이론))	$\dfrac{\varepsilon_{2,\,\mathrm{rms}}(\text{실험}) - \varepsilon_{2,\,\mathrm{rms}}(\text{이론})}{\varepsilon_{2,\,\mathrm{rms}}(\text{실험})} \times 100$
1	Hz	V	V	
2	Hz	V	V	
3	Hz	V	V	
4	Hz	V	V	
5	Hz	V	V	
평균				

(3) 실험 3 - 과정 (9)의 2차 코일의 감은 수 변화에 따른 2차 코일의 유도기전력 측정

○ 인가 전류, $I_{\mathrm{rms}} =$ mA

○ 인가 주파수, $f =$ Hz

○ 2차(내부) 코일의 단면의 반지름, $r_2 =$ mm

※ 유도기전력 $\varepsilon_{2,\,\mathrm{rms}}$(이론)을 계산할 때는 길이 측정값은 **m**로, 전류 측정값은 **A**로 변환하여 계산한다.

회	2차 코일의 감은 수(N_2)	2차 코일의 유도기전력 ($\varepsilon_{2,\,\mathrm{rms}}$(실험))	2차 코일의 유도기전력 ($\varepsilon_{2,\,\mathrm{rms}}$(이론))	$\dfrac{\varepsilon_{2,\,\mathrm{rms}}(\text{실험}) - \varepsilon_{2,\,\mathrm{rms}}(\text{이론})}{\varepsilon_{2,\,\mathrm{rms}}(\text{실험})} \times 100$
1	회	V	V	
2	회	V	V	
3	회	V	V	
평균				

(4) 실험 4 - 과정 (10)의 2차 코일의 단면적 변화에 따른 2차 코일의 유도기전력 측정

○ 인가 전류, I_{rms} = mA

○ 인가 주파수, f = Hz

○ 2차(내부) 코일의 감은 수, N_2 = 회

※ 유도기전력 $\varepsilon_{2,\,rms}$(이론)을 계산할 때는 길이 측정값은 m로, 전류 측정값은 A로 변환하여 계산한다.

회	2차 코일의 단면의 반지름(r_2)	2차 코일의 유도기전력 ($\varepsilon_{2,\,rms}$(실험))	2차 코일의 유도기전력 ($\varepsilon_{2,\,rms}$(이론))	$\frac{\varepsilon_{2,\,rms}(실험)-\varepsilon_{2,\,rms}(이론)}{\varepsilon_{2,\,rms}(실험)}\times 100$
1	mm	V	V	
2	mm	V	V	
3	mm	V	V	
평균				

[2] 결과 분석

[3] 오차 논의 및 검토

[4] 결론

실험 **10**

정류회로 실험

1. 실험 목적

정류회로를 이해하고 실험에서 사용하는 측정기기인 오실로스코프의 사용법을 익힌다.

2. 실험 개요

정류회로 실험기기(AC어댑터(AC adapter))는 인가되는 교류 전류의 전압을 낮추는 변압부와 교류 전류를 직류 전류로 변환시키는 정류부로 구성된 기기이다. 그리고 오실로스코프는 전기적인 신호(전압)를 브라운관에 그려주는 기기로 시간에 따라 신호(전압)들의 크기가 어떻게 변화하는지를 알려준다. 실험에서는 이 오실로스코프를 이용하여 정류회로 실험기기 회로상의 여러 지점의 전압 파형을 측정하고 이 파형의 전압진폭, 주기, 진동수를 해석하면서 교류가 직류로 변환되어지는 과정을 살펴본다. 그리고 그 과정에서 정류회로를 구성하는 회로소자인 다이오드와 콘덴서(커패시터, 축전기)의 역할을 이해하며, 오실로스코프의 여러 스위치와 조절기들을 조작해 봄으로써 자연스럽게 오실로스코프의 사용법을 익히도록 한다.

3. 기본 원리

[1] 정류회로

정류회로는 교류를 직류로 변환시켜주는 회로로, 우리 일상에서 흔히 사용하는 핸드폰의 충전기나 노트북의 어댑터와 같이 220 V의 교류(AC) 전원을 3~16 V의 낮은 직류(DC) 전원으로 바꿔주는 AC어댑터(AC adapter)의 구성 회로로 사용된다.

다음의 그림 1은 우리 실험에서 사용하는 정류회로 실험기기(AC어댑터)의 회로도와 회로의 각 단자에 나타나는 전압 파형을 그린 것으로, 이 회로도에서 전류의 흐름을 따라가며 변압과 정류가 이루어지는 과정을 살펴보도록 하자. 먼저, 그림 (a)의 정류회로 실험기기 회로도에서 점선으로 그려진 부분은 변압부로 입력과 출력 코일의 감은 수의 비에 해당하는 비율로 입력 전원의 전압 강하를 얻을 수 있게 해준다.

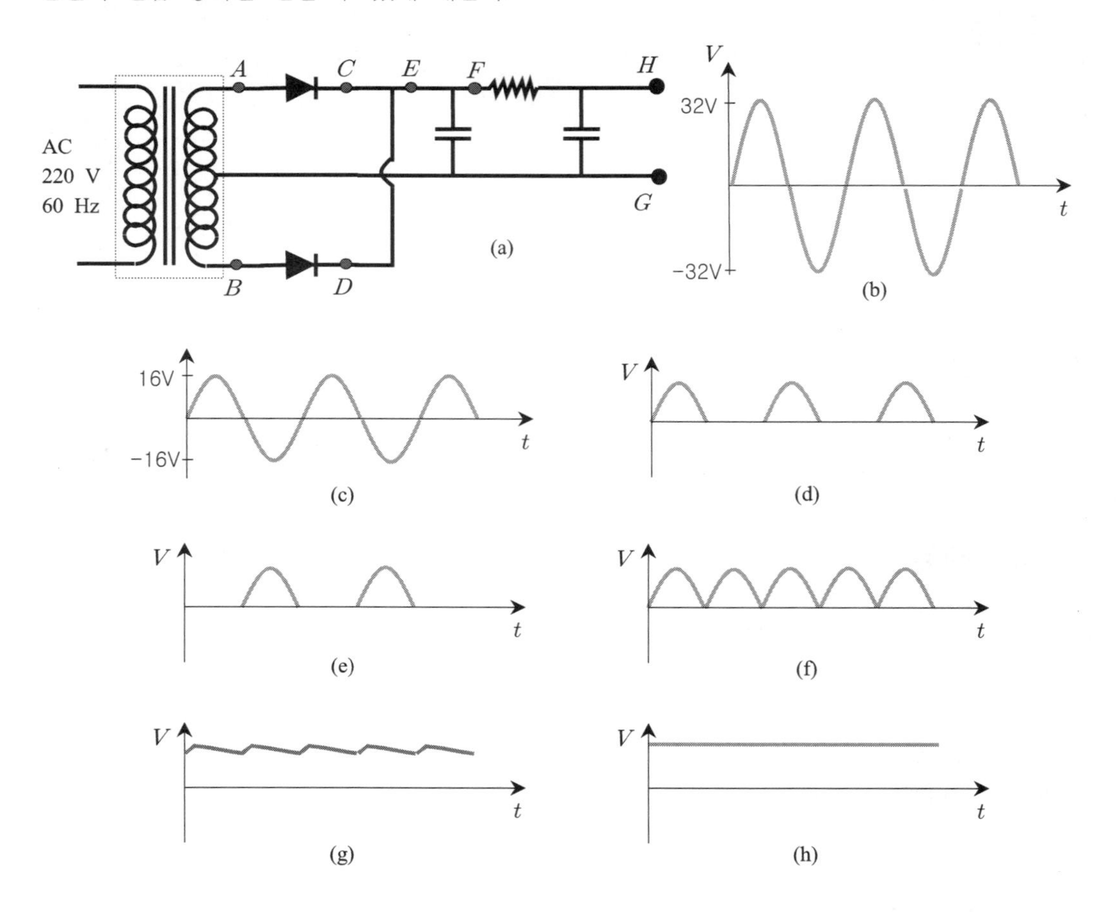

그림 1 (a) 정류회로 실험기기의 회로도. (b) A점과 B점 사이의 전압 파형, (c) A점과 단자 G 사이의 전압 파형, (d) C점과 단자 G 사이의 전압 파형, (e) D점과 단자 G 사이의 전압 파형, (f) E점과 단자 G 사이의 전압 파형, (g) F점과 단자 G 사이의 전압 파형, (h) $H-G$ 단자 사이의 전압 파형.

그래서 A점과 B점 사이의 전압 파형은 그림 (b)와 같이 220 V의 입력 전원이 32 V로 전압 강하가 이루어지는 교류 파형으로 나타난다. 한편, A점과 단자 G 사이의 전압 파형을 살펴보면, 이 두 점 사이의 코일의 감은 수는 A점과 B점 사이의 코일의 감은 수의 절반에 해당하므로 그림 (c)와 같이 A점과 B점 사이의 전압 진폭 32 V의 반이 되는 16 V의 전압 진폭의 교류 파형이 된다. 이렇게 변압부를 지나며 전압 강하가 이루어진 전류는 여전히 입력 전원과 동일한 진동수(60 Hz)의 교류 전류이다. 변압이 이루어진 전류는 A점과 B점에서 각각 다이오드를 지나 C점과 D점으로 흘러가는데, 이때 만나는 다이오드는 순방향(회로도 상에서 다이오드 왼쪽이 양(+)의 전류일 때)의 전류만 흐르게 하는 특성을 가진 반도체 소자로, 각각 A

점과 B점의 교류 전류가 양(+)의 전류일 때만 다이오드를 통과하게 한다. 그래서 C점과 단자 G 사이와 D점과 단자G 사이의 전압은 각각 그림 (d)와 (e)와 같이 교류 전류의 양의 부분만 다이오드를 통과하여 반파 정류된 전압 파형이 나타난다. 그런데, A점과 B점의 교류 전류는 180°의 위상차(A점의 전류가 +일 때 B점의 전류는 -이고, A점의 전류가 -일 때 B점의 전류는 +임)가 있으므로, A점의 전류가 양(+)이어서 다이오드를 통과하여 C점으로 흘러갈 때, B점의 전류는 음(-)이어서 다이오드를 통과하지 못하게 된다. 역으로 잠시 후(진동수가 60 Hz이니까 주기는 1/60초가 되고 그러므로 반주기인 1/120초 후)에 A점의 전류는 음(-)이 되어 다이오드를 통과하지 못하나, 이때 B점의 전류는 양(+)이어서 다이오드를 통과하여 D점으로 흘러가게 된다. 그럼으로 C점과 D점을 지나는 반파 정류된 양의 전류 사이에는 그림 (d)와 (e)에서와 같이 180°의 위상차(1/120초)가 생기게 된다.

한편, E점에서는 두 다이오드를 통과한 반파 정류된 전류가 합해져 E점과 단자 G 사이의 전압은 그림 (f)와 같이 전파 정류된 전압 파형으로 나타난다. 이어 전파 정류된 전류가 F점으로 흘러갈 때 회로의 갈림점에서 일부 전류는 병렬로 연결된 콘덴서(커패시터, 축전기)로 흘러 콘덴서를 충전시키게 되는데, 이 충전된 콘덴서는 F점을 지나는 전류가 줄어들 때 충전된 전하를 방전하여 F점으로 전류를 흘려준다. 이러한 콘덴서의 충·방전에 의해 처음 교류 파형이 가졌던 파형의 마디점의 0의 전류가 사라지게 되어 F점과 단자 G 사이에는 그림 (g)와 같이 직류에 가까운 리플(ripple) 파형을 갖게 된다. 마지막으로 F점과 H 단자 사이에 병렬 연결된 또 하나의 콘덴서는 앞의 콘덴서와 마찬가지로 추가의 충·방전 기능으로 리플을 제거해 주는 역할을 한다. 그래서 $H-G$ 단자 사이에는 완전히 정류된 직류가 흐르게 되어 그림 (h)와 같은 직류 전압 파형이 나타나게 된다. 끝으로 F점과 단자 H 사이에는 저항이 있는데, 이 저항은 정류 과정에 기여를 하지는 않는다. 하지만, 처음 회로에 전원을 넣었을 때 콘덴서는 마치 쇼트된 것과 같으므로, 이때 과전류가 흐르는 것을 방지하기 위하여 회로에 저항을 삽입한다.

[2] 오실로스코프(oscilloscope)

(1) 오실로스코프란?

그림 2는 오실로스코프로 이 기기는 거의 모든 실험실에서 사용하는 기본적인 측정 기기이다. 오실로스코프는 쉽게 말해서 전기적인 신호를 화면에 그려주는 기기로서 시간의 변화에 따라 신호들의 크기가 어떻게 변화하고 있는지를 나타내 준다. 화면상의 수직축은 전압의 변화를, 수평축은 시간의 변화를 나타낸다. 오실로스코프는 간단한 그래프로도 신호에 대한 많은 정보를 알 수 있게 해주며, 다음은 그러한 그래프에서 알 수 있는 몇 가지 내용들이다.

- 입력 신호의 시간과 전압의 크기
- 발진 신호의 주파수
- 입력 신호에 대한 회로상의 응답 변화
- 기능이 저하된 요소가 신호를 왜곡시키는 것

- 직류 신호와 교류 신호의 양
- 신호 중의 잡음과 그 신호 상에서 시간에 따른 잡음의 변화

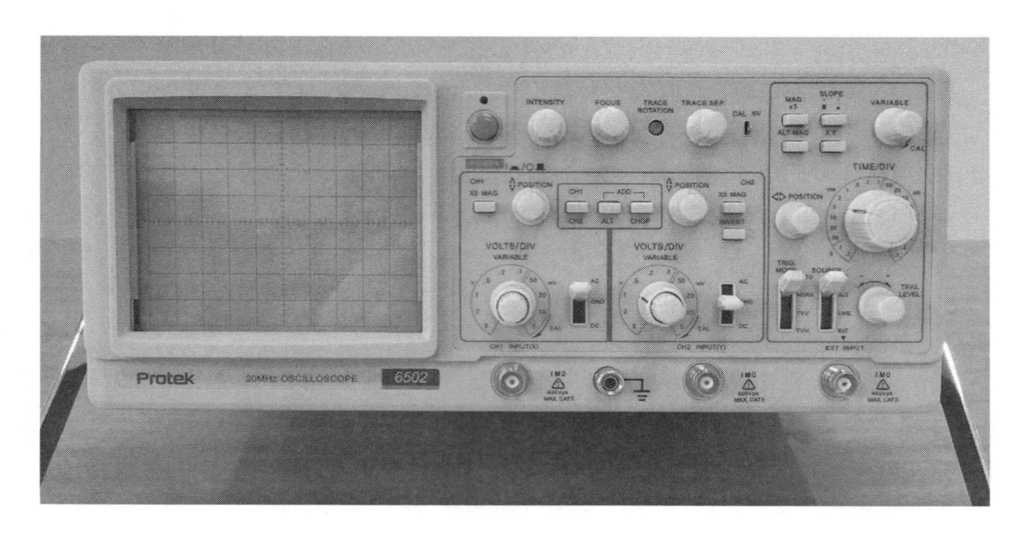

그림 2 오실로스코프(oscilloscope)

(2) 오실로스코프의 각 부의 명칭과 기능

오실로스코프는 화면상에 눈금이 그려져 있는 것과 제어 기능들이 많다는 것을 제외하고는 작은 브라운관 TV와 비슷하다. 오실로스코프의 전면에는 일반적으로 수직부, 수평부, 동기부 등의 조작부가 있으며 또 화면 표시부, 입력 연결단 등도 있다. 다음은 오실로스코프의 각 부의 명칭과 기능으로, 주로 사용하는 부분의 기능만을 간략히 소개하였다. 그림 3의 오실로스코프의 조작부를 보면서 그 기능과 조작 방법을 살펴보도록 하자.

※ 이하에서 각종 조작 스위치와 조절기의 명칭 앞에 쓴 원문자의 숫자(①, ③, ④ 등등)들은 그림 3의 오실로스코프의 각 부분을 가리키는 번호이다.

1) 전원, 브라운관 주변

① POWER: 전원 스위치는 push 버튼스위치이며 눌려져 있으면 on, 나와 있으면 off 상태가 된다.

③ INTENSITY: 브라운관 상의 신호의 밝기를 조절한다. 시계 방향으로 돌리면 밝기(휘도)가 밝아진다. 기기에 무리를 주지 않기 위해서는 전원을 넣기 전에 반시계 방향으로 끝까지 돌려놓는다.

④ FOCUS: 영상의 초점을 맞추는데 쓰이며, 'INTENSITY' 조절기로 적당한 밝기를 맞추고 이어, 휘선이 가장 선명하게 나타나도록 조절한다.

⑤ TRACE ROTATION: 수평 휘선이 지구 자기장의 영향으로 수평축에서 기울어질 때 이를

보정하여 수평하게 하는데 사용한다.

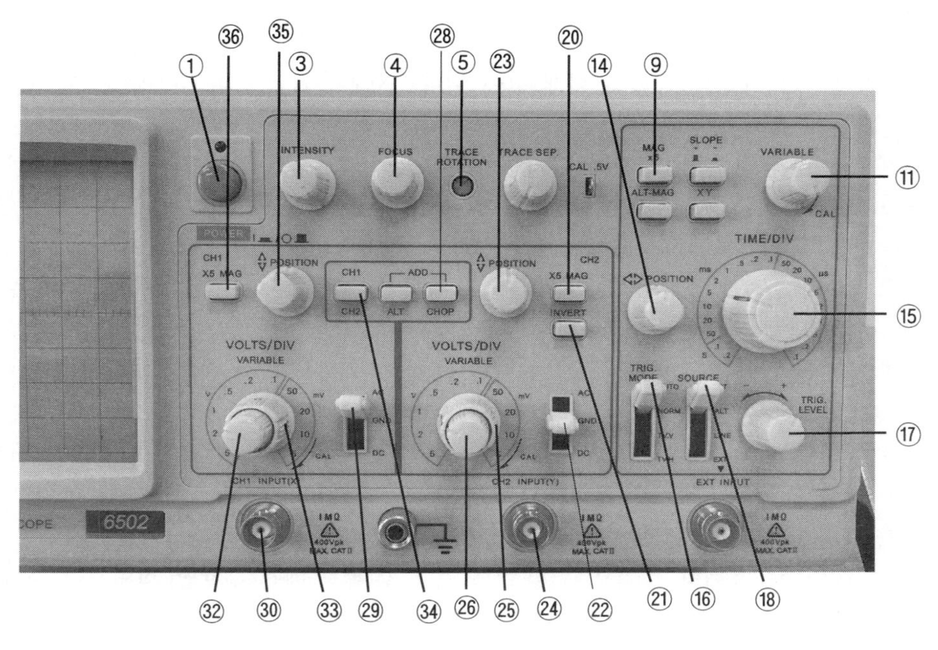

그림 3 오실로스코프의 전면 조작부

2) 수직축 주변

㉚ **CH1 INPUT(X)**: 수직 입력용 BNC 커넥터이다. 입력 신호를 수직축 증폭기로 연결한다. X-Y 오실로스코프로 사용할 때는 X축 신호가 된다.

㉙ ㉒ **AC-GND-DC 절환스위치**: 입력 신호와 수직축 증폭기의 결합 방식을 선택한다. 입력 파형을 교류결합, 접지, 직류결합 중에서 선택한다.

- **AC**: 파형 중에서 직류(DC) 성분을 제외한 나머지 교류(AC) 성분만을 따로 보고자 할 때 사용한다. 기준 위치를 중심으로 교류 성분만이 나타난다.
- **GND**: 해당 채널의 파형에 대한 기준 위치(ground)를 나타낸다. 스위치를 이 상태에 놓으면 수평선이 나타나고 그 위치가 기준 위치, 즉 0 V의 상태이다.
- **DC**: 일반적인 측정에서는 항상 이 상태로 놓고 측정한다. AC-DC를 모두 볼 때 사용한다. 입력 전압의 크기가 GND 상태의 기준 위치에 대한 높이로서 나타난다.

㉝ ㉕ **VOLTS/DIV**: 수직축 편향 감도를 조절하는 STEP 감쇠기이다. 수직축 1눈금(화면상의 정사각형 눈금의 높이) 당의 입력 전압을 선택한다. 입력 신호의 크기에 따라 관측하기 쉬운 범위로 설정한다.

(예) 반시계 방향으로 끝까지 돌려 숫자 5에 맞추면, 화면상의 수직축의 각 정사각형 눈금의 높이는 5 V가 되는 것이다.

㉜ ㉖ **VARIABLE**: 수직축 편향 감도를 연속 가변시키는 미세 조정기이다. 'VOLTS/DIV'보다 민감하게 조절할 수 있으며, 화살표(↩ CAL)의 반대 방향(반시계 방향)으로 끝까지 돌리면 수직축의 측정값을 1/2.5로 줄여 나타낸다. 그러므로 이 경우에는 화면에 나타난 수직축 값의 2.5배를 한 값이 실제 값이 된다. 일반적인 측정의 경우에 는 이 조절기를 화살표(↩ CAL) 방향대로 끝까지 돌려놓는다. 그러면, 'VOLTS/DIV'가 나타내는 값이 곧 수직축 눈금의 전압 간격이 된다.

㊱ **X5 MAG**: 이 버튼을 누르면 수직축의 이득이 5배로 확대되고 최대 감도는 1 mV/div이 된다. 즉, 'VOLTS/DIV' 다이얼이 가리키는 지시치의 1/5배가 된다.

(예) VOLTS/DIV를 5 mV에 맞춘 상태에서 이 버튼을 누르면, 화면상의 수직축의 각 정사각형 눈금의 높이는 1 mV가 되는 것이다.

㉟ ㉓ **POSITION**: 화면상의 휘선을 상하로 이동시킨다. 즉, 화면에 나타난 파형을 전체적으로 위, 아래로 이동시킨다. 측정을 행하기 전에 'AC-GND-DC 절환스위치'를 GND로 놓은 상태에서 기준 위치를 상하로 이동하여 원하는 위치(예컨대 화면의 가운데)로 설정한 다음 측정을 행하도록 한다.

㉑ **INVERT**: 통상의 관측시에는 push 버튼이 나온 상태가 되게 한다.

㉞ **CH1/CH2 선택 스위치**: 버튼이 나와 있으면 CH1에 가해진 신호만 화면상에 나타나고, 버튼이 눌려져 있으면 CH2에 가해진 신호만 화면상에 나타난다.

3) 수평축 주변

⑮ **TIME/DIV**: 0.1 μs /div~0.2 s/div의 20단계의 시간 간격으로 조절할 수 있다. 오실로스코프의 화면에 나타난 파형의 수평 주기 폭을 변화시킨다. 수평 입력에 접속된 증폭기의 이득을 조정한다.

(예) 'TIME/DIV'를 5 ms에 맞추면, 화면상의 수평축의 각 정사각형 눈금의 밑변은 5 ms가 되는 것이다.

⑪ **VARIABLE**: 수평축 시간간격을 연속으로 가변시키는 미세 조정기이다. 'TIME/DIV'보다 민감하게 조절할 수 있으며, 화살표(↩ CAL)의 반대 방향(반시계 방향)으로 끝까지 돌리면 수평축의 시간 값을 1/2.5로 줄여 나타낸다. 그러므로 이 경우에는 화면의 수평축 시 간 눈금 간격의 2.5배를 한 값이 실제 시간 간격이 된다. 일반적인 측정의 경우에는 이 조절기를 화살표(↩ CAL) 방향대로 끝까지 돌려놓는다. 그러면 'TIME/DIV'가 나타내는 값이 곧 수평축 눈금의 시간 간격이 된다.

⑭ **POSITION**: 휘선을 좌우로 이동시킬 때 사용한다. 파형의 측정과는 독립적으로 사용된다.

⑨ **X5 MAG**: 이 버튼을 누르면, 수평축의 시간을 5배로 확대할 수 있다. 즉, 'TIME/DIV' 다이얼이 가리키는 지시치의 1/5배가 된다.

(예) 'TIME/DIV'를 5 ms에 맞춘 상태에서 이 버튼을 누르면, 화면상의 수평축의 각 정사각형 눈금의 밑변은 1 ms가 되는 것이다.

4) 동기부

⑱ **SOURCE 절환 스위치**: Sweep 동기 신호원을 선택한다.
- INT: CH1 또는 CH2에 인가된 입력 신호가 동기 신호원이 된다.
- ALT: CH2에 인가된 입력 신호가 동기 신호원이 된다.
- LINE: 전원 주파수가 동기 신호원이 된다.
- EXT: 트리거(Trigger)에 인가된 외부 동기신호가 동기 신호원이 된다.

⑰ **TRIG. LEVEL**: 입력 신호가 어떤 전압 값을 만족하는 시간부터 파형을 화면에 나타낸다. 즉, 측정 신호 파형의 시작 위치를 정해준다. 화면상에 파형을 고정시킬 수 있으므로 파형 관찰을 쉽게 해준다.

⑯ **TRIG. MODE 절환 스위치**: 보통은 AUTO MODE로 설정해 주면 편리하다.

4. 실험 기구

○ 정류회로 실험기기
- 정류회로: 케이스면에 인쇄
- 변압기 출력전압: 16 V, 0 V, -16 V 양파출력
- 정류 후 출력전압: DC 16 V

○ 오실로스코프(20 MHz)
○ BNC-Probe 케이블 (2)
○ 멀티미터 (1)
○ 리드선 (3)

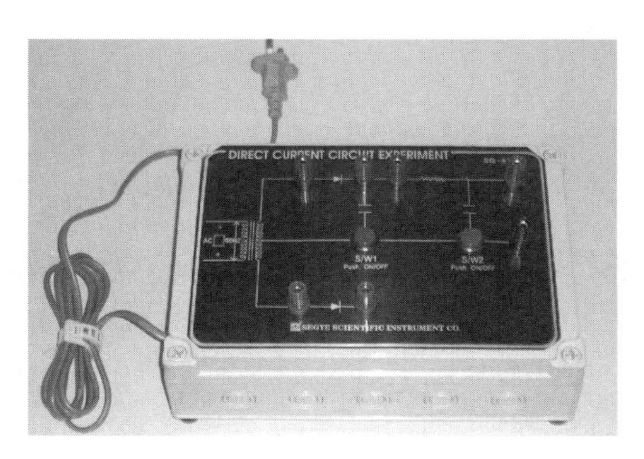

그림 4 정류회로 실험기기

5. 실험 정보

(1) '3. 기본 원리 - [1] 정류회로(adapter)' 편에서 정류회로를 수학으로 풀어 그 원리를 제시할 수도 있었으나 그렇게 하지 않았다. 그것은 1학년 과정으로서 이 실험 강좌에서 다루기에는 많이 어려운 내용이 될 거라는 판단과 오히려 복잡한 수식으로 자칫 실험의 의미를 놓칠까 싶어서이다. <u>실제, 이 실험의 주된 목적은 정류회로의 이해보다는 오실로스코프의 사용법을 익히는 데에 있다.</u>

(2) 이 실험은 오실로스코프를 이용하여 정류회로의 여러 지점의 전압 파형을 측정하고 이 파형의 전압진폭, 주기, 진동수 등의 정보를 해석하는 실험이다. 그 과정에서 <u>전압 측정 눈금을 정하는 'VOLTS/DIV'과 시간 측정 눈금을 정하는 'TIME/DIV'의 정확한 사용은 실험 결과의 성패를 좌우하는 매우 중요한 요소이니,</u> 이를 사용하는 실험 과정 (7)과

(11) 그리고 그림 5를 정확히 해석하여 실험하기 바랍니다.

(3) 측정시 파형에 노이즈가 나타날 때가 있는데, 이 경우에는 BNC-Probe 케이블을 측정 단자에 정확히 접촉시키지 못해서거나 BNC-Probe 케이블의 상태가 좋지 않아서 그러니, 이때는 적절한 조치를 취하여 실험하기 바랍니다.

(3) 오실로스코프는 쉽게 고장이 나지 않는 기기이다. 그러니 부담 없이 기기의 여러 가지 기능들을 조작해 보는 것도 좋겠다.

(4) '6. 실험 방법'의 과정 (10)을 보면, 오실로스코프에 나타난 파형을 그리도록 한다. 그런데, 이 과정에서 파형을 핸드폰 카메라로 촬영하여 그 사진을 첨부하는 것도 좋은 방법이 되겠다.

6. 실험 방법

(1) '3. 기본 원리 - [2] 오실로스코프(oscilloscope)' 편에 기술된 오실로스코프의 각 부의 명칭과 기능을 읽어 본다.

★'기본 원리' 편에 소개한 각 부의 기능보다 더 상세한 세부 기능을 알고 싶다면, 실험테이블에 비치된 오실로스코프 설명서를 참조하기 바란다.

(2) 오실로스코프의 각 부의 스위치와 조절기를 다음과 같이 설정한다. [그림 3 참조]

- ① POWER: OFF 상태(버튼이 나온 상태)
- ③ INTENSITY: 반시계 방향으로 끝까지 돌린다.
- ④ FOCUS: 중앙
- ㉙ ㉒ AC-GND-DC: GND
- ㉟ ㉓ POSITION △▽(수직축): 중앙
- **㊱ X5 MAG(수직축): OFF 상태(버튼이 나온 상태) ⟵ 매우 중요**
- **㉞ CH1/CH2: CH1(버튼이 나온 상태) ⟵ 매우 중요**
- ⑯ TRIG. MODE: AUTO
- ⑱ SOURCE: INT
- ⑰ TRIG. LEVEL: 중앙
- ⑭ POSITION ◁▷(수평축): 중앙
- **⑨ X5 MAG(수평축): OFF 상태(버튼이 나온 상태) ⟵ 매우 중요**
- **㉜ ㉖ VOLTS/DIV VARIABLE(CH1, CH2): 화살표 방향(↩ CAL, 시계 방향)으로 끝까지 돌린다. ⟵ 매우 중요**
- **⑪ TIME/DIV VARIABLE: 화살표 방향(↩ CAL, 시계 방향)으로 끝까지 돌린다. ⟵ 매우 중요**

(3) '**POWER**' 스위치를 눌러 on으로 하고, 약 15초 정도 지난 후에 '**INTENSITY**' 조절기를 시계 방향으로 돌려 휘선(밝은 실선)이 나타나게 한다. 그리고 '**FOCUS**' 조절기를 돌려 휘선이 가장 선명하게 보이도록 조절한다.

★ 휘선의 밝기를 너무 밝게 두지 않도록 한다. 눈에 피로를 줄 뿐만 아니라 장시간 방치해 두면 브라운관의 형광면을 태울 수 있기 때문이다.

(4) **CH1** 조작부의 '**AC-GND-DC 절환스위치**'를 DC 모드에 둔다. [그림 2 참조]

(5) **CH1** 조작부의 '**POSITION △▽(수직축)**' 다이얼을 돌려 zero level의 휘선을 $y = 0$의 수평축 상에 있게 한다.

(6) BNC-Probe 케이블을 '**CH1 INPUT(X)**' 단자에 연결한다. 그리고 BNC-Probe 케이블의 Probe에 있는 스위치를 'X10' 모드에 둔다.

(7) '**VOLTS/DIV**'를 1 V 눈금에 두고 '**TIME/DIV**'는 5 ms(또는 2 ms) 눈금에 둔다.

★ 'ms'는 millisecond의 약자이다. 그러므로 1 ms = 10^{-3} s 이다.

★ BNC-Probe 케이블의 Probe에 있는 스위치를 'X1' 모드에 두면 'VOLTS/DIV'가 가리키는 전압과 동일한 값을 측정한다. 그런데, 스위치를 'X10' 모드에 두면 'VOLTS/DIV'가 가리키는 전압의 10배의 값을 측정한다. 예로, 스위치를 'X10' 모드에 둔 상태에서 그림 5와 같이 'VOLTS/DIV'를 1V 눈금에 두고 측정한다면, 오실로스코프 화면상의 정사각형 눈금 하나의 높이는 (1 V)X10=10 V가 된다.

★ 'TIME/DIV'를 5 ms 눈금에 두면 그림 5와 같이 오실로스코프 화면상의 정사각형 눈금 하나의 가로는 5 ms가 된다.

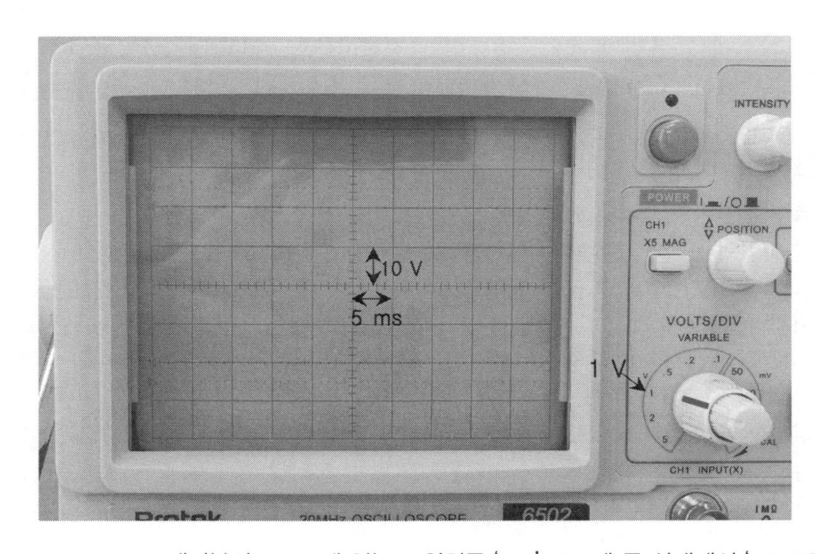

그림 5 BNC-Probe 케이블의 Probe에 있는 스위치를 'X10' 모드에 둔 상태에서 'VOLTS/DIV'를 눈금 1 V에 두고 측정한다면, 오실로스코프 화면상의 정사각형 눈금 하나의 높이는 (1 V)X10=10 V가 된다. 그리고 'TIME/DIV'를 5 ms 눈금에 두면 오실로스코프 화면상의 정사각형 눈금 하나의 가로는 5 ms가 된다.

(8) 정류회로 실험기기의 플러그를 220 V 전원에 연결한다.

(9) 정류회로 실험기기의 스위치 S_1과 S_2를 모두 off 상태(버튼이 나온 상태)로 둔다. [그림 6 참조]

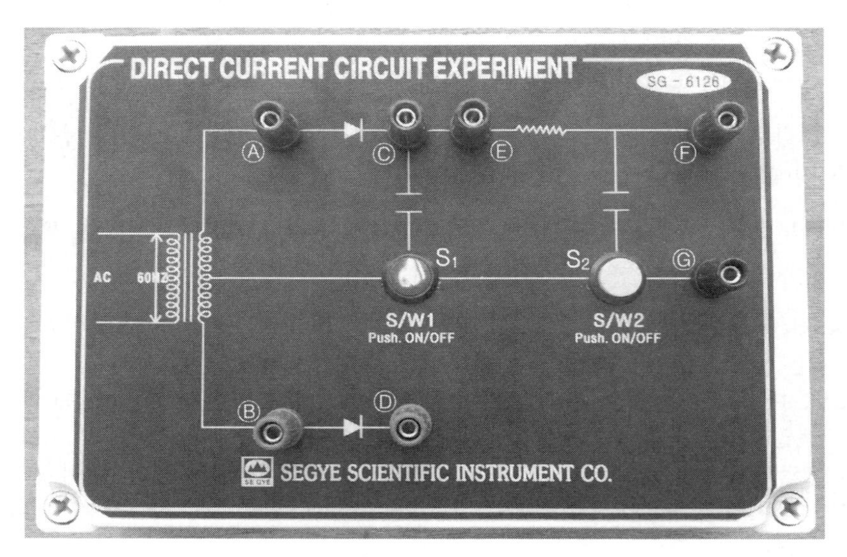

그림 6 정류회로 실험기기의 정류회로도와 각 단자

(10) 그림 6을 참조하여 BNC-Probe 케이블의 Probe 쪽 접지선(Probe의 옆면으로 돌출된 검은색 악어 클립의 선)을 정류회로 실험기기의 Ⓑ단자에 연결한 후, Probe Tip을 Ⓐ단자에 넣어 Ⓐ-Ⓑ단자 간의 전압 파형을 측정한다. 이때, 오실로스코프 화면에 나타나는 전압 파형을 모눈종이에 그리고, 이 전압 파형을 해석하여 전압진폭과 주기, 진동수를 알아낸다.

★ 진동수는 주기의 역수이다.

★ 전압 파형의 높이가 너무 낮아 전압진폭을 읽기가 곤란하거나 또는 너무 높아 전압 파형이 화면에 다 나타나지 않아 그 값을 해석하기가 곤란하거든 'VOLTS/DIV'의 전압 눈금이나 Probe에 스위치의 모드('X1'과 'X10')를 바꿔가며 파형 관측이 용이한 전압 눈금에서 실험한다. 마찬가지로 시간에 대해서도 전압 파형의 주기를 측정하기가 곤란하거든 'TIME/DIV의 시간 눈금을 바꿔가며 파형 관측이 용이한 시간 눈금에서 실험한다.

★ 전압 진폭은 화면의 $y=0$, 즉 수평축으로부터 한쪽(+ 또는 –)으로 전압의 최대 높이를 읽은 값이다.

★ 이 과정에서 과정 (2)의 '㉜, ⑪'의 두 'VARIABLE'은 화살표 방향(↩ CAL)을 따라 시계 방향으로 끝까지 돌려놓은 상태에 있어야 한다.

★ 오실로스코프 화면에 나타나는 전압 파형을 모눈종이에 그리는 대신에, 핸드폰 카메라로 화면을 촬영하여 그 사진을 첨부하는 것도 좋은 방법이 되겠다.

(11) BNC-Probe 케이블의 Probe에 있는 스위치를 'X1' 모드로 바꾸고, 'VOLTS/DIV'를 5

V 눈금에 둔다. 그리고 'TIME/DIV'는 5 ms(또는 2 ms) 눈금에 둔다. 이렇게 하면 오실로스코프 화면상의 정사각형 눈금 하나의 높이는 (5 V)×1=5 V가 된다. **[그림 5 참조]**

★그림 5에서는 오실로스코프 화면상의 정사각형 한 눈금의 높이가 10 V로 되어 있는데, 이 과정의 측정모드에서는 한 눈금의 높이가 5 V가 된다.

(12) 그림 6을 참조하여 BNC-Probe 케이블의 Probe 쪽 접지선(Probe의 옆면으로 돌출된 검은색 악어 클립의 선)을 정류회로 실험기기의 Ⓖ단자에 연결한다. 그리고 Probe Tip을 이용하여 정류회로실험기의 각 단자를 접촉시켜가며 다음의 세부 과정을 수행한다. 이때, 관측하기에 적당한 전압 파형을 만들기 위하여 **필요하다면** 'VOLTS/DIV' 눈금과 'TIME/DIV' 눈금을 조절하거나 Probe에 있는 스위치의 'X1'과 'X10' 모드를 바꿔가면서 실험한다.

★전압 파형의 높이가 너무 낮아 전압진폭을 읽기가 곤란하거나 또는 너무 높아 전압 파형이 화면에 다 나타나지 않아 그 값을 해석하기가 곤란하거든 'VOLTS/DIV'의 전압 눈금이나 Probe에 스위치의 모드('X1'과 'X10')를 바꿔가며 파형 관측이 용이한 전압 눈금에서 실험한다. 마찬가지로 시간에 대해서도 전압 파형의 주기를 측정하기가 곤란하거든 'VOLTS/DIV'의 시간 눈금을 바꿔가며 파형 관측이 용이한 시간 눈금에서 실험한다.

★전압 진폭은 화면의 $y=0$, 즉 수평축으로부터 한쪽(+ 또는 −)으로 전압의 최대 높이를 읽은 값이다.

★이 과정에서 과정 (2)의 '㉜, ㉖, ⑪'의 세 'VARIABLE'은 화살표 방향(↩ CAL)을 따라 시계 방향으로 끝까지 돌려놓은 상태에 있어야 한다.

★오실로스코프 화면에 나타나는 전압 파형을 모눈종이에 그리는 대신에, 핸드폰 카메라로 화면을 촬영하여 그 사진을 첨부하는 것도 좋은 방법이 되겠다.

① BNC-Probe 케이블의 Probe Tip을 Ⓐ단자에 넣고 Ⓐ-Ⓖ단자 간의 전압 파형을 측정한다. 이때, 오실로스코프 화면에 나타나는 전압 파형을 모눈종이에 그리고, 이 전압 파형을 해석하여 전압진폭과 주기, 진동수를 알아낸다.

★진동수는 주기의 역수이다.

② BNC-Probe 케이블의 Probe Tip을 Ⓒ단자에 넣고 Ⓒ-Ⓖ단자 간의 전압 파형을 측정한다. 이때, 오실로스코프 화면에 나타나는 전압 파형을 모눈종이에 그리고, 이 전압 파형을 해석하여 전압진폭과 주기, 진동수를 알아낸다.

③ BNC코드의 Probe의 Tip을 Ⓒ단자에 넣은 상태에서 다음의 세부 과정을 수행한다. [그림 3 참조]

❶ CH2 조작부의 'AC-GND-DC **절환스위치**'를 DC 모드에 둔다.

❷ 그림 2의 조작부 '㉘ (CHOP)' 버튼을 누른다.

❸ CH2 조작부의 'POSITION △▽(**수직축**)' 다이얼을 돌려 CH2에 대한 zero level의 휘선이 오실로스코프 화면의 최하단 수평선에 일치하게 한다.

❹ 또 하나의 BNC-Probe 케이블을 'CH2 INPUT(Y)' 단자에 연결한다.

❺ 'CH2 INPUT(Y)' 단자에 연결한 BNC-Probe 케이블의 Probe의 Tip을 Ⓓ단자에 넣고, 접지선(Probe의 옆면으로 돌출된 검은색 악어 클립의 선)은 Ⓖ단자에 연결하거나 아니면 아무것에도 연결하지 않은 채로 둔다.

❻ Ⓓ-Ⓖ단자 간의 전압 파형을 측정한다. 오실로스코프 화면에 나타나는 전압 파형을 모눈종이에 그리고, 이 전압 파형을 해석하여 전압진폭과 주기, 진동수를 알아낸다. 이때, Ⓒ-Ⓖ단자 사이의 전압 파형은 오실로스코프 화면의 $y=0$의 수평축 상에, 그리고 Ⓓ-Ⓖ단자 사이의 전압 파형은 오실로스코프 화면의 하단에 동시에 나타나게 된다.

❼ CH2 조작부의 '**AC−GND−DC 절환스위치**'를 GND 모드에 두고, 'CH2 INPUT(Y)' 단자에 연결한 BNC-Probe 케이블을 제거한다. 그리고 조작부 '㉘ (CHOP)'버튼을 눌러 버튼이 나온 상태가 되게 한다.

④ 리드선을 이용하여 Ⓒ와 Ⓓ단자를 연결한 후, 'CH1 INPUT(X)' BNC-Probe 케이블의 Probe Tip을 Ⓔ단자에 넣어 Ⓔ-Ⓖ단자 간의 전압 파형을 측정한다. 이때, 오실로스코프 화면에 나타나는 전압 파형을 모눈종이에 그리고, 이 전압 파형을 해석하여 전압진폭과 주기, 진동수를 알아낸다.

⑤ 리드선으로 Ⓒ와 Ⓓ단자를 연결한 상태에서, 스위치 S_1을 눌러 콘덴서(커패시터, 축전기)를 회로에 연결시킨다. 그리고 BNC-Probe 케이블의 Probe의 Tip을 Ⓔ단자에 넣어 Ⓔ-Ⓖ단자 간의 전압 파형을 측정한다. 이때, 오실로스코프 화면에 나타나는 전압 파형을 모눈종이에 그리고, 이 전압 파형을 해석하여 전압진폭과 주기, 진동수를 알아낸다.

⑥ 과정 ⑤의 상태에서 스위치 S_2를 추가로 눌러 또 하나의 콘덴서를 회로에 연결시킨다. 그리고 BNC-Probe 케이블의 Probe의 Tip을 Ⓕ단자에 넣어 Ⓕ-Ⓖ단자 간의 전압 파형을 측정한다. 이때, 오실로스코프 화면에 나타나는 전압 파형을 모눈종이에 그리고, 이 전압 파형을 해석하여 전압진폭과 주기, 진동수를 알아낸다. 특별히, 이 과정에서의 전압진폭은 직류 전압 V_D라고 하자.

(13) 멀티미터를 이용하여 Ⓕ−Ⓖ단자 사이의 전압을 측정하여 V_{Multi}라 하고, 이 값을 과정 (12)-⑥의 오실로스코프 화면에 나타나는 직류 전압 V_D와 비교하여 본다.

7. 실험 전 학습에 대한 질문

실험 제목	정류회로 실험			실험일시	
학과 (요일/교시)		조		보고서 작성자 이름	

* 다음의 물음에 대하여 괄호 넣기나 번호를 써서, 또는 간단히 기술하는 방법으로 답하여라.

1. 정류회로는 어떠한 기능을 하는 회로인가?

   Ans:

2. ( )는 전기적인 신호를 화면에 그려주는 기기로서 시간의 변화에 따라 신호들의 크기가 어떻게 변화하고 있는지를 나타내 주는 장치이다. 이 장치의 화면상의 수직축은 ( )의 변화를, 수평축은 ( )의 변화를 나타낸다.

3. 다음 그림의 오실로스코프의 전면 조작부를 보고 오실로스코프의 여러 스위치와 조절기들에 대한 설명에 해당하는 조작부의 번호를 써 보아라.

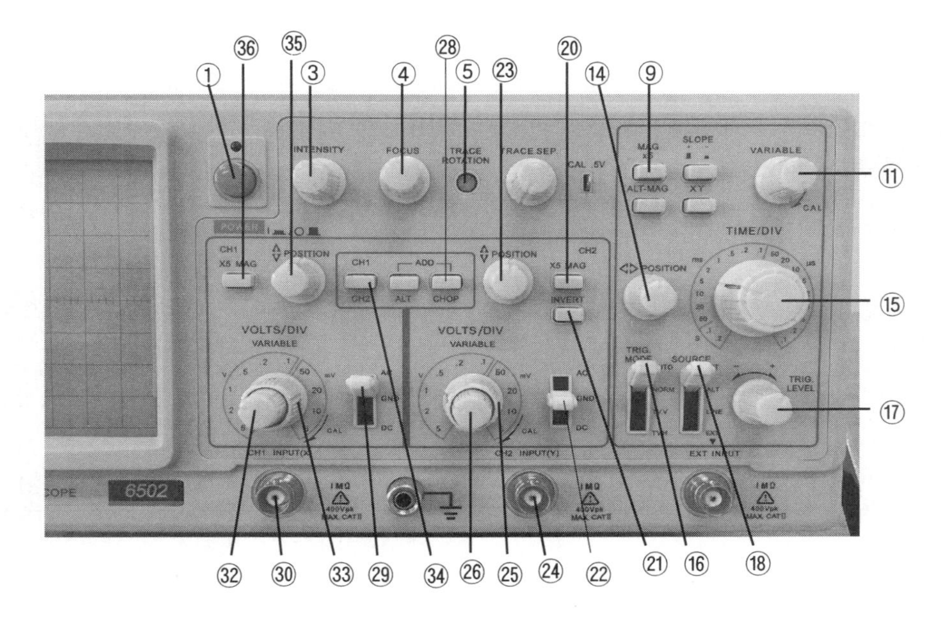

(1) 수평 휘선이 지구 자기장의 영향으로 수평축에서 기울어질 때, 이를 보정하여 수평하게 하는데 사용한다. → (   )

(2) 입력 신호와 수직축 증폭기의 결합 방식을 선택한다. 입력 파형을 교류결합, 접지, 직류결합 중에서 선택한다. → (   )

(3) 수직축 편향 감도를 조절하는 STEP 감쇠기이다. 수직축 1눈금(화면상의 정사각형 눈금의 높이) 당의 입력 전압을 선택한다. 입력 신호의 크기에 따라 관측하기 쉬운 범위로 설정한다. → (,   )

(4) 수직축 편향 감도를 연속 가변시키는 미세 조정기이다. 'TIME/DIV'보다 민감하게 조절할 수 있으며, 화살표(↩ CAL)의 반대 방향(반시계 방향)으로 끝까지 돌리면 수직축의 측정값을 1/2.5로 줄여 나타낸다. → (   )

(5) 화면상의 휘선을 상하로 이동시킨다. 즉, 화면에 나타난 파형을 전체적으로 위아래로 이동시킨다. → (   )

(6) 0.1 μs /div~0.2 s/div의 20단계의 시간 간격으로 조절할 수 있다. 오실로스코프의 화면에 나타난 파형의 수평 주기 폭을 변화시킨다. → (   )

(7) 휘선을 좌우로 이동시킬 때 사용한다. 파형의 측정과는 독립적으로 사용된다.
→ (   )

4. 실험 과정 (2), (10), (12)의 세 과정에서 실험 전에 반드시 시계 방향으로 끝까지 돌려놓기를 권장하는 오실로스코프 상의 조절기기가 있다. 이 조절기들은 어떤 것인가? '앞 페이지 3번 문제'의 그림에 있는 번호를 써서 답하여라.

Ans: ______, ______, ______

5. 다음의 정류회로의 회로소자 중에서 역방향의 전류는 흐르지 않게 하고 순방향의 전류만 흐르게 하는 역할을 하는 소자는? Ans: ______

① 콘덴서　　② 저항　　③ 변압기　　④ 다이오드

6. 정류회로의 회로소자 중 그림의 왼쪽과 같은 전압 파형을 오른쪽과 같은 직류 전압으로 바꿔주는 역할을 하는 소자는?

Ans: ______

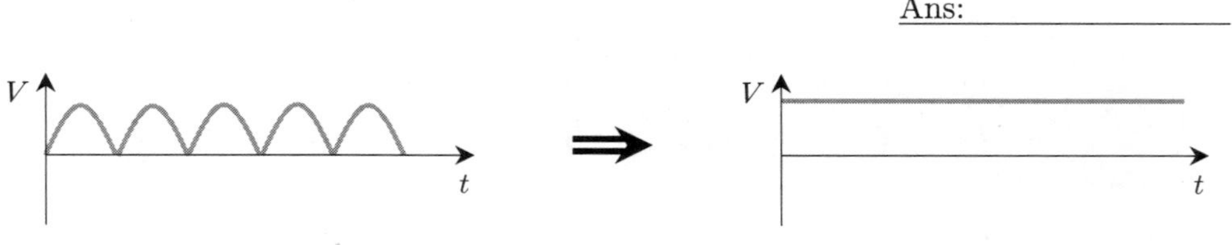

8. 결과

<table>
<tr><td>실험 제목</td><td colspan="4">정류회로 실험</td><td>실험일시</td><td></td></tr>
<tr><td>학과
(요일/교시)</td><td></td><td>조</td><td></td><td>보고서
작성자 이름</td><td colspan="2"></td></tr>
</table>

[1] 실험값

(1) 과정 (10): Ⓐ－Ⓑ단자 사이의 전압파형

- Probe Tip의 모드: X(10)
- VOLTS/DIV: V
- TIME/DIV: ms
- 전압진폭 V_P: V
- 주기: ms
- 진동수: Hz

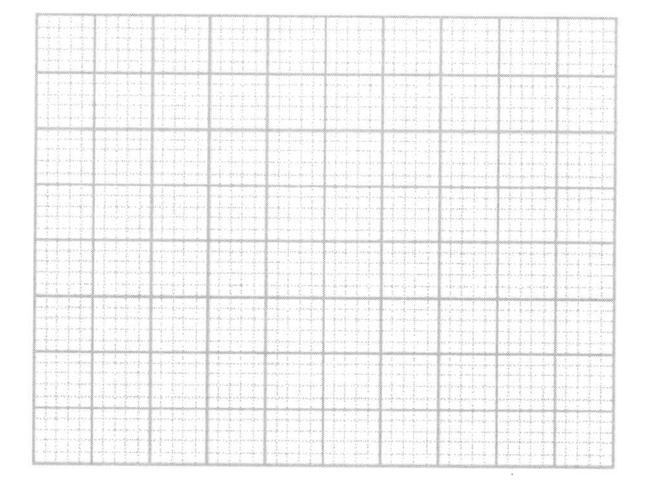

(2) 과정(12)－①: Ⓐ－Ⓖ단자 사이의 전압파형

- Probe Tip의 모드: X( )
- VOLTS/DIV: V
- TIME/DIV: ms
- 전압진폭 V_P: V
- 주기: ms
- 진동수: Hz

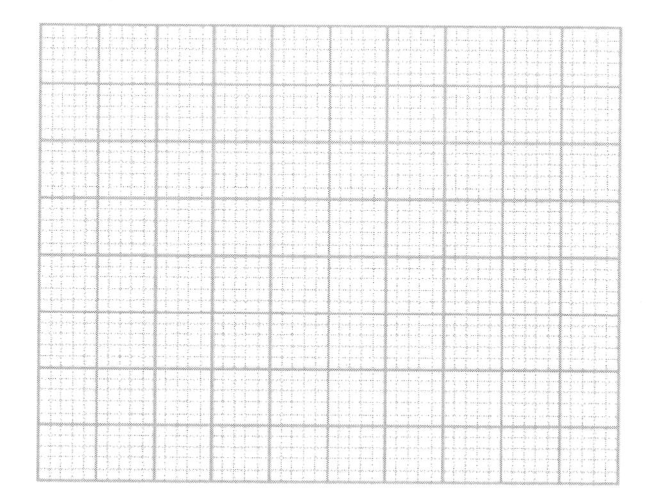

(3) 과정(12)–②: Ⓒ– Ⓖ단자 사이의 전압파형

- Probe Tip의 모드: X( )
- VOLTS/DIV: V
- TIME/DIV: ms
- 전압진폭 V_P: V
- 주기: ms
- 진동수: Hz

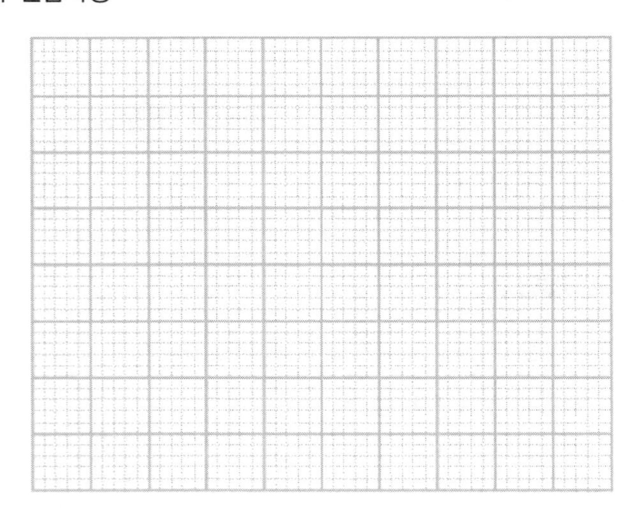

(4) 과정(12)–③: Ⓒ– Ⓖ, Ⓓ– Ⓖ단자 사이의 전압 파형

- Ⓒ – Ⓖ단자 사이의 전압 파형
  - Probe Tip의 모드: X( )
  - VOLTS/DIV: V
  - TIME/DIV: ms
  - 전압진폭 V_P: V
  - 주기: ms
  - 진동수: Hz

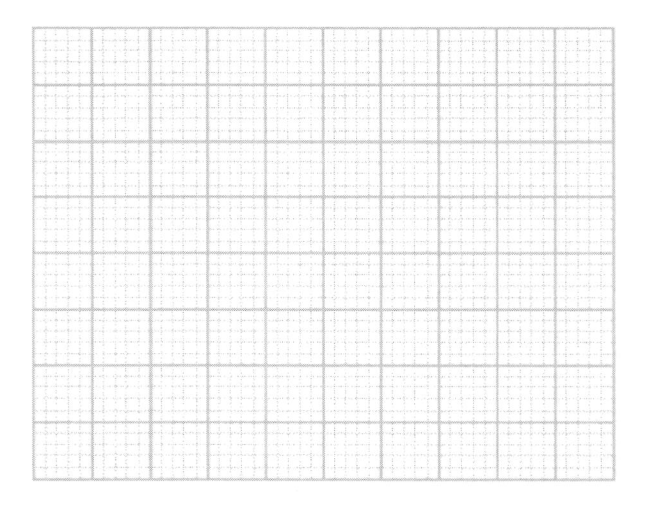

- Ⓓ – Ⓖ단자 사이의 전압 파형
  - Probe Tip의 모드: X( )
  - VOLTS/DIV: V
  - TIME/DIV: ms
  - 전압진폭 V_P: V
  - 주기: ms
  - 진동수: Hz

(5) 과정(12)-④: Ⓔ- Ⓖ단자 사이의 전압파형

- Probe Tip의 모드: X(　)
- VOLTS/DIV: V
- TIME/DIV: ms
- 전압진폭 V_P: V
- 주기: ms
- 진동수: Hz

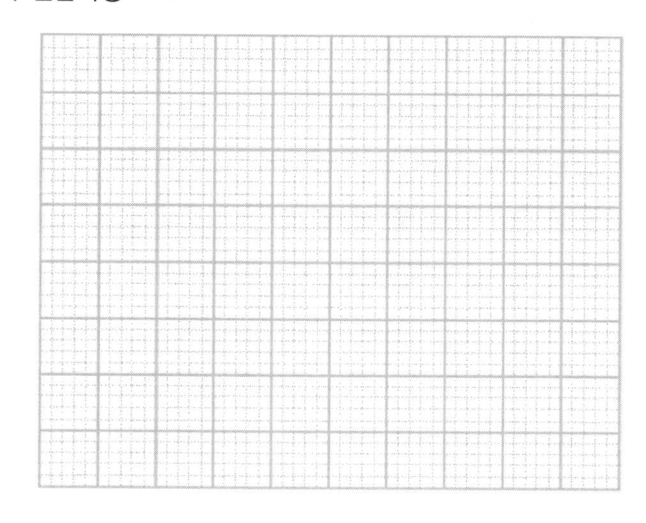

(6) 과정(12)-⑤: Ⓔ- Ⓖ단자 사이의 전압 파형

- Probe Tip의 모드: X(　)
- VOLTS/DIV: V
- TIME/DIV: ms
- 전압진폭 V_P: V

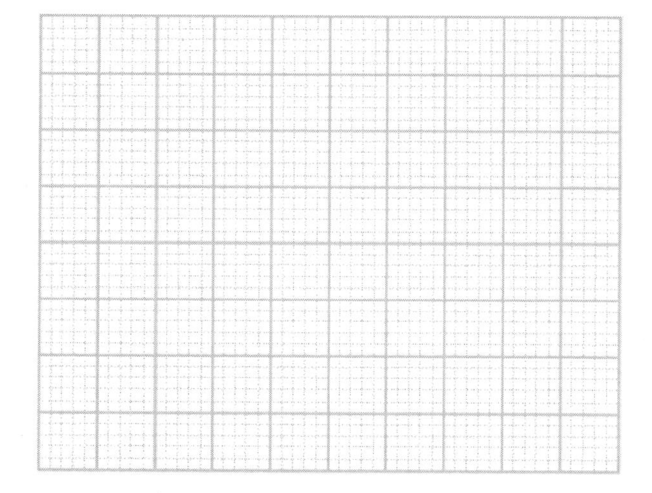

(7) 과정(12)-⑥: Ⓕ- Ⓖ단자 사이의 전압파형

- Probe Tip의 모드: X(   )
- VOLTS/DIV: V
- TIME/DIV: ms
- 직류 전압 V_D: V
- V_{Multi}: V

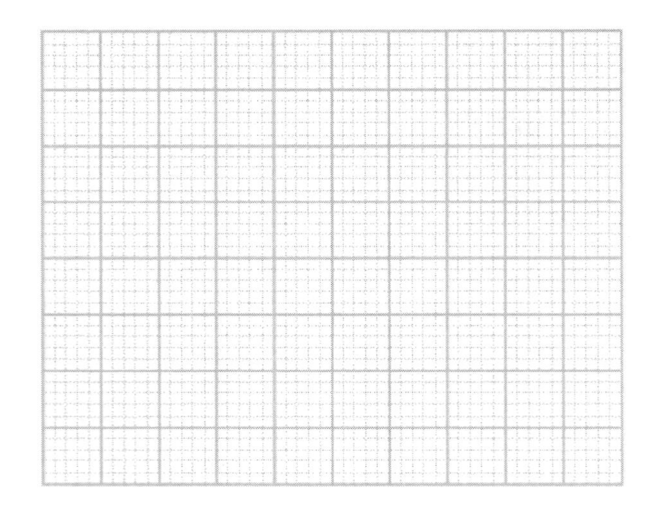

(8) 과정 (13)의 관측 결과

[2] 결과 분석

[3] 오차 논의 및 검토

[4] 결론

실험
11 이중슬릿의 간섭을 이용한 레이저의 파장 측정

1. 실험 목적

이중슬릿을 이용하여 빛의 간섭 현상을 관찰하고 레이저(Laser)의 파장을 측정한다. 그리고 이를 통해서 빛의 파동 성질을 이해한다.

2. 실험 개요

광학대 위에 레이저, 광학용 10종 슬릿, 스크린을 일렬로 설치하고 10종 슬릿 중 이중슬릿 D에 레이저를 비추어 그 상을 스크린에 투영시킨다. 그러면, 스크린 상에는 이중슬릿의 두 작은 틈을 통과하며 회절된 빛의 보강과 상쇄간섭에 의해 밝고 어두운 점이 교대로 규칙적으로 나타나는 간섭무늬가 발생하는데, 이를 관찰하고 밝은 무늬 사이의 거리, 간섭무늬의 차수, 슬릿의 간격, 슬릿으로부터 스크린까지의 거리를 측정하여 이 값들로부터 레이저의 파장을 구한다. 그리고 이렇게 구한 레이저 파장의 실험값을 참값과 비교하여 본다. 이어, 슬릿의 간격은 같으나 슬릿의 폭이 다른 이중슬릿 E와 F를 이용하여서도 동일한 실험을 하며, 슬릿의 폭의 변화에 따른 간섭무늬의 모양과 무늬간 간격, 무늬의 밝기 등을 살펴본다. 한편, 레이저의 파장 측정과는 별개로 10종 슬릿에 있는 단일, 다중, 십자선, 원무늬 슬릿에 대해서도 레이저를 스크린에 투영하여 보고 간섭 현상 뿐만 아니라 회절 현상에 대해서도 관찰한다. 그리고 이러한 빛의 간섭과 회절 현상의 관찰 결과로부터 빛의 파동 성질을 이해한다.

3. 기본 원리

[1] Young의 이중슬릿에 의한 간섭

두 광원에 의해서 일어나는 광파의 간섭에 대한 실험은 1801년 토마스 영(Thomas Young)에 의하여 처음으로 수행되었다. 그림 1(a)은 이 실험에 사용된 장치와 유사한 장치를 간략하게 나타낸 것이다. 그림에서와 같이 빛을 S_0의 단일슬릿에 입사시키면, 슬릿을 통과하며 회절(diffraction)[2]된 광파는 이어 S_1과 S_2의 좁고 평행한 이중슬릿을 통과하게 된다. 이때 슬릿 S_1과 S_2를 통과하며 회절되는 두 빛의 파동은 같은 파면에서 시작하여 같은 위상을 가지고 있기 때문에 결맞는(coherent) 광원의 역할[3]을 한다. 이렇게 만들어진 결맞는 두 광원은 스크린에 일련의 밝고 어두운 나란한 띠를 반복적으로 만들게 되는데, 이러한 반복적인 띠들을 간섭무늬(fringes)라고 한다. 스크린 상에서 S_1과 S_2에서 나온 빛이 보강간섭을 일으키면 밝은 띠로 나타나고, 상쇄간섭을 일으키면 어두운 띠로 나타나게 된다. 그림 1(b)은 단색광의 레이저를 이중슬릿에 입사시켰을 때 스크린에 맺히는 간섭무늬의 사진이다.

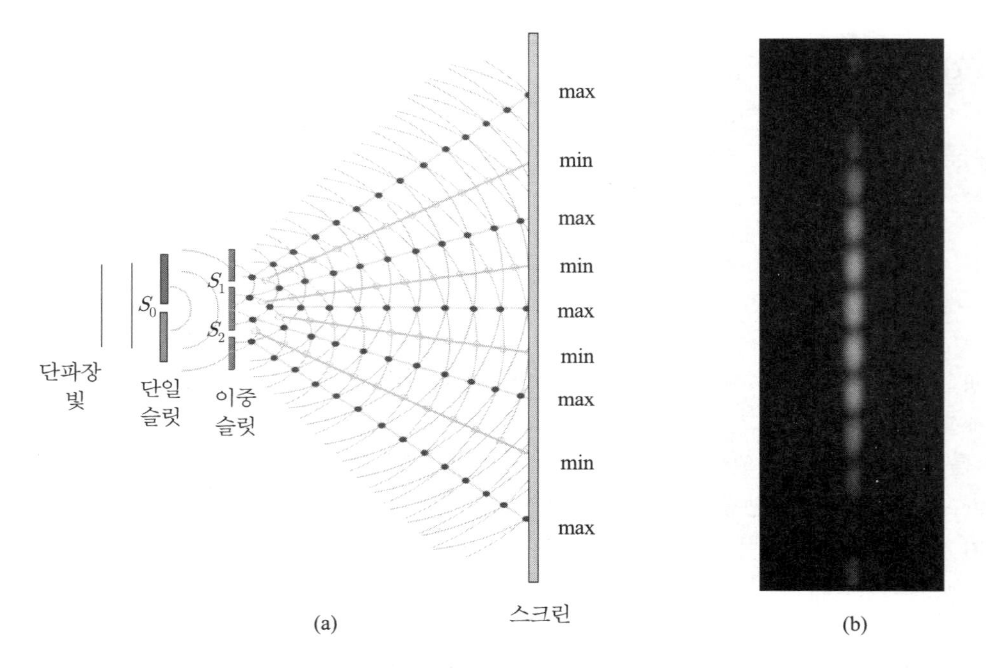

그림 1 (a) Young의 이중슬릿에 의한 간섭 실험. (b) 레이저를 이중슬릿에 입사시켰을 때 스크린에 형성된 간섭무늬.

다음의 그림 2는 두 파동이 스크린 상에서 합성되는 상황을 나타내었다. 그림 2(a)에서는 같은 위상으로 이중슬릿을 통과한 두 파동이 스크린의 중앙 P점에 도달한 경우인데, 이 파동들은 같은 거리를 진행하여 왔기 때문에 P점에 도달하였을 때에도 같은 위상을 갖는다. 그리하여 보강간섭이 일어나고, 스크린의 중앙 P점에서는 첫 번째 밝은 무늬가 관측된다. 그림

2) 파동의 전파가 장애물 때문에 일부가 차단되었을 때 장애물의 그림자 부분까지도 파동이 전파되는 현상이다. 그래서 파동이 장애물을 지나거나 틈을 통과할 때는 처음의 직선 경로로부터 퍼져나가게 된다.

3) 안정된 간섭무늬를 만들기 위해서는 개개의 파동이 서로 일정한 위상을 유지하여야 한다. 일정한 위상관계를 가지며 동일한 진동수를 가진 파동을 방출하는 파원들을 '결이 맞는다.'라고 한다.

2(b)의 경우에는 두 광파가 같은 위상을 가지고 출발하지만 위쪽 슬릿에서 나온 파동이 스크린 상의 Q점에 도달하기 위해서는 아래쪽 슬릿에서 나온 파동보다 먼 거리를 진행해야한다. 만일, 위쪽의 파동이 아래쪽의 파동보다 정확하게 한 파장 더 길게 진행하였다면 Q점에서는 두 파동이 같은 위상에서 만나게 되므로 보강간섭이 일어나고, 두 번째의 밝은 무늬가 관측된다.

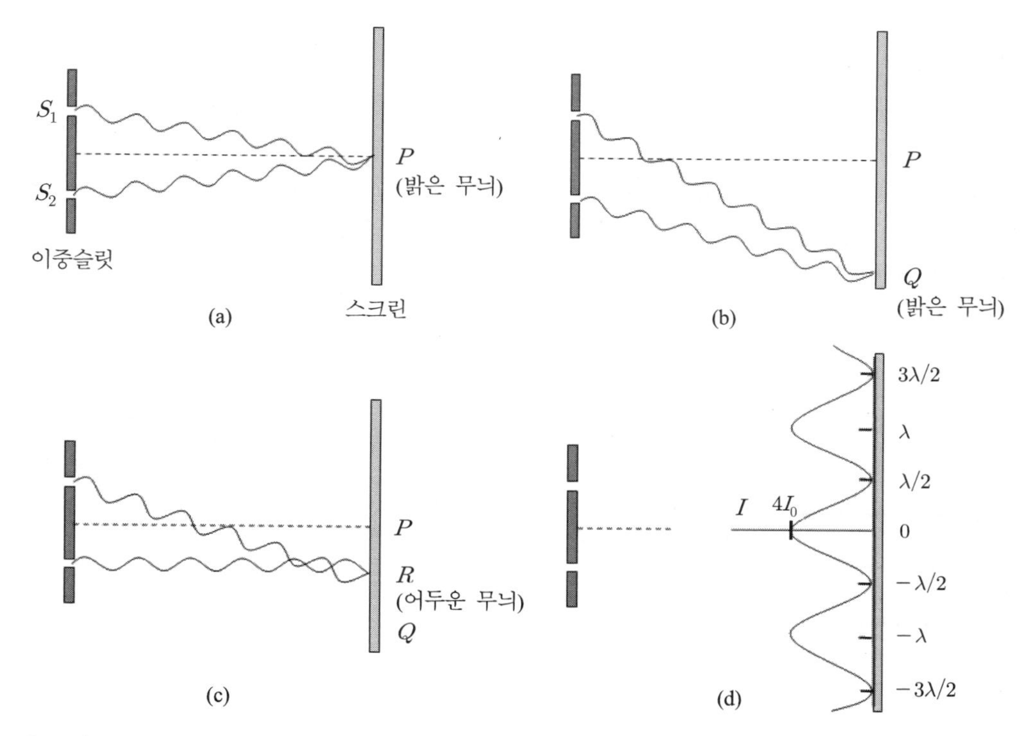

그림 2 (a) 같은 위상의 두 파동이 중첩되었을 때 스크린의 중앙의 P점에서는 보강간섭이 일어난다. (b) 두 파동의 파장이 한 파장 차이가 나는 Q점에서도 보강간섭이 일어난다. (c) 두 파동의 파장이 반 파장 차이가 나는 R점에서는 상쇄간섭이 일어난다. (d) 슬릿의 폭(구멍의 너비)이 충분히 가늘어서 각각의 슬릿에 의해 회절된 빛들이 스크린에 균일하게 조사된다고 가정할 때의 간섭무늬의 세기(밝기)를 두 파장의 위상차의 함수로 나타낸 것이다. λ는 파장을, I_0는 하나의 파원의 세기를 나타낸다.

이번에는 그림 2(c)의 경우에서와 같이 P점과 Q점 사이의 중간지점인 R에서 이루어지는 간섭무늬를 생각해 보자. 이 지점에서는 위쪽의 파동이 아래쪽의 파동보다 정확히 반파장 늦게 도달한다. 이렇게 되면 위쪽 파동의 마루가 아래쪽 파도의 골과 만나게 되므로 R점에서는 상쇄간섭이 일어나 어두운 무늬가 관측된다. 그림 2(d)는 슬릿의 폭(구멍의 너비)이 충분히 가늘어서 각각의 슬릿에 의해 회절된 빛들이 스크린에 균일하게 조사된다는 가정 하에 스크린 상의 간섭무늬들의 세기(밝기)를 스크린에 도달하는 두 파장의 위상차로 나타낸 것이다. 간섭무늬의 세기($4I_0$)는 하나의 파원의 세기(I_0)의 4배가 된다. 만일, 슬릿의 폭이 충분히 가늘지 못하다면, 스크린의 중앙에 가장 밝은 무늬가 나타나고 중앙으로부터 좌우로 멀어질수록 밝은 무늬 세기는 감소하는 것을 볼 수 있다. 이와 같은 현상은 그림 1(b)에 잘 나타나 있다.

그림 3과 같은 광선의 경로도를 이용하면 Young의 이중슬릿에 의한 간섭무늬를 정량적으로 설명할 수 있다. 먼저, 스크린은 슬릿으로부터 수직으로 L의 거리에 있고, 슬릿 S_1과 S_2 사이의 간격은 d, 그리고 r_1과 r_2는 두 슬릿을 통과한 파동이 스크린 상의 P점에 도달한 거리라고 하자. 광원으로는 단색광의 레이저를 사용하여 이중슬릿에 수직하게 투사함으로써, 슬릿 S_1과 S_2에서 나온 두 파동은 같은 진동수와 같은 진폭을 가지며 위상도 같다. 그리고 슬릿과 스크린과의 거리(L)를 슬릿의 간격(d)보다 훨씬 크게 함으로써, 슬릿을 통과한 두 파동이 스크린에 도달하는데 있어 평행하게 진행한 것으로 간주한다.

그림 3에서와 같이 이중슬릿을 통과한 두 광선은 스크린 상의 P점에 파동의 중첩에 의한 띠를 형성한다. 이때 아래쪽의 슬릿에서 나온 파동은 위쪽의 슬릿에서 나온 파동보다 $d\sin\theta$ 만큼 더 진행한 것이 된다. 이 거리의 차를 경로차 δ라 하면,

$$\delta = r_2 - r_1 = d\sin\theta \tag{1}$$

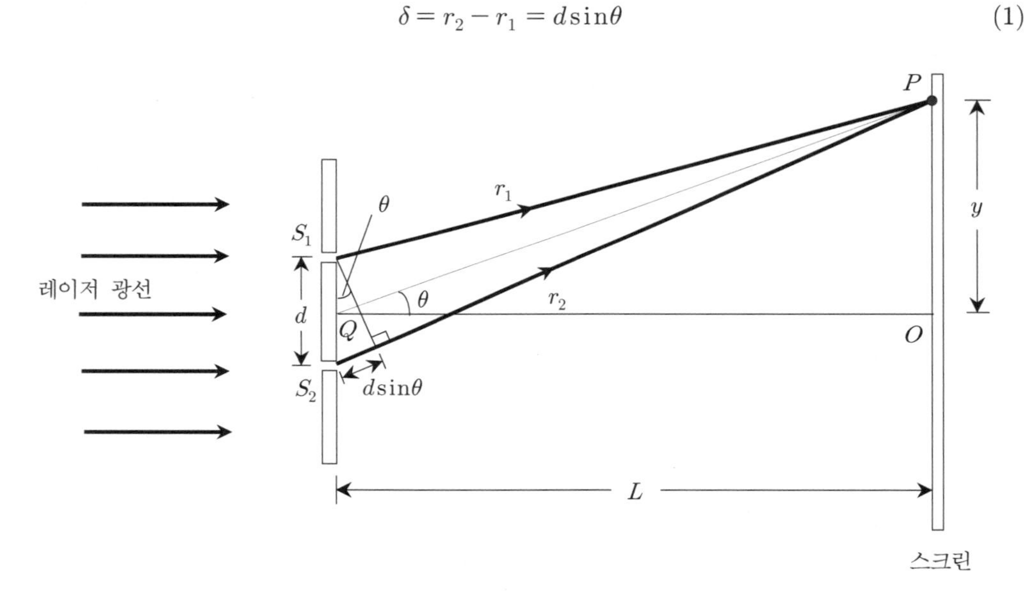

그림 3 Young의 실험에서의 간섭의 조건을 정량적으로 설명하기 위한 광선의 경로도. P점에서의 두 광선의 경로차는 $d\sin\theta$이다.

이다. 이 경로차의 값은 두 파동이 P점에 같은 위상을 가지고 도달하였는지 다른 위상을 가지고 도달하였는지를 결정할 수 있게 해준다. 만일, 경로차가 0이거나 파장의 정수배의 값을 가지면 P점에서의 두 파동은 위상이 일치하게 되므로 보강간섭이 일어나 밝은 무늬를 나타낸다. 이와 같이 보강간섭이 일어날 조건은

$$\delta = d\sin\theta = m\lambda \quad (m = 0,\ \pm 1,\ \pm 2,\ \cdots) \tag{2}$$

이다. 여기서 정수 m은 무늬의 차수라고 하며, 스크린 중앙의 밝은 무늬는 $m=0$인 경우이다. 한편, 경로차가 반파장의 홀수배일 경우에는 P점에 도달한 두 파동은 180°의 위상차를 가지게 되며, 두 파동은 상쇄간섭을 일으켜 어두운 무늬를 나타내게 된다. 이와 같이 상쇄간섭이 일어날 조건은

$$\delta = d\sin\theta = (2m+1)\frac{\lambda}{2} \quad (m=0,\ \pm 1,\ \pm 2,\ \cdots) \tag{3}$$

이다. 무늬의 차수가 $m=0$인 경우는 경로차가 $\delta=\lambda/2$로서 스크린 중앙의 가장 밝은 무늬의 바로 옆 양쪽에 위치한 첫 번째 어두운 무늬를 만드는 조건이다.

[2] 이중슬릿의 간섭을 이용한 레이저의 파장 측정

그림 3과 같은 이중슬릿을 이용한 간섭 실험에 있어서 다음의 두 가지 가정을 추가로 포함하여 논의해 보자. 첫째, 슬릿과 스크린 간의 거리(L)가 이중슬릿의 간격(d)보다 매우 크다고 가정한다. 그리고 두 번째는 이중슬릿의 간격(d)이 파동의 파장(λ)보다 매우 크다고 가정한다. 즉, $L \gg d$와 $d \gg \lambda$의 경우를 가정한다. 실제로 실험에서 사용하는 레이저의 파장(λ)은 0.64×10^{-6} m 근방이고 이중슬릿의 간격(d)은 1 mm 정도이다. 그리고 슬릿과 스크린 간의 거리(L)는 대략 1 m 정도로 취하므로, 위의 가정은 적절하다고 할 수 있다. 이상의 가정을 취하면, 그림 3에서 나타낸 각 θ는 매우 작다고 할 수 있으므로

$$\sin\theta \approx \tan\theta \tag{4}$$

라고 할 수 있다. 그런데

$$\tan\theta = \frac{y}{L} \tag{5}$$

이므로,

$$\sin\theta \approx \frac{y}{L} \tag{6}$$

가 된다. 이 관계를 이중슬릿에 의한 보강간섭과 상쇄간섭의 무늬의 조건, 식 (2)와 (3)에 각각 대입하면, 다음과 같이 광원인 레이저의 파장을 구할 수 있다.

$$\text{밝은 무늬의 경우: } \lambda = \frac{dy}{mL} \quad (m=\pm 1,\ \pm 2,\ \pm 3,\ \cdots) \tag{7}$$

$$\text{어두운 무늬의 경우: } \lambda = \frac{dy}{\left(m+\dfrac{1}{2}\right)L} \quad (m=0,\ \pm 1,\ \pm 2,\ \cdots) \tag{8}$$

실제로 Young은 이와 같은 방법을 이용하여 최초로 빛의 파장을 측정하였다. 또한, Young의 실험은 빛의 파동성을 가장 잘 설명하였다.

4. 실험 기구 [그림 4 참조]

○ 레이저: 두 종류의 레이저 사용.

- He-Ne 레이저(길이가 긴 것): 파장- 632.8 nm
- 반도체 레이저(길이가 짧은 것): 파장- 650 nm

○ 광학대: 길이 120 cm. 눈금자가 부착되어 있음.

○ 광학용 10종 슬릿

표식	슬릿 개수	슬릿 폭 (mm)	슬릿 간격 (mm)
A	1 (단일)	0.04	
B	1	0.08	
C	1	0.16	
D	2 (이중)	0.04	0.125
E	2	0.04	0.250
F	2	0.08	0.250
G	10	0.06	0.250
H	십자선	0.04	
I	225개 원무늬 랜덤 배열 (지름: 0.06 mm)		
J	15×15 원무늬 격자 배열 (지름: 0.06 mm)		

○ 지지대: 슬릿과 스크린을 광학대 위의 임의의 지점에 위치하도록 지지해 주는 장치

○ 스크린: 좌우 15 cm의 눈금이 기록된 자 모양으로 광학대 위에 지지대를 이용하여 배치한다. **만일, 무늬와 무늬 사이의 거리가 커서 관측이 용이한 큰 사이즈의 간섭무늬를 만들고자 한다면 슬릿으로부터 스크린을 멀리 두면 되는데, 이렇게 하려면 광학대에서 스크린을 제거하고 슬릿으로부터 상당한 거리의 실험실 벽에 종이를 붙여 이를 스크린으로 사용하는 것도 좋다.**

○ 줄자

○ 눈금자 또는 버니어캘리퍼스

5. 실험 정보

(1) 레이저의 파장을 정확하게 측정하는데 있어 가장 큰 영향을 미치는 중요한 요소는 스크린 상에 형성된 차수 $m=0$ 의 중앙의 밝은 간섭무늬와 m 번째 차수의 밝은 간섭무늬 간의 거리를 측정하는 것이다. 이때, 선택하는 간섭무늬의 차수 m 이 작으면 무늬가 선명해서 측정하기 용이하나 1 mm 정도의 측정 오차도 레이저 파장 측정에서 20~30 %

정도의 오차를 야기할 정도로 그 영향이 매우 크다. 한편, 이런 1 mm 정도의 측정 오차가 야기하는 영향을 줄이기 위해서는 간섭무늬의 차수 m을 크게 선택하면 되는데, 이렇게 차수가 큰 무늬를 선택하면 무늬의 선명도가 떨어져서 무늬의 중심 위치를 찾기가 곤란한 문제가 발생한다. 그러므로 실험자가 이러한 점을 고려하여 간섭무늬의 차수 m의 선택과 간섭무늬간 거리의 측정에 신중을 기하도록 한다.

(2) 이 실험의 가장 큰 목적은 빛의 파동 성질을 관찰하는 것이다. 그러므로 레이저의 파장 측정 외에도 여러 모양의 슬릿이 만드는 간섭무늬와 회절무늬를 관찰하여 빛의 파동 성질을 이해하는데도 주안점을 두기 바랍니다.

6. 실험 방법

(1) 그림 4와 같이 광학대 위해 지지대를 이용하여 광학용 10종 슬릿을 올려놓고, 슬릿 가까이에 광학대와 나란하게 레이저를 설치한다. 그리고 슬릿으로부터 상당히 먼 곳에 스크린을 설치한다. 이때, 슬릿과 스크린은 반드시 평행하여야 한다.

★'4. 실험 기구'에 스크린 설치에 대한 추가의 정보가 있습니다. 확인해 보기 바랍니다.

그림 4 레이저의 파장 측정 장치도

(2) 레이저의 전원을 켜고, 레이저의 광선이 10종 슬릿 중 표식 D의 이중슬릿을 정확히 수직하게 입사하도록 10종 슬릿의 위치를 조절한다. [그림 5 참조]

★우리가 실험에서 사용하는 슬릿은 광학용 10종 슬릿으로 이 슬릿에는 단일, 이중, 다중, 십자선, 원 무늬 슬릿 등 총 10개의 슬릿이 포함되어 있다. 이 중 표식 D의 이중슬릿을 사용하면 된다. ['4. 실험 기구' 참조]

그림 5 레이저의 광선이 표식 D의 이중슬릿에 정확히 수직하게 입사하도록 10종 슬릿의 위치를 조절한다.

(3) 10종 슬릿을 앞뒤로 또는 좌우로 조금씩 움직여가며 스크린 상의 간섭무늬가 선명하게 나타나게 한다.

(4) 차수 $m=0$ 의 스크린 상의 정중앙의 가장 밝은 간섭무늬의 중심으로부터 이웃하는 m 번째 밝은 간섭무늬의 중심까지의 거리를 측정하여 y라 하고 기록한다. 이때, 몇 번째 밝은 무늬를 선택할지는 실험자가 임의로 결정하며 선택한 무늬의 차수는 m으로 기록한다.

(5) 슬릿으로부터 스크린까지의 거리를 측정하여 L이라 하고 기록한다.

(6) '4. 실험 기구'의 'O 광학용 10종 슬릿'의 표를 보고, 이중슬릿 D의 간격 d와 슬릿의 폭 w를 읽어 기록한다.

(7) 식 (7)을 이용하여 레이저의 파장 λ를 구한다.

$$\lambda = \frac{dy}{mL} \tag{7}$$

(8) 같은 차수 m을 다시 측정하는 방법이나 다른 차수의 m을 선택하여 측정하는 방법으로, 또는 슬릿으로부터 스크린까지의 거리 L을 달리 해가는 방법으로 과정 (4)~(7)을 5회 더 반복 수행한다.

(9) 이중슬릿 D와는 슬릿의 간격이 다른 이중슬릿 E를 선택하여 과정 (1)~(8)을 수행한다.

(10) 이중슬릿 E와는 슬릿의 간격은 같으나 슬릿의 폭이 다른 이중슬릿 F를 선택하여 과정 (1)~(8)을 수행한다.

(11) 이상의 실험과는 별도로, '광학용 10종 슬릿' 내의 이중슬릿(D, E, F) 이외의 단일, 다중, 십자선, 원무늬 슬릿 등을 선택하여 이 슬릿에 레이저 광선을 비춰 여러 모양의 슬

릿이 각각 만들어 내는 간섭무늬와 회절무늬를 관찰하며 그 특징을 살펴보고 비교하여 본다.

★ 각각의 슬릿에 의한 무늬를 사진으로 촬영해 두면 결과보고서를 작성할 때 매우 유용하다.

★ 특히, 슬릿의 폭은 같으나 단일슬릿과 이중슬릿으로 슬릿의 모양이 다른 슬릿 A와 D 또는 E, 그리고 B와 F의 관찰 결과를 비교하여 보아라. 단일슬릿의 회절무늬와 이중슬릿의 간섭무늬 간의 무늬의 크기와 어두운 무늬가 나타나는 위치에서의 유사성 등을 발견할 수 있을 것이다.

7. 실험 전 학습에 대한 질문

실험 제목	이중슬릿의 간섭을 이용한 레이저의 파장 측정				실험일시	
학과 (요일/교시)		조		보고서 작성자 이름		

* 다음의 물음에 대하여 괄호 넣기나 번호를 써서, 또는 간단히 기술하는 방법으로 답하여라.

1. 이 실험의 목적을 써 보아라.
   Ans:

2. 1801년 두 광원에 의해서 일어나는 광파의 간섭에 대한 실험을 처음으로 수행한 사람은 누구인가?
   Ans: ____________

3. (   )은 파동의 전파가 장애물 때문에 일부가 차단되었을 때 장애물의 그림자 부분에까지도 파동이 전파되는 현상이다. 그래서 파동이 장애물을 지나거나 틈을 통과할 때는 처음의 직선 경로로부터 퍼져나가게 된다.

4. 이중슬릿에 결맞는 빛을 쏘아주면 이중슬릿을 통과하며 회절된 빛은 스크린에 일련의 밝고 어두운 나란한 띠를 반복적으로 만들게 되는데, 이러한 반복적인 띠들을 (   ) (fringes)라고 한다.

5. 결맞는 두 빛의 파동이 간섭을 일으킬 때, 두 파동이 마루와 마루 또는 골과 골 같이 서로 같은 위상에서 만나면 두 파동은 (   )간섭을 일으키고 이 지점에서는 (   ) 무늬가 관측된다. 그러나 두 파동이 마루와 골과 같이 서로 반대의 위상에서 만나면 두 파동은 (   )간섭을 일으키고 이 지점에서는 (   ) 무늬가 관측된다.

6. 이중슬릿에 단색광의 레이저를 수직하게 투사시키면, 슬릿의 두 틈(본문에서는 슬릿 S_1과 S_2)에서 나온 두 파동은 같은 (   )와 같은 (   )을 가지며 (   )도 같다.

7. 다음 중 이 실험에서 사용하는 실험 기구가 아닌 것은? Ans: ____

① 레이저 ② 광학대 ③ 각도기 ④ 스크린 ⑤ 10종 슬릿

8. 이 실험에서 사용하는 광학용 10종 슬릿 중 레이저의 파장을 측정하는데 사용하는 이중슬릿 D, E, F의 세 슬릿의 간격과 폭을 써 보아라. ['4. 실험 기구'를 보면 슬릿에 대한 정보가 있음.]

이중슬릿 표식	슬릿 폭 (mm)	슬릿 간격 (mm)
D		
E		
F		

9. 본문의 그림 3과 같이 파장이 λ인 레이저 광선을 슬릿의 간격이 d인 이중슬릿에 수직하게 투사시켰을 때 스크린 상의 P점에 밝은 간섭무늬가 만들어질 조건을 두 슬릿 S_1과 S_2에서 나온 광파(레이저 광선)의 경로차 $d\sin\theta$로 나타내어 보아라.

Ans: ____________

10. 이중슬릿의 간섭을 이용한 레이저의 파장 측정에서 이중슬릿의 간격은 $d = 0.125$ mm 이고 이중슬릿으로부터 스크린까지의 거리는 $L = 1$ m 이다. 스크린 중앙의 $m = 0$ 인 밝은 무늬로부터 차수가 $m = 3$ 인 밝은 무늬까지의 거리가 $y = 15$ mm 로 관측되었다면, 이 레이저의 파장 λ는 얼마일까?

Ans: ____________ mm

8. 결과

실험 제목	이중슬릿의 간섭을 이용한 레이저의 파장 측정			실험일시	
학과 (요일/교시)		조		보고서 작성자 이름	

[1] 실험값

○ 이중슬릿의 간격은 '4. 실험 기구'의 '○ 광학용 10종 슬릿'의 표 참조

○ 실험에 사용된 레이저의 파장 (1 nm=10^{-9} m)

- He-Ne 레이저(긴 것): 632.8 nm
- 반도체 레이저(짧은 것): 650 nm

(1) 실험 1

○ 이중슬릿 D의 간격 $d=$ mm, 폭 $w=$ mm.

회	m	y	L	λ
1				
2				
3				
4				
5				
6				
			평균	

(2) 실험 2

○ 이중슬릿 E의 간격 $d=$ mm, 폭 $w=$ mm.

회	m	y	L	λ
1				
2				
3				
4				
5				
6				
			평균	

(3) 실험 3

○ 이중슬릿 F의 간격 $d=$ mm, 폭 $w=$ mm.

회	m	y	L	λ
1				
2				
3				
4				
5				
6				
			평균	

(4) 실험 4– 실험 과정 (11)의 결과

★ 실험 과정 (11)의 여러 슬릿의 간섭 또는 회절무늬를 관찰한 결과를 촬영한 사진 또는 그림과 함께 간략히 기술한다.

[2] 결과 분석

[3] 오차 논의 및 검토

[4] 결론

실험
12

광섬유를 이용한 빛의 속력 측정

1. 실험 목적

광섬유와 오실로스코프를 이용하여 진공에서의 빛의 속력을 측정한다. 그리고 이 과정에서 실험 원리에 응용된 빛의 굴절, 굴절률, 내부 전반사 등의 광선 광학의 원리를 이해하고 오실로스코프의 기초적인 조작법을 익힌다.

2. 실험 개요

빛의 속력 측정장치에서 850 nm 파장의 LED 광원을 이용하여 두 갈래의 빛 신호를 발생시키고 한 신호는 곧바로 오실로스코프에, 다른 신호는 주어진 길이(0.5 m, 10 m, 20 m)의 광섬유를 지나 오실로스코프에 도달케 한다. 그러면 이 두 빛의 신호는 오실로스코프 화면에 시간에 대한 전압의 파형으로 나타내어지는데, 이 두 빛의 신호가 서로 다른 거리를 진행하여 왔기 때문에 오실로스코프 화면상의 두 파형은 약간의 시간차가 발생하게 된다. 이 시간차와 광섬유를 진행한 거리를 이용하여 광섬유 내를 진행하는 빛의 속력을 측정하고, 이어 광섬유의 굴절률을 이용하여 빛이 진공을 진행하는 속력을 알아낸다.

이상의 실험을 통해서 빛의 속력이 유한하다는 사실과 진공이 아닌 매질 내를 진행할 때 속력이 느려진다는 점, 그리고 상당히 신뢰할 수 있는 범위 내에서 빛의 속력을 측정할 수 있음을 알아본다. 그리고 광섬유를 이용하면 직진성을 가진 빛을 광섬유의 코어 내에 가두어 광섬유를 따라 곡선 경로로 진행시킬 수 있음을 알고, 이러한 광섬유 내의 빛의 진행 원리인 빛의 굴절과 내부 전반사에 대해서도 이해한다. 끝으로 오실로스코프는 많은 연구에서 기본적으로 사용되는 매우 유용한 측정기기이기 때문에 우리 학생들은 훗날 여러 경로로 이를 접하게 될 것이다. 이때, 이 기기에 대한 부담감을 덜고 쉬이 다룰 수 있도록 먼저 경험해 보는 시간을 갖는 것도 실험의 중요한 부분임을 이해하고 오실로스코프의 조작법을 익혀보도록 한다.

3. 기본 원리

[1] 빛의 굴절

한 매질에서 진행 중인 빛이 다른 매질과의 경계면에 닿으면 일부는 매질의 경계면에서 반사되고 나머지는 매질을 투과하여 진행한다. 이때, 매질을 투과하는 빛은 경계면에서 꺾여 진행하게 되는데 이러한 현상을 굴절(refraction)이라고 한다. 한편, 빛 에너지가 전파되는 경로를 나타내는 직선을 광선이라고 하는데, 이후의 논의에서는 기하 광학의 측면에서 빛이라는 용어 대신에 광선이라는 용어를 사용하는 것이 원리 설명에 적합하므로 광선이라는 용어를 사용할 것이다.

다음의 그림 1에서와 같이 광선이 매질의 경계면에서 굴절될 때 굴절각(θ_2)은 경계면을 이루는 두 매질의 성질과 광선의 입사각(θ_1)에 의해 결정되어 다음과 같은 관계를 갖는다.

$$\frac{\sin\theta_2}{\sin\theta_1} = \frac{v_2}{v_1} \tag{1}$$

여기서 v_1과 v_2는 각각 첫 번째(입사) 매질과 두 번째(굴절) 매질에서의 빛의 속력이다. 식 (1)로부터 빛의 속력이 큰 매질에서 작은 매질로 진행할 때 광선은 법선 쪽으로 꺾여 굴절각 θ_2는 입사각 θ_1 보다 작게 됨을 알 수 있다.

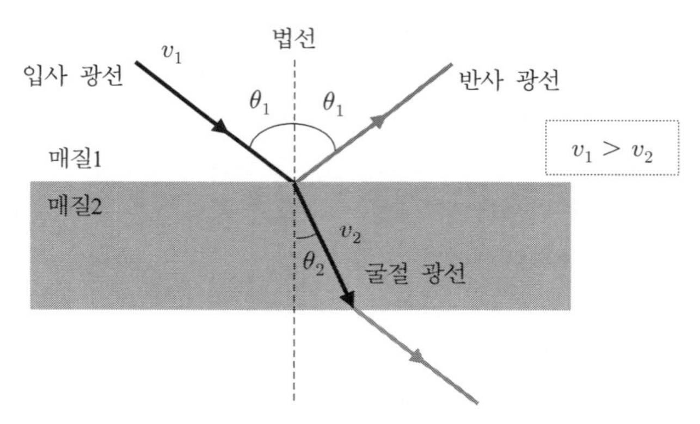

그림 1 빛이 매질의 경계면을 진행할 때 빛의 일부는 경계면에서 반사되고 나머지는 경계면에서 굴절되어 매질을 투과한다.

매질 내에서의 빛의 속력은 매질의 종류에 따라 다르며 진공에서의 속력보다 느리다. 이는 매질 내에서 빛이 진행하는 원리가 매질을 구성하는 원자에 빛이 흡수되고 이 원자가 빛을 복사하는 과정이 이웃하는 원자들에게 전달되어 가는 과정인데, 이 과정에서 시간이 지연되기 때문에 매질 내에서의 빛의 속력은 느려진다. 이때, 매질 내에서의 빛의 속력(v)에 대한 진공에서의 빛의 속력(c)의 비를 매질의 굴절률(index of refraction) n이라고 정의한다.

$$n \equiv \frac{\text{진공에서의 빛의 속력}}{\text{매질 내에서의 빛의 속력}} = \frac{c}{v} \tag{2}$$

여기서, $c = 2.99792458 \times 10^8$ m/s이다. 위의 정의로부터 굴절률은 차원이 없는 양이며, 1보다 큰 값을 가지는 것을 알 수 있다. 대표적인 매질의 굴절률(n)을 살펴보면, 진공 중에서 파장 589 nm의 빛에 대해 다이아몬드는 2.419, 크라운 유리는 1.52, 물은 1.333, 공기는 1.000293이다. 참고로 이 굴절률을 이용하여 크라운 유리 내에서의 빛의 속력을 알아보면, 약 1.97×10^8 m/s ($\simeq 3.00 \times 10^8/1.52$ (m/s))이다.

한편, 위의 식 (1)과 (2)를 조합하여 기술하면 굴절률은 광선의 입사각과 굴절각의 관계식으로 다음과 같이 나타낼 수 있는데,

$$\frac{\sin\theta_2}{\sin\theta_1} = \frac{v_2}{v_1} = \frac{\frac{c}{n_2}}{\frac{c}{n_1}} = \frac{n_1}{n_2}$$

$$n_1 \sin\theta_1 = n_2 \sin\theta_2 \tag{3}$$

이 관계식 (3)을 스넬의 굴절 법칙(Snell's law of refraction)이라고 한다. 여기서 n_1은 매질 1의 굴절률이고 n_2은 매질 2의 굴절률이다.

[2] 내부 전반사

다음의 그림 2를 보면 굴절률이 큰 매질로부터 작은 매질로 빛이 진행할 때는 굴절각이 입사각보다 크게 된다.

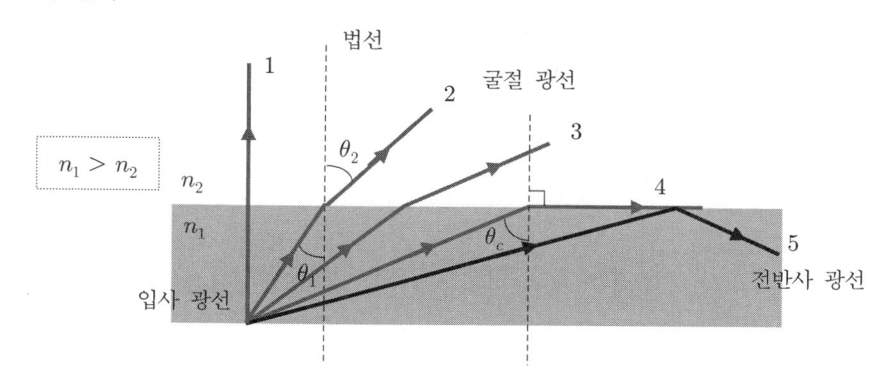

그림 2 빛이 굴절률이 큰 매질(n_1)에서 작은 매질(n_2)로 진행할 때 입사각이 임계각 (θ_c)를 넘어서면 빛은 굴절률 n_1의 매질 내에서 전반사하며 매질을 따라 진행한다.

그러다보니 그림의 4번 광선과 같이 입사각이 임계각(θ_c, 굴절각이 90°가 되는 입사각)이라

는 어떤 특정한 각으로 입사하면 빛은 매질의 경계면을 따라 진행하게 되어 매질을 투과하여 나갈 수 없음을 알 수 있다. 더욱이 그림의 5번 광선과 같이 임계각보다 큰 각으로 입사하면 빛은 매질의 경계면에서 완전 반사되어 매질을 따라 매질 내를 진행하게 된다. 이러한 현상을 내부 전반사(total internal reflection)라고 한다. 내부 전반사가 일어나는 임계각을 식 (3)의 스넬의 굴절의 법칙을 이용하여 기술하면 다음과 같다.

$$n_1 \sin\theta_c = n_2 \sin 90^\circ = n_2$$

$$\sin\theta_c = \frac{n_2}{n_1} \tag{4}$$

[3] 광섬유

광섬유는 그림 3(a)와 같이 굴절률이 큰 투명한 유리 또는 플라스틱이 중앙의 코어(core)라고 하는 부분을 이루고, 그 주위에는 굴절률이 작은 클래딩(cladding)이라고 하는 부분이 이를 감싸고 있는 이중 원기둥 모양을 하고 있다. 그리고 그 외부에는 충격으로부터 기계적인 손상을 막기 위해 합성수지 피복이 1 ~ 2차례 입혀져 있다. 광섬유는 클래딩의 굴절률이 코어보다 작기 때문에 코어 안에 임계각보다 큰 입사각으로 빛을 입사시키면, 그림 3(b)와 같이 빛은 세기를 거의 잃지 않고 코어와 클래딩의 경계면에서 전반사를 반복하면서 코어를 따라 진행하게 된다. 전형적인 광섬유의 경우 코어의 지름은 약 $8\,\mu\text{m} \sim 100\,\mu\text{m}$ 정도로 머리카락보다 가늘며, 클래딩의 지름은 약 $125\,\mu\text{m} \sim 140\,\mu\text{m}$ 이다.

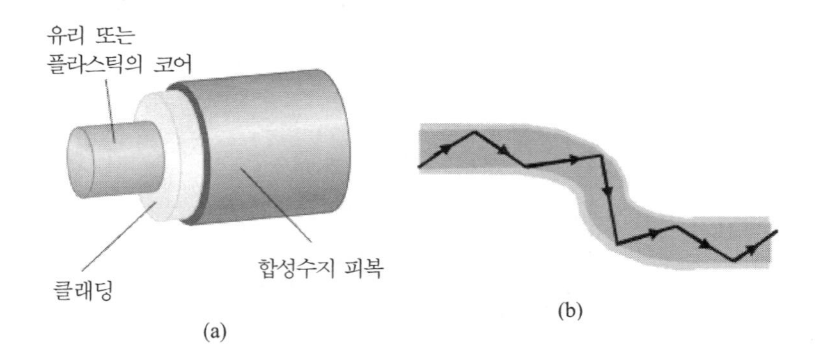

그림 3 (a) 광섬유의 구조로, 굴절률이 큰 유리 또는 플라스틱의 코어와 이를 둘러싼 굴절률이 작은 클래딩으로 이루어져 있다. (b) 빛이 내부 전반사를 통해 광섬유 내를 진행한다.

[4] 광섬유와 오실로스코프를 이용한 빛의 속력 측정

코어의 굴절률 n, 길이 Δl의 광섬유가 있다. 빛을 이 광섬유의 한 쪽 끝에서 입사시키고 반대 쪽 끝으로 나오는 시간을 오실로스코프를 이용하여 측정하였더니 Δt의 시간이 걸렸다고 하자. 그러면 광섬유를 진행하는 빛의 속력은

$$v = \frac{\Delta l}{\Delta t} \tag{5}$$

이 된다. 이 식 (5)에 굴절률의 정의 식 (2)를 대입하여 정리하면, 진공에서의 빛의 속력 c는 다음과 같이 구할 수 있다.

$$v = \frac{\Delta l}{\Delta t} = \frac{c}{n}$$

$$c = nv = \frac{n\Delta l}{\Delta t} \tag{6}$$

4. 실험 기구

○ 빛의 속력 측정장치
- 빛의 파장 $\lambda = 850\,\mathrm{nm}$
- 광섬유 코어의 굴절률 $n = 1.496$
- 0.5 m 길이의 광섬유 케이블 (1), 10 m 길이의 광섬유 케이블 (1), 20 m 길이의 광섬유 케이블 (1)
- BNC 케이블 (2)

○ 디지털 오실로스코프(모델명: GDS-1102B)

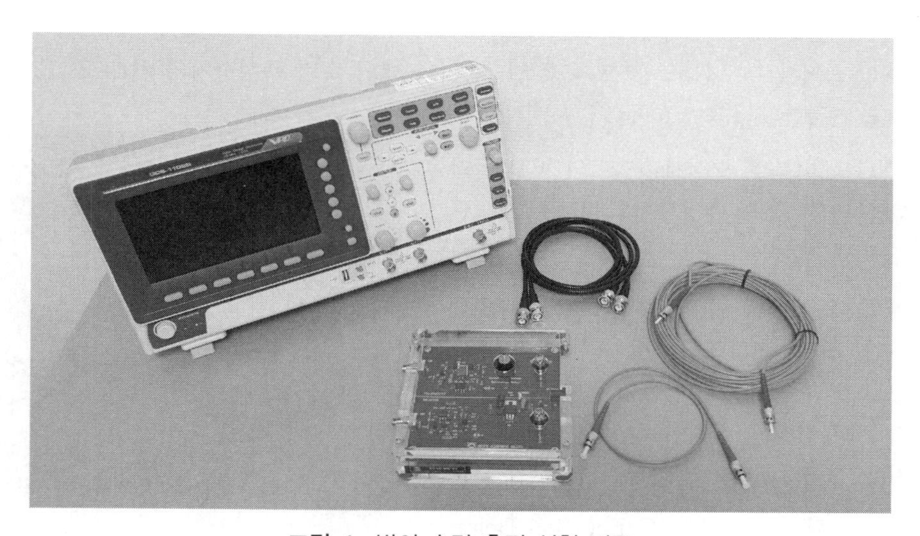

그림 4 빛의 속력 측정 실험 기구

5. 실험 정보

(1) 빛의 속력은 자연 현상을 이해하는 데 있어, 그리고 오늘날 여러 공학 현상에 응용하는 데 있어 매우 흥미롭고도 중요한 상수(universal constant)의 하나이다. 이러한 이유로 빛의 속력 측정은 역사적으로 1635년 갈릴레오, 1676년 뢰머, 1849년 피조, 1920년 마이켈슨 등의 많은 과학자들에 의해 시도되었으며, 그 측정의 정확성도 점점 향상되어 오늘날의 측정 결과는 $2.99792458 \times 10^8\,\mathrm{m/s}$ 으로 매우 빠르지만 유한한 속력을 갖는 것으로 알려져 있다. 이에 본 실험에서는 빛의 속력이 매우 중요한 상수임을 인식하고 역사적인 실험 방법과는 다르지만 상당한 정확성을 갖는 광섬유와 오실로스코프를 이용한 실험 방법으로 빛의 속력을 측정해 보도록 한다.

(2) 이 실험은 빛의 굴절, 굴절률, 내부 전반사 등의 광선 광학의 지식을 얻는 것에 주 목적이 있지만, 주어진 길이의 광섬유를 진행하는 시간을 측정하기 위해 사용하는 디지털 오실로스코프의 사용법을 익히는 데에도 상당히 큰 부가적인 목적이 있다. 그러니 실험과 관련된 조작은 물론이거니와 실험 외적으로도 오실로스코프의 다양한 조작을 경험해 보는 것을 권한다.

(3) '빛의 속력 측정장치'의 측면에 나 있는 두 단자에 광섬유 케이블의 플러그를 꽂는 과정이 다소 빽빽하여 거칠게 다루면 단자나 플러그가 고장 날 소지가 있으니 조금 조심스럽게 연결해 주기 바랍니다.

6. 실험 방법

(1) BNC 케이블로 오실로스코프의 'CH1' 단자와 빛의 속력 측정장치의 'REFERENCE' 단자를 연결한다. [그림 5 참조]

(2) BNC 케이블로 오실로스코프의 'CH2' 단자와 빛의 속력 측정장치의 'DELAY' 단자를 연결한다.

(3) 어댑터(adapter)를 빛의 속력 측정장치의 전원 잭에 연결하고, 장치의 'POWER' LED가 파란색으로 점등되는 것을 확인한다. 측정장치에 전원이 정상적으로 연결되지 않으면 LED가 점등되지 않는다.

(4) 빛의 속력 측정장치의 'Calibration Delay' 다이얼이 대략 12시 방향을 가리키도록 돌

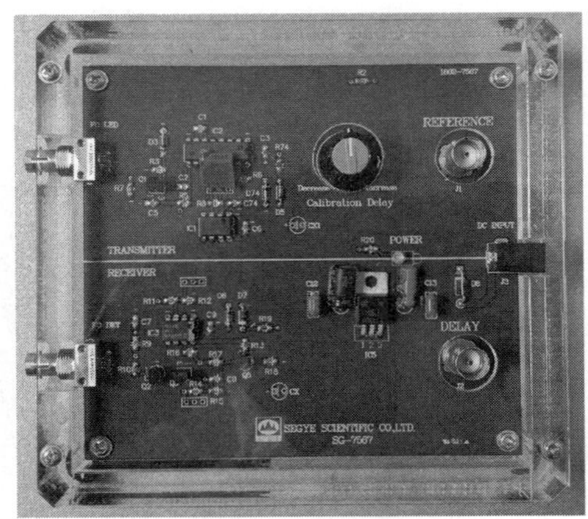

그림 5 빛의 속력 측정장치

려놓는다. 단, 이 과정 이후로는 이 다이얼을 절대로 돌려서는 안 된다.

★ 이 'Calibration Delay' 기능을 사용하는 실험 방법도 있는데, 본 실험에서는 이 기능을 사용하지 않는 실험 방법을 채택하였다. 그런데 아무 설명이 없으면 오히려 혼란스러울까봐 다이얼의 위치를 무난한 지점(12시 방향)에 두게 한 것이다. 실험자가 원하면 어떤 위치에 두어도 상관없다.

(5) 빛의 속력 측정장치의 측면에 나 있는 두 단자에 0.5 m 길이의 광섬유 케이블을 연결한다.

★ 광섬유 케이블의 플러그를 단자에 꽂을 때, 플러그 끝으로 나와 있는 흰색 플라스틱 소재의 광섬유 표면이 손상되지 않도록 조심스럽게 연결하도록 한다. 플러그 부분의 안쪽 금속면에 작은 돌기가 있고 이 돌기를 단자의 홈에 맞추면 쉽게 연결할 수 있다.

(6) 모델명 GDS-1102B의 디지털 오실로스코프의 전원을 켠다.

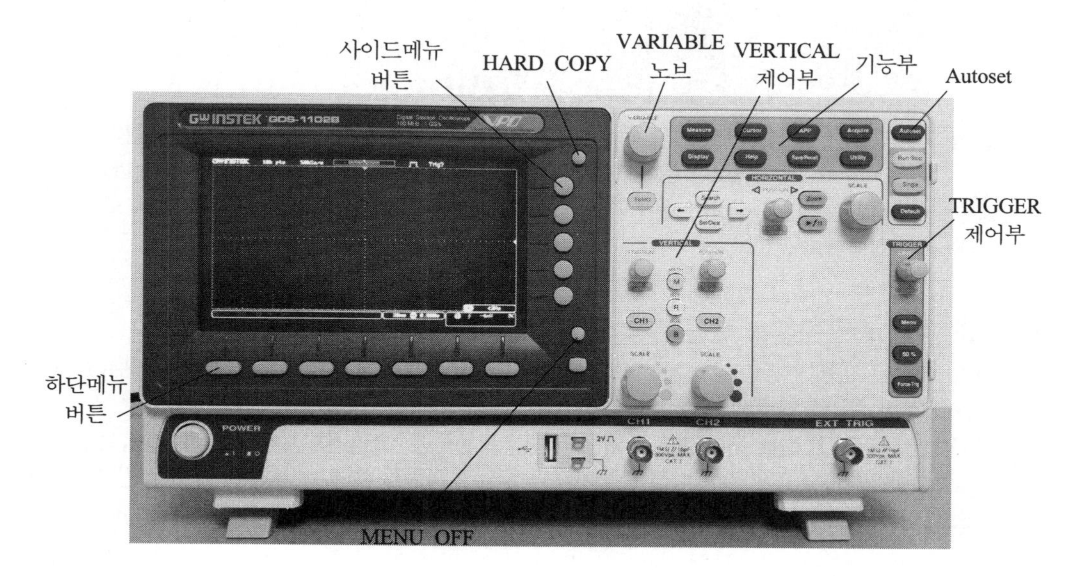

그림 6 디지털 오실로스코프의 전면 패널

(7) [Autoset] 버튼을 눌러 자동 트리거 모드로 신호를 수집한다. 이때, 화면의 노란색의 파형이 채널 1에 수집된 신호(이하 Reference 파형이라고 함)이고 파란색의 파형이 채널 2에 수집된 신호(이하 Delay 파형이라고 함)이다.

★ 오실로스코프는 입력 신호를 가로로는 시간 축으로 하고, 세로로는 전압 축으로 하여 시간에 대하여 변하는 전압 파형을 화면에 나타내어 주는 장치이다.

★ 자동 트리거 모드는 오실로스코프가 입력 신호의 파형을 화면에 알맞게 나타낼 수 있도록 스스로 판단하여 가로의 시간 축의 크기(time/division)와 세로의 전압 축의 크기(volt/division)를 적절하게 조절하는 기능 등을 수행한다.

★ 현재 VERTICAL 제어부의 [CH1]과 [CH2]의 두 버튼이 점등되었을 것이다. 만일, 두 채널 버튼이 점등되지 않았다면 두 버튼을 눌러 점등시킨다. 그러면, [Autoset] 버튼을 누른 것과 똑같은 기능을 수행하게 된다.

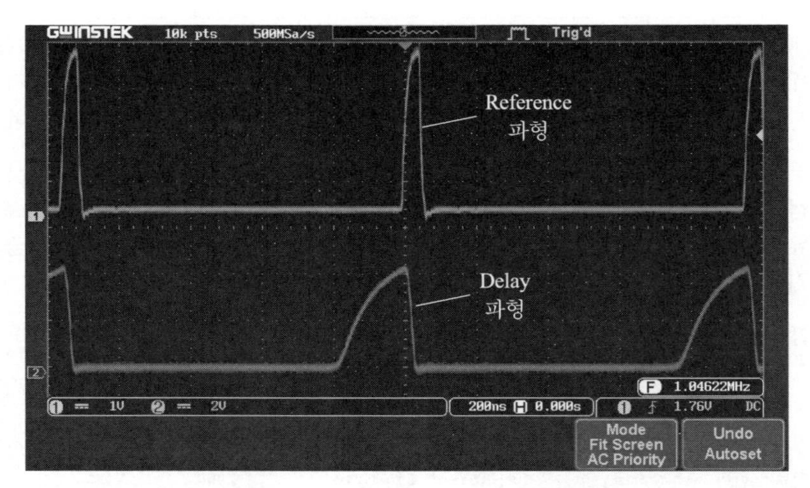

그림 7 디지털 오실로스코프의 자동 트리거 모드로 신호를 수집한다. Delay 파형이 Reference 파형보다 왼쪽으로 치우쳐 있는 것은 광섬유 케이블을 지나온 Delay 파형의 신호가 곧바로 온 Reference 파형의 신호보다 오실로스코프에 더 늦게 도착했기 때문이다.

(8) [MENU OFF] 버튼을 눌러 하단메뉴를 제거한다.

★ 이 과정은 실험에 영향을 미치는 과정이 아니니 수행하지 않아도 된다. 다만, 하단메뉴를 제거함으로써 화면을 조금 더 쾌적하게 보기 위함이다.

★ [MENU OFF] 버튼을 누르면 화면의 하단이나 오른쪽에 나타나는 메뉴나 설정 정보 등을 화면에서 제거할 수 있다. 이후의 전 과정에서 동일하게 사용할 수 있는 버튼 기능이니 기억해 두면 유용하다.

(9) 다음의 그림 8과 같이 화면에 보이는 두 신호의 파형을 조금 더 측정하기 쉬운 모양으로 만든다.

① VERTICAL 제어부의 두 채널의 [POSITION] 노브를 각각 돌려 두 파형이 화면의 중간 높이에 오게 하거나, [[POSITION] 노브를 각각 눌러 파형의 수직 위치를 0V로 리셋한다.

② HORIZONTAL 제어부의 [SCALE] 노브를 돌려 tme/division이 50ns가 되게 한다. 그러면 tme/division 정보는 화면 하단의 중앙에서 약간 오른쪽 지점에 다음과 같이 나타내어진다.

★ $50\,\text{ns} = 50 \times 10^{-9}\,\text{s}$ 이다.

50ns	**H**	0.000s

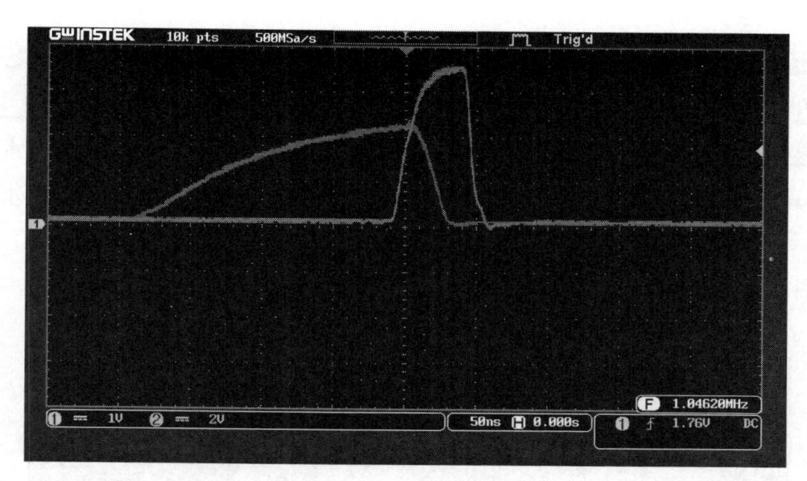

그림 8 VERTICAL 제어부의 [POSITION] 노브와 HORIZONTAL 제어부의 [SCALE] 노브의 기능을 이용하여 파형을 측정하기 쉬운 모양으로 만든다.

(10) 오실로스코프의 커서(Cursor) 기능을 사용하여 파란색의 Delay 파형의 최고점(peak)에 해당하는 시간을 측정한다. 그리고 이를 $t_{0.5\,\mathrm{m}}$ 라고 하여 기록한다.

★ 이 과정의 세밀한 수행이 정확한 실험값을 얻는데 있어 제일 중요한 역할을 한다.

① 파형이 계속해서 실시간으로 업데이트 되고 있는 상태에서 측정하는 것도 문제될 건 없지만, 필요에 따라서는 [Run/Stop] 버튼을 눌러 파형의 업데이트를 중지시킨 후 측정하는 것도 좋은 방법이다.

② 기능부의 [Cursor] 버튼을 누르면 화면 하단에 'H Cursor' 메뉴가 활성화되면서 화면에는 세로로 두 줄의 실선의 커서(Cursor) 나타난다. 또한, 화면 왼쪽 상단에는 박스가 나타나며 이 박스에는 두 줄의 커서가 파형과 맞닿는 지점의 시간과 전위의 정보가 기록된다. [그림 9 참조]

③ 'H Cursor' 메뉴 아래의 하단메뉴 버튼을 연속해서 누르거나 [Select] 버튼을 연속해서 누르면, 화면의 두 줄의 커서는 차례로 '점선+실선' → '실선+실선' → '실선+점선' → '점선+실선'의 순서로 바뀌는데, 이때 <u>실선의 커서만</u>이 [VARIABLE] 노브를 돌려 커서를 좌우로 이동시킬 수 있는 상태가 된다.

커서 상태	기능 설명
⋮ |	왼쪽 커서(①)는 고정, 오른쪽 커서(②)만 이동
| |	왼쪽 커서(①)와 오른쪽 커서(②) 함께 이동
| ⋮	왼쪽 커서(①)만 이동, 오른쪽 커서(②)는 고정

④ VERTICAL 제어부의 [CH2] 버튼을 한 번 누르고 기능부의 [Cursor] 버튼을 누른다. 그러면, 화면의 수평선 왼쪽 끝에는 '2'와 같이 오각형의 도형 숫자가 파란색으로 채워지며 활성화되고, 커서는 파란색의 Delay 파형을 측정할 수 있는 상태가 된다.

⑤ 두 커서 중 '①번 커서'를 이동시켜 파란색의 Delay 파형의 최고점(peak)의 위치에 둔다. 이때, 화면 왼쪽 상단의 커서 정보 박스에 실시간으로 측정되어지는 '①번 커서'의 전위 값을 보면서, 이 값이 최대가 되는 지점을 찾으면 된다.

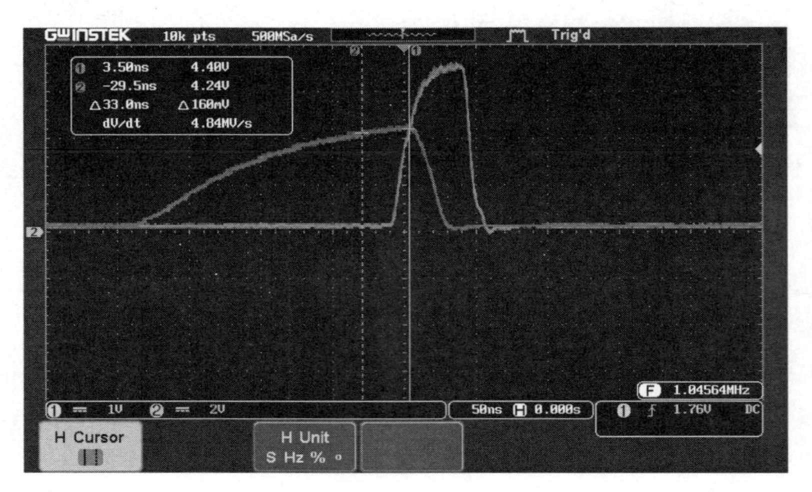

그림 9 '①번 커서'를 Delay 파형의 최고점(peak)의 위치에 두어 Delay 파형의 최고점에 해당하는 시간을 측정한다.

⑥ 커서 정보 박스에서 Delay 파형의 최고점(peak)에 해당하는 시간을 읽어 $t_{0.5\,\mathrm{m}}$ 라고 하여 기록한다. 단, 커서 정보 박스에 나타난 시간의 단위가 ns(나노초)임에 유의한다.

(11) 빛의 속력 측정장치의 측면 두 단자로부터 0.5 m 길이의 광섬유 케이블을 제거하고 그 자리에 10 m 길이의 광섬유 케이블을 연결한다. 그러면, 새로운 Delay 파형은 보기에 최적화된 상태로 화면에 보여 질 것이다. 만일, 그렇지 않다면 과정 (8)~(9)를 수행한다.

(12) 오실로스코프의 커서(Cursor) 기능의 '②번 커서'를 사용하여 새로운 Delay 파형의 최고점(peak)에 해당하는 시간을 측정한다. 그리고 이를 $t_{10\,\mathrm{m}}$ 라고 하여 기록한다.

(13) 과정 (10)과 (12)에서의 '①번 커서'와 '②번 커서' 사이의 시간 간격을 Δt, 두 광섬유 케이블의 길이 차이를 Δl 이라고 하고, 이를 식 (5)에 대입하여 광섬유 케이블 내를 진행하는 빛의 속력 v를 구한다. 그리고 이렇게 매질 내를 진행하는 빛의 속력을 진공에서의 빛의 속력 $c = 2.99792458 \times 10^{8}\,\mathrm{m/s}$ 와 비교하여 본다.

$$v = \frac{\Delta l}{\Delta t} = \frac{10\,\mathrm{m} - 0.5\,\mathrm{m}}{t_{10\,\mathrm{m}} - t_{0.5\,\mathrm{m}}}$$

※ 다음의 설명을 주의 깊게 읽어 주기 바랍니다.

이 실험에서는 빛의 속력 측정장치에서 발생시킨 하나의 빛의 신호가 두 갈래로 나뉘어 한 갈래는 REFERENCE 단자를 통해 오실로스코프의 채널 1 단자로 들어가고, 다른 갈래는 광섬유 케이블을 지나 DELAY 단자를 통해서 오실로스코프의 채널 2 단자로 들어간다. 그리고 이렇게 두 채널을 통해서 들어온 빛의 신호는 오실로스코프의 화면에 두 개의 파형(Reference 파형과 Delay 파형)으로 나타내어진다. 그런데 화면에서 볼 수 있듯이 채널 1의 Reference 파형과 채널 2의 Delay 파형의 최고점 간에는 시간차가 발생한다. 이 시간차가 단순히 광섬유 케이블을 지나는 데 걸린 시간에 의한 거라면, 광섬유 케이블의 길이를 이 시간차로 나누어 광섬유를 진행하는 빛의 속력을 구할 수 있을 것이다. 그런데, 이러한 방법으로 진공에서의 빛의 속력을 구하여 보면 전혀 맞지 않는 결과를 얻을 것이다. 그 이유를 정확하게 설명할 수는 없지만, 채널 2의 단자로 들어오는 Delay 파형의 빛의 신호에는 광섬유 케이블 외에도 추가로 측정장치의 회로를 지나는데 걸리는 시간도 포함된 것으로 생각된다. 빛의 신호가 광섬유 케이블을 지나는 데 수십 나노초(ns) 밖에 걸리지 않는 금번 실험에서는 신호가 장치의 회로를 진행하는 데 걸릴 수 있는 작은 시간 소요도 무시할 수 없는 요소로 작용할 것이다. 만일, '정류회로 실험'과 같이 충분히 큰 시간을 측정하는 실험이라면, 이러한 회로에서의 시간 소요는 아무런 문제가 되지 않을 것이다.

그래서 이러한 이유로 본 실험에서는 Reference 신호와 $0.5\,\mathrm{m}$ 길이의 광섬유 케이블을 진행하는 Delay 신호와의 시간 차이, 그리고 Reference 신호와 $10\,\mathrm{m}$ 길이의 광섬유 케이블을 진행하는 Delay 신호와의 시간 차이를 각각 구한 후, Reference 신호를 공통(0초)으로 하여 두 광섬유 케이블의 Delay 신호간의 시간차를 얻는다면, 이 시간차가 곧 빛이 온전히 $9.5\,\mathrm{m}(=10\,\mathrm{m} - 0.5\,\mathrm{m})$ 길이의 광섬유 케이블만을 진행하는데 걸리는 시간이 된다. 이러한 실험 방법은 측정장치의 회로에서 발생할 수 있는 신호의 시간 소요를 완전히 배제할 수 있어 매우 정확한 측정값을 얻을 수 있게 해준다.

(14) 과정 (13)에서 구한 광섬유 케이블 내를 진행하는 빛의 속력 v와 광섬유 코어의 굴절률 $n = 1.496$를 식 (6)에 대입하여 진공에서의 빛의 속력을 구하고 $c_{실험}$이라고 한다.

$$c_{실험} = nv$$

(15) 진공에서의 빛의 속력 $c = 2.99792458 \times 10^8\,\mathrm{m/s}$을 참값으로 하여 과정 (14)에서 구한 실험값 $c_{실험}$과 비교하여 본다.

(16) 이상의 과정을 2회 더 수행하여 $10\,\mathrm{m}$ 길이의 광섬유 케이블에 대해여 총 3회의 빛의 속력 측정 실험을 한다.

(17) $20\,\mathrm{m}$ 길이의 광섬유 케이블에 대해서도 이상의 과정으로 총 3회의 빛의 속력 측정 실험을 한다.

➲ 본 실험 매뉴얼은 다음의 도서와 매뉴얼을 참조하여 작성하였음을 밝힙니다.

1. 대학물리학 8th Edition, P840~852, John W. Jewett 외, (주) 도서출판 북스힐
2. SG-7567 빛의 속도 측정장치(신형) 매뉴얼, (주)세계과학
3. 디지털 스토리지 오실로스코프 GDS-1000B 시리즈 사용설명서, 한국굿윌인스트루먼트(주)

7. 실험 전 학습에 대한 질문

<table>
<tr><td>실험 제목</td><td colspan="3">광섬유를 이용한 빛의 속력 측정</td><td>실험일시</td><td></td></tr>
<tr><td>학과
(요일/교시)</td><td></td><td>조</td><td></td><td>보고서
작성자 이름</td><td></td></tr>
</table>

* 다음의 물음에 대하여 괄호 넣기나 번호를 써서, 또는 간단히 기술하는 방법으로 답하여라.

1. 빛이 한 매질에서 다른 매질로 투과하여 진행할 때 두 매질의 경계면에서 꺾여 진행하게 되는데, 이러한 현상을 (   )이라고 한다.

2. 매질 내에서의 빛의 속력은 진공에서의 속력보다 느리다. 왜 그럴까? 그 이유를 간단히 기술하여라.

   Ans: ______________________________

3. 매질의 굴절률을 정의하는 다음의 식에 알맞은 말과 문자를 써 넣어라.

$$n \equiv \frac{\text{진공에서의 빛의 속력}}{(\qquad\qquad\qquad)} = \frac{(\ \ )}{v}$$

4. 내부 전반사(total internal reflection)란 무엇인가? 간단히 기술하여라.

   Ans: ______________________________

5. 코어의 굴절률 n, 길이 Δl의 광섬유가 있다. 빛을 이 광섬유의 한 쪽 끝에서 입사시키고 반대 쪽 끝으로 나오는 시간을 측정하였더니 Δt의 시간이 걸렸다고 하자. 문제에서 주어진 측정값의 문자를 이용하여 진공에서의 빛의 속력 c를 구하여 보아라.

$c =$ ______

6. 진공에서의 빛의 속력을 약 $3.00 \times 10^8\,\text{m/s}$ 라고 하면, 굴절률 1.33의 물속을 진행하는 빛의 속력은 얼마가 될까?

Ans: ______ m/s

7. 다음 중 오실로스코프의 여러 설정 버튼들 중에서 자동 트리거 모드로 신호를 수집하는 기능의 버튼은 무엇일까? Ans: ______

① [Run/Stop] ② [Measure] ③ [Cursor] ④ [Single] ⑤ [Autoset]

8. 오실로스코프의 두 채널(CH1, CH2)에 각각 수집된 입력 신호는 화면에 색깔 있는 파형으로 나타내어진다. 이때, 각 채널별 파형의 색깔은 어떻게 될까? 색깔을 써 보아라.

(a) 채널 1(CH1) - (색)

(b) 채널 2(CH2) - (색)

9. 이 실험에서는 오실로스코프의 채널 2 파형(Delay 파형)의 최고점(peak)에 해당하는 시간을 측정하는 과정이 있다. 이때, 사용하는 기능(또는 버튼)은 무엇일까? Ans: ______

① [Run/Stop] ② [Display] ③ [Cursor] ④ [Single] ⑤ [Autoset]

10. '6. 실험 방법 - 과정 (7)'에 있는 그림 7의 오실로스코프의 화면에서 채널 1의 파형과 채널 2의 파형의 volt/division은 각각 얼마인가?

Ans: 채널 1: ______ V, 채널 2: ______ V

8. 결과

실험 제목	광섬유를 이용한 빛의 속력 측정			실험일시	
학과 (요일/교시)		조		보고서 작성자 이름	

[1] 실험값

○ 진공에서의 빛의 속력 $c = 2.99792458 \times 10^{8}\,\mathrm{m/s}$.

(1) 실험 1 – $10\,\mathrm{m}$ 길이의 광섬유 케이블 사용

회	$t_{0.5\mathrm{m}}$	$t_{10\mathrm{m}}$	v	$c_{실험}$	$\frac{c - c_{실험}}{c} \times 100(\%)$
1					
2					
3					
평균					

(2) 실험 2 – $20\,\mathrm{m}$ 길이의 광섬유 케이블 사용

회	$t_{0.5\mathrm{m}}$	$t_{10\mathrm{m}}$	v	$c_{실험}$	$\frac{c - c_{실험}}{c} \times 100(\%)$
1					
2					
3					
평균					

[2] 결과 분석

[3] 오차 논의 및 검토

[4] 결론

부록

1. 물리상수

만유인력의 상수	$G=(6.670\pm0.005)\times10^{-8}$[dyn · cm^2/gm^2]
중력의 표준가속도	$g_n=980.665$[cm/sec^2]
수은의 표준밀도(0°C 1기압)	$\rho_0=13.59510$[gm/cm^3]
표준기압(760 mmHg)	$P_a=(1.013246\pm0.00003)\times10^6$[dyn/cm^2]
빙점의 절대온도	$T_0=(273.160\pm0.010)$[°K]
1 mol의 표준부피	$V_0=(22.4146\pm0.0006)\times10^3$[cm^3/mol]
보편기체상수	$R=(8.31436\pm0.00038)\times10^7$[erg/deg · mol]
1 mol의 분자수(Avogardro 수)	$N=(6.02377\pm0.00018)\times10^{23}$[/mol]
Boltzmann의 상수	$k=\frac{R}{N}=(1.38026\pm0.00021)\times10^{-16}$[erg/deg]
열의 열당량	$J=(4.1855\pm0.0004)\times10^7$[erm/cal]
은의 전기화학당량	$k_{Ag}=(1.11800\pm0.00005)\times10^{-3}$[gm/int · coul]
Faraday의 상수(1차, 1 mol)	$F=(96496\pm7)$[abs · coul/mol]
전자의 비전하	$e/m=(1.75936\pm0.00018)\times10^7$[e.m.u./gm]
전자의 질량	$m=(9.1055\pm0.00012)\times10^{-28}$[gm]
전자의 전하	$e=(4.8024\pm0.0005)\times10^{-10}$[e.s.u.] $=(1.60199\pm0.00016)\times10^{-20}$[e.m.u.]
수소원자의 질량	$m_H=(1.6736\pm0.0003)\times10^{-24}$[cm/sec]
광속도(진공중)	$c=(2.997902\pm0.000013)\times10^{10}$[cm/sec]
Cd 적선의 표준파장(15°C, 1기압)	$\lambda_{cd}=6438.4707\times10^{-3}$[cm]
수소의 Rydberg 상수	$R_H=(109737\pm0.05)$ [/cm]
방해석의 격자상수(20°C)	$d=(3.03567\pm0.00005)\times10^{-3}$[cm]
Planck의 상수	$h=(6.62377\pm0.00027)\times10^{-27}$[erg · sec]
Stefan Boltzmann의 상수	$\delta=(5.6724\pm0.0023)\times10^{-5}$[erg/cm^2 · deg]
Wein의 변위칙의 상수	$\lambda_m T=(0.289715\pm0.00039)$[cm · deg]

2. 금속의 물리적 성질

원자 번호 Z와 원소 기호	원소명 (물질명)	밀도 ρ (20°C) [g/cm³]	탄성률 [10¹⁰N/m²=10¹¹ dyn/cm²] Young률 Y	음속 υ [m/s]	선팽창계수 a (0°~100°C) [10⁻⁵K⁻¹]	비열 [kJ/kg·K]	(20℃) [cal/g·K]	[C]	녹는점 [k.J/kg]	녹음열 [cal/g]	열전도도 [10²w m.K]	(20℃) [cal/cm·s·K]	저항률 ρ (20℃) [10⁻²Ω mm²/m]	저항의 온도계수 [10⁻³k⁻¹]	원자 번호 Z
Z															
30 Zn	아 연	7.14	9.3	3700	2.62	0.39	0.092	419	112	27	1.1	0.26	5.8	3.7	30
13 Al	알루미늄	2.70	7.0	5100	2.4	0.90	0.21	658	390	93	2.2	0.52	2.7	4.3	13
51 Sb	안 티 몬	6.67	7.8	3400	1.1	0.21	0.050	630	163	39	0.18	0.042	41.7	4.7	51
92 U	우 라 늄	18.7	13	–	–	0.12	0.028	1130	–	–	–	–	–	–	92
48 Cd	카 드 뮴	8.64	7.1	2310	3.2	0.23	0.055	321	57	13.7	0.92	0.22	7.46	4.2	48
20 Ca	칼 슘	1.55	2.0	–	2.2	0.65	0.16	840	328	79	–	–	4.5	3.3	20
79 Au	금	19.3	8.0	1740	1.4	0.13	0.031	1093	66	15.8	3.0	0.72	2.21	4.0	79
47 Ag	은	10.50	7.9	2610	1.9	0.23	0.056	961	105	25	4.2	1.01	1.59	3.8	47
24 Cr	크 롬	7.1	2.5	–	0.85	0.45	0.11	1890	≈300	≈70	0.43	0.10	2.8	–	24
27 Co	코 발 트	8.8	21	4720	1.3	0.42	0.10	1490	260	62	0.70	0.17	6.8	6.6	27
80 Hg	수 은	13.55	–	–	18(체팽창)	0.14	0.033	−38.9	1107	2.8	–	–	95.8	0.89	80
50 Sn	주 석	7.31	5.5	2600	2.7	0.23	0.054	232	59	–	0.65	0.16	11.5	4.6	50
74 W	텅 스 텐	19.3	36	–	0.43	0.13	0.032	3370	≈200	≈50	1.7	0.41	5.51	4.5	74
73 Ta	탄 탈	16.6	19	3400	0.65	0.14	0.033	2996	–	–	0.54	0.13	15.5	3.1	73
26 Fe	철	7.86	22	5130	1.2	0.45	0.107	1540	276	66	0.75	0.18	10.5	6.6	26
29 Cu	구 리	8.93	12	3560	1.6	0.39	0.092	1083	205	49	3.9	0.93	1.72	3.9	29
11 Na	나 트 륨	0.97	–	–	7.1	1.25	0.30	98	115	27	1.3	0.31	4.6	5.5	11
82 Pb	연	11.34	1.5	1320	2.9	0.13	0.031	327	24.7	5.9	0.34	0.093	20.7	4.2	82
28 Ni	니 켈	8.9	20	4970	1.3	0.45	0.108	1450	300	72	0.70	0.17	7.8	6.7	28
78 Pt	백 금	21.37	16.5	2690	0.90	0.13	0.032	1773	110	26	0.71	0.17	10.8	3.8	78
83 Bi	창 연	9.8	3.2	1800	1.3	0.12	0.029	271	54	14	0.09	0.021	119	4.5	83
4 Be	베 릴 륨	1.84	30	–	1.2	1.07	0.40	1350	–	–	1.7	0.40	6.3	0.4	4
12 Mg	마그네슘	1.74	4.4	4600	2.6	1.02	0.25	651	209	50	1.7	0.41	4.6	4.0	12
42 Mo	몰리보텐	10.2	–	–	0.49	0.26	0.062	2620	–	–	1.4	0.33	5.7	4.0	12

【합 금】	밀도	탄성률	음속	선팽창계수	비열 [kJ/kg·K]	[cal/g·K]	[C]	[k.J/kg]	[cal/g]	열전도도 [10²w m.K]	[cal/cm·s·K]	성분중량비
알루미늄청동(5% Al)	8.1	12	–	1.8	0.42	0.10	1060	–	–	0.84	0.20	94.6 Cu,5 Al,0.4Mn
듀랄루민	2.8	7.2	–	2.4	0.93	0.22	≈650	–	–	1.6	0.38	3~4Cu, 0.5Mg, 0.25~1 Mn.나머지Al
주철	7.2~5.7	10	–	1.1	0.50	0.12	≈1200	–	–	0.3~0.5	0.07~0.12	4C까지
인발	8.1	14.5	–	0.20	0.50	0.12	1450	–	–	0.16	0.039	64Fe, 36Ni
놋쇠(황동)	8.4	10.5	–	2.1	0.38	0.091	915	–	–	0.15	0.27	73Cu. 37Zn
양은(18% Ni)	8.7	12~15	–	1.7	0.40	0.096	1100	–	–	0.23	0.055	60Cu, 18Ni, 22Zn
연철	7.6	22	–	–	–	−0.1	–	–	–	0.6	0.14	0.04~0.4C
강철(0.85% C)	7.8	20	–	1.15	0.46	1	≈1350	–	–	≈0.45	≈0.11	0.85C
석청동(10% Sn)	8.9	10~12	–	1.9	0.38	0.091	1010	–	–	0.46	0.11	90.75Cu, 8Sn, 0.25P

3. 액체의 물리적 성질

물 질 명	화 학 식	밀도ρ (20°C) [g/cm^3]	점성계수η (20°C) [10^{-3}N·s/m^2=cP]	표면장력 (20°C) [dyn/cm =10^{-3} N/m]	체팽창계수β (20~100°C) [10^{-3} K^{-1}]	비열c (20~100°C)		열전도도 (20°C)		녹는점 [°C]	녹음열		끓는점 [°C]	증발열		비유전율	굴절률 (D선 589nm)
						[kJ/kg·K]	[cal/g·K]	[W/m·K]	[10^{-4}cal/cm·s·K]		[kJ/kg]	[cal/g]		[kJ/kg]	[cal/g]		
아세톤	$(CH_3)_2 \cdot CO$	0.791	0.337	23.3	1.43	2.17	0.52	0.180	4.31	−96	98	23.5	−	509	121.6	21.5	1.359
아닐린	$C_6H_5 \cdot NH_2$	1.030	4.6	43	0.85	2.05	0.49	0.17	4.1	−6	88	21	184	435	104	7.0	1.586
에틸알코올	C_2H_5OH	0.791	1.25	22	1.10	2.43	0.58	0.181	4.33	−115	102	24.3	78	841	201	26	1.360
에틸에텔	$(C_2H_5)_2O$	0.716	0.238	17	1.62	2.30	0.55	0.138	3.30	−116	113	27	35	377	90	4.3	1.353
올리브유	———	0.915	90	−	0.72	1.67	0.40	0.167	4.0	−	−	−	−	−	−	3.1	−
크실렌	$C_6H_4(CH_3)_2$	0.870	0.69	29	0.99	1.67	0.40	−	−	54	109	26	139	339	81	2.4	1.500
글리콜	$(CH_2OH)_2$	1.116	−	48	−	2.43	0.58	−	−	17	201	48	197	800	191	41	1.427
글리세린	$C_3H_5(CH)_3$	1.270	1500	63	0.505	2.43	0.58	0.285	6.81	18	176	42	290	−	−	56	1.473
클로로포름	$CHCl_3$	1.498	0.58	27	1.27	0.96	0.23	0.121	2.89	−64	−	−	61	225	61	5.5	1.446
초산에틸	$CH_3 \cdot COO \cdot C_2H_5$	0.900	0.424	23	1.35	2.01	0.48	0.15	3.6	−84	107	25.6	77	368	88	6.1	1.372
사염화탄소	CCl_4	1.596	1.01	26	1.22	0.84	0.20	0.10	2.5	−23	18	4.2	77	193	46	2.2	1.453
취 소	Br_2	3.14	1.01	44	1.12	0.46	0.11	−	−	−7	68	16.2	59	180	43	3.2	1.661
수 은	Hg	13.55	1.57	500	0.181	0.147	0.035	10.5	250	−39	11.8	2.82	357	301	72	−	−
트리클로로에틸렌	C_2HCl_3	1.480	1.2	32	1.19	0.96	0.23	−	−	−86	−	−	87	239	57	−	1.481
톨루엔	$C_6H_5 \cdot CH_3$	0.800	0.6	29	1.09	1.72	0.41	0.15	3.6	−95	71	17	111	356	85	2.4	1.496
니트로벤젠	$C_6H_5NO_2$	1.210	−	23	0.83	1.47	0.35	0.163	3.90	5.7	92	22	210	331	79	36	1.553
이황화탄소	CS_2	1.261	0.38	32	1.22	1.00	0.24	0.143	3.42	−112	−	−	46	351	84	−6	1.628
피마자기름	———	0.961	> 5000	−	0.69	1.80	0.43	0.184	4.4	−	−	−	−	−	−	4.6	1.48
벤 젠	C_5H_6	0.881	0.673	29	1.15	1.71	0.41	0.139	3.33	5.5	127	30.4	80	393	94	2.3	1.501
물	H_2O	0.999	1.06	73	0.18	4.18	0.999	0.560	13.4	0	333	79.5	100	2260	539	81	1.333
메틸알코올	CH_3OH	0.793	0.60	23	1.20	2.48	0.58	0.21	5.0	−98	92	22	65	1109	265	32	1.331
황 산	H_2SO_4	1.85	28	−	0.56	1.38	0.33	−	−	−	−	−	326	511	122	−	−

4. 기체의 물리적 성질

물질명	화학식	밀도 ρ [0°C] 101.3kPa [kg/m³]	점성계수 (0°C) [10^{-6}N·s/m²] (=10−3cP)	비열 C (20~100°C)			녹는점 [°C]	녹음열 [kJ/kg]	끓는점 [101.3kPa] (=1.013bar) [°C]	기화열 [MJkg (=10^6J/kg)]	임계온도 [°C]	임계압 [100kPa=bar]	열전도도	
				C_p [kJ/kg·K]	C_v [cal/g·K]	$\frac{C_p}{C_v}$							[W/m·K]	[10^{-3}cal/cm·s·K]
아세틸렌	C_2H_2	1.171	10.2	1.68	0.402	1.26	−82	−	−84	0.69	36	63	0.019	0.80
아르곤	Ar	1.784	21.2	0.52	0.125	1.66	−189	29	−186	1.16	−122	49	0.016	0.67
암모니아	NH_3	0.771	9.3	2.06	0.492	1.32	−78	332	−33	1.37	132	119	0.022	0.92
일산화탄소	CO	1.250	16.4	1.05	0.250	1.40	−205	29	−192	1.21	−139	36	0.023	0.96
일산화질소	NO	1.340	18.0	1.00	0.239	1.40	−164	−	−152	0.46	−93	65	0.024	1.00
에 탄	C_2H_6	1.356	8.6	1.72	0.411	1.22	−184	95	−89	0.49	32	49	0.018	0.75
에틸렌	C_2H_4	1.260	9.6	1.50	0.36	1.24	−169	105	−104	0.48	10	51	0.017	0.71
염 산	HCl	1.639	13.8	0.81	0.194	1.41	−122	−	−84	0.44	52	82	−	−
염 소	Cl_2	3.214	12.3	0.49	0.117	1.36	−102	90	−34	0.29	144	84	0.0076	0.32
오 존	O_3	2.22	−	−	−	1.29	−193	−	−112	0.25	−5	70	−	−
크세논	Xe	5.89	22.6	−	−	1.66	−112	18	−108	0.10	17	58	0.0052	0.22
공 기	−	1.293	17.1	1.00	0.241	1.40	−	−	−193	0.21	−141	38	0.024	1.01
크립톤	Kr	3.74	23.3	−	−	1.68	−157	20	−152	0.11	−63	55	0.0087	0.36
이산화질소	N_2O	1.978	14.0	0.89	0.212	1.28	−91	−	−89	0.38	39	73	0.015	0.64
산 소	O_2	1.429	19.4	0.92	0.219	1.40	−218	14	−183	0.21	−119	51	0.025	1.03
시 안	$(CN)_2$	2.32	9.3	1.71	0.41	1.26	−34	−	−21	0.043	128	61		−
중수소	D_2	0.180	−	−	−	1.73	−255	−	−250	0.31	−235	17		−
수 소	H_2	0.0899	8.5	14.3	3.41	1.41	−259	59	−253	0.45	−230	20	0.474	7.30
질 소	N_2	1.250	16.7	1.04	0.249	1.40	−210	26	−196	0.20	−147	33	0.024	1.02
이산화황	SO_2	2.926	11.7	0.64	0.152	1.27	−73	−	−10	0.39	158	78	0.081	0.35
이산화탄소	CO_2	1.977	13.9	0.82	0.196	1.31	−57	181	−78.5	0.57	31	73	0.014	0.59
네 온	Ne	0.900	29.8	1.03	0.246	1.64	−249	17	−216	0.13	−229	27	0.046	1.92
불 소	F_2	1.695	−	0.75	0.179	−	−223	−	−188	0.17	−129	57	−	−
프로핀	C_3H_8	2.02	7.5	1.53	−	1.13	−190	−	−42	0.43	97	42	0.015	0.79
헬 륨	He	0.178	18.6	5.1	1.25	1.66	−272.2	−	−268.9	0.021	−267.9	2.3	0.144	6.10
에 탄	CH_4	0.717	10.2	2.21	0.527	1.31	−183	109	−161	0.51	−83	46	0.030	1.26
황화수소	H_2S	1.539	11.6	1.05	0.250	1.32	−83	−	−61	0.55	100	89	0.013	0.54

5. 비금속 재료의 물리적 성질

물 질	밀도ρ (20°C) [kg/dm³]	탄성률(Young율) [10^{10}N/m² = 10^{11}dyn/cm²]	음속 v [m/s]	선팽창계수 α (0°~100°C) [10^{-5}K^{-1}]	비열 C (20°C) [kJ/kg·K]	[cal/g·K]	녹는점 [°C]	녹음열 [kJ/kg]	열전도도 (20°C) [W/m·k]
〈원 소〉									
황(단사정계)	1.96	–	–	12	0.74	0.177	119	46	0.20
쎌레늄	4.8	–	–	0.37	0.38	0.091	217	65	–
탄소(흑연)	2.22	–	–	0.2	0.69	0.0165	3550	17000	160
탄소(다이아몬드)	3.51	–	–	0.13	0.49	0.117	>3600	17000	165
인(황린)	1.83	–	–	12.4	0.79	0.0181	44	22	–
〈광물 및 광물제품〉									
석 면	0.58	–	–	–	0.81	0.201	–	–	0.20
운 모	2.8	16~21	–	0.3	0.88	0.210	–	–	0.35~0.60
에타닛트	2.0	–	–	–	0.84	0.201	–	–	1.9
화강암	2.7	5	4000	0.83	0.80	0.191	–	–	3.5
콘크리트(건조)	1.5~2.4	2~4	–	≈1.2	0.90	0.215	–	–	1.6~1.8
석회암	2.6	–	–	–	0.84	0.201	–	–	0.7~0.9
대리석	2.7	3.5~5	3800	1.2	0.88	0.210	–	–	2.1~3.5
용융석영	2.2	–	–	0.04	0.71	0.170	–	–	0.22
벽 돌	1.8	–	–	–	0.75	0.179	–	–	0.6
〈화학제품〉									
에보나이트	1.15	–	–	8.5	1.67	0.399	–	–	0.17
유리(창유리류)	2.5	4.5~10	4000~5000	0.8	0.84	0.201	–	–	0.9
사 기	2.3~2.5	7~8	–	0.2~0.5	0.8	0.191	≈1600	–	1.0
스테아타이트	2.6~2.8	–	–	0.7~0.9	1.3	0.311	–	–	2.3
셀룰로이드	1.4	–	–	10	–	–	–	–	0.23
유기유리류	1.18	0.3	–	–	1.7	0.407	–	–	1.9
〈목재 및 목재품〉									
박달나무(섬유방향)	0.69	–	3800	0.5	–	–	–	–	0.29
(섬유에 수직)	0.69	–	–	5	–	–	–	–	0.16
참나무(섬유방향)	0.65	–	3400	–	–	–	–	–	0.17
종이	0.6~1.2	–	–	–	–	–	–	–	0.08~0.18
소나무(섬유방향)	0.52	–	3000	0.5	–	–	–	–	0.35
(섬유의 수직)	0.52	–	–	3	–	–	–	–	0.14
화이바판(경질의 것)	1.0	–	–	–	–	–	–	–	0.15
(다공질의 것)	0.3	–	–	–	–	–	–	–	0.06

6. 물의 밀도

t, °C	d g/ml	t, °C	d g/ml
0	0.99987	45	0.99025
3.89	1.00000	50	0.99807
5	0.99999	55	0.98573
10	0.99973	60	0.98324
15	0.99913	65	0.98052
18	0.99862	70	0.97781
20	0.99823	75	0.97489
25	0.99707	80	0.97183
30	0.99567	85	0.96865
35	0.99406	90	0.96534
38	0.99299	95	0.96192
40	0.99224	100	0.95838

7. 온도와 압력에 따른 공기의 밀도 (kg/m^3)

mmHg / t °C	690	700	710	720	730	740	750	760	770	780
0°	1.174	1.191	1.203	1.225	1.242	1.259	1.276	1.293	1.310	1.327
5	1.153	1.169	1.186	1.203	1.220	1.236	1.253	1.270	1.286	1.303
10	1.132	1.149	1.165	1.182	1.198	1.214	1.231	1.248	1.264	1.280
15	1.113	1.129	1.145	1.161	1.177	1.193	1.209	1.226	1.242	1.258
20	1.094	1.109	1.125	1.141	1.157	1.173	1.189	1.205	1.220	1.236
25	1.075	1.901	1.106	1.122	1.138	1.153	1.169	1.184	1.200	1.215
30	1.057	1.073	1.088	1.103	1.119	1.134	1.149	1.165	1.180	1.195

8. 소리의 전파속도 (m/sec)

물 질	온도 (℃)	속 도
〈기체〉[1]		
공 기 (건 조)[2]	−45.6	305.6
공 기 (건 조)	0	331.45
공 기 (건 조)	15.7	340.8
공 기 (건 조)	100	387.2
공 기 (건 조)	1000	708.4
메 탄	0	432
산 소	0	316.2
산 소	16.5	323.8
산화질소	0	325
석탄가스	13.6	453
수 소	0	1300
수증기	100	471.5
아산화질소	0	260.5
아황산가스	0	209.2
암모니아	0	414.8
일산화산소	0	337.3
질 소	0	337.7
탄산가스	0	259.3
헬 륨	0	981
〈액체〉		
글리세린	20	1923
물 (먼지 없음)	19	1505
물 (蒸유)	20	1470
물 (深海)	−	약 1530
벤 젠	20	1330
석 유	23	1275
수 은	20	1450
에틸알코올	20	1190
메틸알코올	20	1006
올리브유	20	1450
〈고체〉 (−표는 실온) 가늘고 긴 막대 중에서의 종파속도		
고 무	−	40～70
구 리	20	3710
금	20	2030
납	20	1200
놋 쇠 (황동)	20	3490
니 켈	20	4790
대리석	−	3810
백 금	20	2880
주 석	20	2730
석영유리	20	5370
아 연	20	38110
알루미늄	20	5080
얼 음	4	3280
에보나이트	18	1560
유 리 (소다)	20	5300
유 리 (프린트)	20	4000
은	20	2640
철 (鑄)	−	약 4300
철 (鍛)	−	4900～5100
철 (鋼)	−	약 4900
카드뮴	16	2665
코발트	−	4724
코르크	−	430～530
파라핀	18	1390
소나무	−	3320

주 1) 1기압 때의 값. 단, 압력에는 거의 무관계하다. 그런데 관 내의 기체 중에서는 표의 값보다 작다.

2) 기압 P인 공기 중에서 압력 e의 수증기가 있을 때의 소리의 속도 V_v는 같은 온도의 건조한 공기 중에서의 속도 V로부터

다음 식으로 구해진다.

$$V_v = V/\sqrt{\frac{1-e}{P}\left(\frac{r_v}{r_d}-0.662\right)}$$

여기서, r_v, rd는 각각 수증기 및 건조한 공기의 정압비열과 정적비열의 비

일반물리실험 2

인쇄 | 2023년 9월 1일
발행 | 2023년 9월 5일

지은이 | 남 형 주
펴낸이 | 조 승 식
펴낸곳 | (주)도서출판 **북스힐**

등 록 | 1998년 7월 28일 제 22-457호
주 소 | 서울시 강북구 한천로 153길 17
전 화 | (02) 994-0071
팩 스 | (02) 994-0073

홈페이지 | www.bookshill.com
이메일 | bookshill@bookshill.com

정가 12,000원

ISBN 978-89-5526-819-5

Published by bookshill, Inc. Printed in Korea.